βグルカンの基礎研究と応用・利用の動向

Trends in Basic Research and Applied Sciences of β-glucan

監修：大野尚仁
Supervisor : Naohito Ohno

シーエムシー出版

巻頭言

　前著「βグルカンの基礎と応用」が 2010 年 9 月 30 日に出版されてから 8 年が経過した。本著では，この間に起きた変化について，我が国の第一線の先生方に様々な観点から論じていただいている。この間に起きた最も印象に残る出来事は，βグルカン（BG）の医薬利用をけん引してきたスエヒロタケ由来のソニフィランの販売が 2011 年に中止，カワラタケ由来のクレスチン，シイタケ由来のレンチナンの販売がまもなく終了する予定であることである。これらはガンの免疫療法を基礎研究ならびに臨床研究の双方から支えてきた医薬品であるが，抗体や分子標的薬などガン治療が著しく進展し，需要が減ったことへの企業の対応の結果である。また，βグルカンは 20 世紀後半のガンの免疫療法をリードしてきた物質であり，圧倒的多数の基礎ならびに臨床研究が行われてきた。βグルカン学と称しても良いほどに多方面から研究が行われてきた。βグルカンに関する研究は自然免疫の発展とともに，現在でも活発に行われているが，上記の理由から，βグルカン研究のゴールも様変わりすることになる。

　免疫機構を向上させる，あるいは正常に保つことは「不老長寿願望」と同一の範疇にあり，特に高齢者にとって健康長寿は高い関心事となっている。粘膜免疫学の進歩ならびに常在微生物フローラの分子生物学的解析法の急速な発展によって，食物の摂取によって免疫機能の調節が可能であることが概念的に認められるようになり，この方向性は多くの企業・研究者の注目を集めるものとなってきている。食を通じて健康寿命を延ばすことは，未病，セルフメディケーション，ヘルスケアの考え方からも重要であり，40 兆円を超え，国家財政を圧迫している医療介護費の削減に直接結びつくものである。これは世界で最も高齢化の進んだ我が国が解き明かすべき重要な課題といえる。

　我が国では古くから発酵産業が食生活に密接につながっている。その中で，麹菌，酵母などの真菌は中心的な存在である。また，茸類は汎用され，食卓を賑わす食材である。これらの真菌を中心として免疫機能を解析し，食品産業として推進することは，我が国の重要な戦略となりうるものである。

　真菌に関連する生体防御や免疫関連の研究は，上記したガン治療に関する開発研究に加え，深在性真菌症や白癬といった感染症が広がっていること，真菌がアレルギーの原因となっていることなどがあげられる。感染症は高齢者にとっては特に重要な疾患であり，予防接種も積極的に取り組まれている。しかし，ワクチンは主に細菌やウイルス性疾患に対して用いられるものであり，真菌感染は取り上げられることが殆どない。高齢社会においては，真菌感染制御といった観点からもβグルカン研究は欠かせないものである。

　このように，βグルカン研究は，長い歴史を有し，免疫増強に関する研究をけん引してきた。

βグルカン研究にはこれからも同様の使命が課せられている。本書では，基礎研究ならびに応用研究について第一線で活躍している方々に執筆していただいた。本書が基礎ならびに応用研究の発展に貢献できれば幸いである。

2018 年 7 月

東京薬科大学

大野尚仁

執筆者一覧（執筆順）

大 野 尚 仁	東京薬科大学　薬学部　免疫学教室　教授	
岩 倉 洋一郎	東京理科大学生命医科学研究所　教授,	
	東京理科大学総合研究院ヒト疾患モデル研究センター長	
安 達 禎 之	東京薬科大学　薬学部　免疫学教室　准教授	
山 口 芳 樹	（国研）理化学研究所　糖鎖構造生物学研究チーム	
	チームリーダー	
松 村 義 隆	東京薬科大学　生命科学部　生物情報科学研究室　客員研究員	
小 島 正 樹	東京薬科大学　生命科学部　生物情報科学研究室　教授	
田 中 浩 士	東京工業大学　物質理工学院　応用化学系　准教授	
櫻 井 和 朗	北九州市立大学　環境技術研究所　教授	
佐々木 彰 吾	北九州市立大学　国際環境工学研究科	
藤 原 伸 旭	北九州市立大学　国際環境工学研究科	
望 月 慎 一	北九州市立大学　国際環境工学部　准教授	
樋 口 貞 春	NapaJen Pharma㈱　研究部　研究部長	
多 田 塁	東京薬科大学　薬学部　薬物送達学教室　講師	
辻 典 子	（国研）産業技術総合研究所　生命工学領域　バイオメディカル	
	研究部門　上級主任研究員, 免疫恒常性研究特別チーム長	
水 野 雅 史	神戸大学　大学院農学研究科　生命機能科学専攻　教授	
湊 健一郎	名城大学　農学部　応用生物化学科　准教授	
石 橋 健 一	東京薬科大学　薬学部　免疫学教室　講師	
田 村 弘 志	LPSコンサルティング事務所　代表；順天堂大学	
	大学院医学研究科　生化学生体防御学教室　非常勤講師；	
	東京薬科大学　薬学部　免疫学教室　客員研究員, 非常勤講師	
角 田 恭 一	富士フイルム和光純薬㈱　臨床検査薬研究所　主席研究員	
久 下 高 生	㈱ADEKA　ライフサイエンス材料研究所　ライフサイエンス	
	開発室	
椿 和 文	㈱ADEKA　研究企画部	
鎌 田 直	郡栄化学工業㈱　開発本部　開発部　食品材料開発課　課長	
王 堂 哲	㈱えんばく生活　学術顧問	
馬 傑	㈱えんばく生活　研究開発部長	
高 虹	㈱えんばく生活　代表取締役社長	

髙 橋 円	㈱神鋼環境ソリューション　技術開発センター　水・汚泥技術開発部　部長
川 嶋 淳	㈱神鋼環境ソリューション　新規事業推進部　藻類事業推進室 兼　技術開発センター　水・汚泥技術開発部　バイオ資源技術室　主任部員
西 田 典 永	㈱神鋼環境ソリューション　技術開発センター　水・汚泥技術開発部　バイオ資源技術室　主任部員
大 中 信 輝	㈱神鋼環境ソリューション　技術開発センター　水・汚泥技術開発部　バイオ資源技術室
中 島 綾 香	㈱ユーグレナ　研究開発部　機能性研究課　課長
鈴 木 健 吾	㈱ユーグレナ　研究開発部　取締役　CTO
野 崎 浩 文	新潟薬科大学　健康・自立総合研究機構　准教授
櫛 泰 典	日本大学　理工学部　物質応用化学科　特任教授
杉 正 人	㈱ライフサイエンス研究所　常務取締役, 研究所長
山 中 大 輔	東京薬科大学　薬学部　免疫学教室　助教
元 井 益 郎	東栄新薬㈱　代表取締役会長, NR（栄養情報担当者）, 日本抗加齢医学会認定指導士
元 井 章 智	東栄新薬㈱　代表取締役社長, NR（栄養情報担当者）
位 上 健太郎	㈱ナガセビューティケァ　生産開発本部　R&Dグループ　研究員
白 須 由 治	文教大学　健康栄養学部　管理栄養学科　非常勤講師
酒 本 秀 一	（元）オリエンタル酵母工業㈱　技術・研究・品質保証本部　研究統括部　酵母機能開発室
尾 崎 千 夏	オリエンタル酵母工業㈱　食品事業本部　食品研究所
糟 谷 健 二	オリエンタル酵母工業㈱　安全・環境管理室　室長
神 前 健	（元）オリエンタル酵母工業㈱　技術・研究・品質保証本部
谷 岡 明日香	㈱ADEKA　環境保安・品質保証部　品質保証室
畑 島 久 美	㈱ADEKA　ライフサイエンス材料研究所　ライフサイエンス開発室
近 藤 修 啓	伊藤忠製糖㈱　研究開発室　兼　品質保証室

目　　次

【基礎研究編】

第1章　βグルカンの構造と免疫賦活機構の解析　　大野尚仁

1	はじめに ……………………… 1	6	βグルカン（BG）と自然免疫……… 4
2	βグルカン（BG）研究の黎明期……… 1	7	βグルカン（BG）と獲得免疫……… 5
3	βグルカン（BG）の調製法と構造の	8	粘膜免疫系の活性化 ……………… 5
	特徴 ……………………… 2	9	安全性とリスク ……………… 6
4	宿主応答研究の切口 ……………… 3	10	系統差と個人差 ……………… 7
5	真菌のストレス応答 ……………… 3	11	おわりに ……………………… 8

第2章　βグルカン受容体Dectin-1とその免疫制御における役割
岩倉洋一郎

1	はじめに ……………………… 9	5 低分子βグルカン投与により，DSS
2	Dectin-1 はβグルカンの受容体であり，	誘導大腸炎を抑制できる …………… 15
	真菌感染防御に重要な役割を果たす	6 Dectin-1 シグナルにより IL-17 F の発
	……………………… 9	現が誘導され，IL-17 F を中和するこ
3	IL-17 A/F は真菌や細菌の感染防御に	とにより大腸炎の発症を阻止すること
	重要な役割を果たしている ………… 11	ができる………………………… 15
4	Dectin-1 欠損マウスは DSS 誘導大腸	7 自然免疫受容体の腸管免疫に於ける役
	炎に耐性である ………………… 13	割 ……………………………… 17

第3章　β-グルカン結合タンパク質を用いた (1→3)-β-D-グルカンの分析　　安達禎之

1	緒言 ……………………… 21	2.2 キノコ子実体由来のβ-グルカンの抽
2	β-グルカン解析ツールとしてのβ-グル	出とβ-グルカン抗体による定量…… 22
	カン結合性タンパク質 …………… 21	2.3 自然免疫受容体系β-グルカン結合
	2.1 β-グルカン抗体 ……………… 21	タンパク質 Dectin-1 ……………… 23

I

2.4 昆虫由来のβ-グルカン結合タンパク質 ………………………………… 25

3 まとめ ………………………………… 27

第4章 βグルカン及びその受容体の立体構造　山口芳樹

1 はじめに ………………………………… 28

2 βグルカンの多様性 ………………………………… 28

3 βグルカンの立体構造 ………………………………… 29

4 βグルカン結合タンパク質の立体構造 ………………………………… 31

　4.1 Dectin-1 ………………………………… 31

　4.2 Dectin-1とβグルカン鎖の鎖長依存的な相互作用 ………………… 32

　4.3 βグルカン鎖との結合に伴うDectin-1の多量体形成 ………………… 33

　4.4 βGRP/GNBP3 ………………………………… 34

　4.5 βGRP/GNBP3によるβグルカンの認識 ………………………………… 35

5 今後の展望 ………………………………… 36

第5章 βグルカン構造予測への計算科学的アプローチ
松村義隆, 小島正樹

1 はじめに ………………………………… 39

2 一次構造の解析 ………………………………… 39

3 計算機シミュレーション ………………………………… 40

4 SAXSによる検証 ………………………………… 41

5 意義と課題 ………………………………… 43

第6章 長鎖βグルカンオリゴ糖の化学合成　田中浩士

1 はじめに ………………………………… 46

2 β(1,3)およびβ(1,6)結合からなるβグルカンの合成上の課題 ……… 46

3 直鎖βグルカンの合成 ………………………………… 47

4 分岐βグルカンの合成 ………………………………… 50

5 βグルカンオリゴ糖アナログの合成 … 52

6 まとめ ………………………………… 54

第7章　β-1.3グルカンを用いた核酸送達システム

櫻井和朗，佐々木彰吾，藤原伸旭，望月慎一

1　はじめに ……………………………… 55
2　シゾフィラン（SPG）……………… 55
3　SPGとβ-グルカン受容体の親和性評価 …………………………………… 56
4　核酸/SPGおよびペプチド複合体による免疫活性……………………… 58
4.1　CpG-ODN/SPG複合体による最適な核酸の混合比評価 ………… 58
4.2　CpG/SPG複合体およびOVA/SPG複合体を用いた免疫活性 ………… 60
5　YB-1遺伝子を標的としたSPG/AS-ODN複合体による細胞増殖抑制 …… 61
6　おわりに ……………………………… 64

第8章　β-グルカンと核酸複合体の生物活性　樋口貞春

1　はじめに ……………………………… 65
2　ドラッグキャリアーとしてのβ-グルカン ………………………………… 65
3　生理活性とその効果………………… 66
3.1　Astisense-ODN/SPG複合体による炎症性腸疾患の治療 ……………… 66
3.2　siRNA/SPGを用いた免疫抑制へのアプローチ ………………………… 68
3.3　CpG/SPGを用いた抗腫瘍効果…… 70
4　おわりに ……………………………… 72

第9章　βグルカンの薬剤学的特徴とその応用　多田　塁

1　はじめに ……………………………… 74
2　β-D-グルカンの構造と物性 ………… 75
2.1　（1,3）-β-D-グルカン …………… 75
2.2　（1,6）-β-D-グルカン …………… 76
2.3　（1,4）-β-D-グルカン …………… 76
2.4　β-D-グルカンの高次構造および物性 …………………………………… 76
3　β-D-グルカンの薬剤学への応用 …… 77
3.1　DDSについて ………………… 78
3.2　β-D-グルカンを利用した放出制御型DDS ………………………… 78
3.3　機能性核酸のβ-D-グルカンを利用したDDS ………………………… 78
3.4　β-D-グルカンを利用した細胞特異的DDS ………………………… 79
3.5　ワクチンシステムへのβ-D-グルカンの応用 ……………………… 79
4　おわりに ……………………………… 80

第10章　粘膜免疫と食品の免疫賦活機能　辻　典子

1　抗炎症機構の起点 …………………… 82
2　小腸の常在細菌と抗炎症機構 ……… 83
3　伝統発酵食品の免疫賦活機構 ……… 88
4　β-グルカンの免疫賦活機能 ………… 91
5　おわりに …………………………… 94

第11章　βグルカン受容体を介した抗炎症効果　水野雅史，湊　健一郎

1　はじめに …………………………… 96
2　炎症性腸疾患を反映した in vitro モデルの構築 …………………………… 97
3　炎症性腸疾患モデル系を用いたレンチナンによる抗炎症効果 …………… 98
4　デキストラン硫酸ナトリウム（DSS）誘導マウス腸炎モデルにおけるレンチナンの効果 ………………………… 99
5　レンチナンを認識する受容体 ……… 100
6　まとめ ……………………………… 100

第12章　抗βグルカン抗体について　石橋健一

1　はじめに …………………………… 103
2　血清中抗β-グルカン抗体価と反応性 …………………………………… 103
　2.1　ヒト健常人血清の抗β-グルカン抗体 …………………………………… 103
　2.2　動物血清の抗BG抗体反応性 ……… 105
3　抗β-グルカン抗体の機能的役割 …… 106
　3.1　抗β-グルカン抗体アイソタイプ… 106
　3.2　宿主での抗β-グルカン抗体と細胞壁β-グルカンとの相互作用 ……106
　3.3　抗β-グルカンモノクローナル抗体 …………………………………… 107
4　抗β-グルカン抗体の臨床的検討 …… 107
　4.1　ヒトでの A. brasiliensis 経口服用による抗β-グルカン抗体価の変動 …………………………………… 107
　4.2　臨床検体における抗β-グルカン抗体 …………………………………… 108
5　おわりに …………………………… 109

【応用と利用編】

第1章 (1→3)-β-D-グルカン測定法の進歩と将来展望　田村弘志

1　はじめに ……………………………… 113
2　BDG 含有試料 ………………………… 113
3　BDG の検出法及び定量法 …………… 114
　3.1　化学分析・機器分析法 ………… 114
　3.2　免疫学的測定法 ………………… 115
　3.3　酵素活性測定法 ………………… 115
4　BDG 測定法の果たす役割 …………… 117
　4.1　機能性食品中の BDG 測定 ……… 117
　4.2　深在性真菌感染症の血清診断 …… 117
5　BDG 定量法の実際 …………………… 119
　5.1　使用器具類 ……………………… 120

5.2　被験試料の調製 ………………… 120
5.3　BDG 標準液 ……………………… 120
5.4　BDG 測定試薬 …………………… 120
5.5　標準操作法　（マイクロプレート法）
　　　………………………………… 120
6　測定及びデータ解釈上の留意点 ……… 122
7　BDG 測定法の臨床評価 ……………… 122
8　BG 測定法の医学・薬学・ライフサイ
　　エンスへの貢献 ……………………… 124
9　おわりに ……………………………… 126

第2章　トキシノメーターを用いたβグルカンの測定　角田恭一

1　はじめに ……………………………… 129
2　LAL 試薬 ……………………………… 129
3　LAL 試薬とトキシノメーター ……… 130
4　LAL 試薬を用いた血中 BDG 測定 …… 131

5　病院検査室における BDG 測定の精度
　　管理 …………………………………… 134
6　おわりに ……………………………… 135

第3章　大麦βグルカンの健康機能性とその応用について
久下高生，椿　和文

1　はじめに ……………………………… 136
2　大麦の健康機能性に関する健康強調表示
　　………………………………………… 136
3　大麦に含まれるβグルカン（大麦βグルカ
　　ン）の特徴 …………………………… 137

3.1　構造と大麦品種 ………………… 137
3.2　分析方法 ………………………… 138
3.3　機能性 …………………………… 138
3.4　大麦βグルカンの応用 ………… 141
4　おわりに ……………………………… 151

V

第4章　飲料に適した大麦β-グルカン素材「大麦β-グルカンシロップ」

鎌田　直

1　はじめに ……………………… 154	4.1　大麦の喫食経験 ……………… 157
2　大麦の機能性と課題 …………… 154	4.2　大麦β-グルカンシロップの安全性… 158
2.1　大麦の機能性 ……………… 154	5　ヒトに対するセカンドミール効果 ……… 158
2.2　大麦機能性における課題と解決策… 155	5.1　セカンドミール効果について ……… 158
3　大麦β-グルカンシロップの特徴……… 156	5.2　ヒト試験 …………………… 159
3.1　開発経緯 …………………… 156	5.3　セカンドミール効果のメカニズム… 160
3.2　大麦β-グルカンシロップの特徴… 156	6　おわりに ……………………… 161
4　大麦β-グルカンシロップの安全性…… 157	

第5章　えん麦β-グルカンの健康機能とその利用

王堂　哲, 馬　傑, 高　虹

1　はじめに ……………………… 163	4.1　諸外国でのヘルスクレームの現況…… 166
2　えん麦について ………………… 163	4.2　心疾患リスク低減, 脂質代謝に及
2.1　植物分類上の位置付け ……… 163	ぼす影響 …………………… 166
2.2　食経験 ……………………… 164	4.3　血糖値の低減作用 …………… 169
3　えん麦β-グルカンの特徴……… 164	4.4　その他の機能 ……………… 171
4　機能性食品素材としてのえん麦β-グルカン	5　おわりに―今後の課題など― ………… 172
…………………………… 165	

第6章　ユーグレナ由来βグルカン（パラミロン）

髙橋　円, 川嶋　淳, 西田典永, 大中信輝

1　はじめに ……………………… 174	3　ユーグレナ由来βグルカン（パラミロン）
2　ユーグレナ・グラシリス…………… 174	…………………………… 178
2.1　ユーグレナとは……………… 174	3.1　パラミロンとは ……………… 178
2.2　微細藻類の開発状況 ………… 174	3.2　EOD-1由来パラミロンの構造解析… 179
2.3　ユーグレナの培養方法 ……… 175	3.3　EOD-1由来パラミロンの定量（定量
2.4　ユーグレナ・グラシリスEOD-1株… 175	NMR）…………………… 179

3.4 EOD-1 由来パラミロンの機能性について …………………… 179

4 おわりに ……………………………… 182

第7章　微細藻類*Euglena gracilis*の貯蔵多糖パラミロンの機能
中島綾香, 鈴木健吾

1 はじめに ……………………………… 183

2 パラミロンの機能 …………………… 184

 2.1 パラミロンの抗腫瘍活性 ………… 184

 2.2 パラミロンの抗酸化機構を介した肝臓保護効果 ………………………… 184

 2.3 パラミロン摂取による排便促進とコレステロールレベル低減への効果… 185

 2.4 免疫恒常性への影響 ……………… 185

3 おわりに ……………………………… 189

第8章　食用キノコ由来の糖脂質構造と食品の機能性に関する近年の動向
野崎浩文, 櫛　泰典

1 はじめに ……………………………… 192

2 糖脂質の構造 ………………………… 192

3 キノコの中性糖脂質 ………………… 192

4 キノコの酸性糖脂質 ………………… 194

5 ナチュラルキラーT細胞（NKT細胞）… 194

6 キノコ AGL による NKT 細胞活性化… 195

7 キノコ AGL のアジュバント効果 ……… 198

8 生体内でのキノコ AGL の効果 ……… 199

9 最近の知見 …………………………… 199

 9.1 α-ガラクトシルセラミド（α-GalCer）の *in vitro* 合成の試み … 199

 9.2 α-GalCer 関連脂質の新たなセレクターリガンドの報告 ……………… 200

10 考察 …………………………………… 201

第9章　メシマコブ　杉　正人

1 はじめに ……………………………… 204

2 メシマコブの採取・同定とβグルカン量の定量 ………………………… 205

3 メシマコブ抽出物のアポトーシス誘導活性 …………………………… 207

4 メシマコブの免疫賦活化能と活性化経路 ………………………………… 209

5 メシマコブの各種成分の機能性 ……… 211

6 おわりに ……………………………… 213

第10章　アガリクス　　山中大輔，元井益郎，元井章智

1　はじめに……………………………… 216	4.3　免疫系への影響………………… 222
2　アガリクスの化学成分……………… 217	4.4　疲労感への影響………………… 222
3　動物における検討…………………… 217	5　栽培方法による化学成分の比較……… 223
3.1　抗腫瘍作用…………………… 217	5.1　化学組成の比較……………… 223
3.2　肝機能保護作用……………… 218	5.2　抗酸化力の比較……………… 224
3.3　免疫系への影響……………… 218	5.3　多糖画分の化学構造の比較…… 224
4　ヒトにおける検討…………………… 221	5.4　抗腫瘍活性の比較…………… 225
4.1　アガリクスの安全性………… 221	6　おわりに……………………………… 225
4.2　肥満，糖尿病への効果……… 221	

第11章　霊芝のβグルカンと発酵霊芝　　位上健太郎

1　はじめに……………………………… 227	5　自己消化が霊芝に及ぼす影響………… 231
2　霊芝の名称と分類…………………… 228	5.1　血圧調節効果………………… 231
3　霊芝の成分とβグルカン…………… 228	5.2　内因性敗血症抑制効果……… 231
4　発酵霊芝のβグルカン……………… 229	6　おわりに……………………………… 232

第12章　酵母細胞壁グルカンの機能と用途開発　　白須由治

1　はじめに……………………………… 234	5.2　免疫機能の調節と抗アレルギー…… 239
2　酵母細胞壁の化学構造……………… 235	5.3　腎機能の保持・改善………… 242
3　酵母グルカンの立体構造…………… 236	5.4　脂質改善効果………………… 242
4　Toll-like receptor（TLR），Dectin-1と	5.5　肥満予防とダイエット効果…… 243
β-グルカンの認識機構…………… 237	5.6　用途拡大…………………… 245
5　酵母グルカンの薬理学的機能……… 238	6　最後に……………………………… 249
5.1　整腸作用と便通改善（食物繊維）…… 238	

第13章　パン酵母 β-1, 3/1, 6-グルカンのヒトでの機能性評価

酒本秀一, 尾崎千夏, 糟谷健二, 神前　健

1　パン酵母細胞壁グルカン ………………… 251

2　β-1, 3/1, 6-グルカンの機能性 ………… 252

　2.1　花粉症の抑制効果 ………………… 252

　2.2　通年性アレルギー性鼻炎の抑制効果
　　　 ………………………………………… 252

　2.3　ヒト多検体間のBBG応答性の違い… 254

　2.4　整腸効果 …………………………… 255

3　今後の展開 ……………………………… 256

第14章　黒酵母菌ADK-34株の生産する β グルカンの特徴と その応用について

久下高生, 谷岡明日香, 畑島久美, 椿　和文

1　はじめに ………………………………… 258

2　β グルカン生産菌としてのアウレオバ
　シジウム属菌株の利用 ………………… 259

3　β グルカン高生産菌 ADK-34 株の特徴
　 …………………………………………… 259

　3.1　β グルカン生産菌株のスクリーニング
　　　 ………………………………………… 259

　3.2　ADK-34 株の特徴 ………………… 260

　3.3　ADK-34 株の遺伝子鑑定 ………… 260

　3.4　ADK-34 株を用いた黒酵母 β グル
　　　カンの生産とその性質 …………… 261

　3.5　黒酵母 β グルカンの食品としての
　　　安全性評価 ………………………… 263

　3.6　黒酵母 β グルカンの機能性 ……… 263

　3.7　化粧品素材としての有用性 ……… 266

　3.8　おわりに …………………………… 269

第15章　水熱処理黒酵母 β グルカン「KBG」について

近藤修啓

1　はじめに ………………………………… 271

2　KBGの製造方法 ………………………… 271

　2.1　水熱処理について ………………… 271

　2.2　β グルカンへの応用 ……………… 272

3　KBGの諸性質について ………………… 273

　3.1　分子量 ……………………………… 273

　3.2　溶解度 ……………………………… 273

　3.3　酵素分解率 ………………………… 274

　3.4　一次構造 …………………………… 275

4　KBGの機能性について ………………… 275

　4.1　インフルエンザウイルス感染重症
　　　化抑制 ……………………………… 275

　4.2　アレルギーモデルマウスによる試験
　　　 ………………………………………… 276

5　KBGの応用例 …………………………… 277

　5.1　ゲンチオビオースの生産 ………… 277

6　おわりに ………………………………… 279

〔基礎研究編〕

第1章　βグルカンの構造と免疫賦活機構の解析

大野尚仁*

1　はじめに

　物質の機能を考えるとき，構造活性相関は重要である。あらゆる医薬品開発において，シーズ
となる化合物がそのまま医薬品になることは少なく，ヒトにおいて最適の効果が発揮されるよう
に誘導体化され，構造活性相関の視点から様々な解析が行われ最終製品が決まる。βグルカン
（BG）についても基本戦略は同じであり，様々な菌，様々な抽出法，様々な処理が行われ，構造
と活性の関連性から解析がなされてきた。しかし，天然由来であり，精製方法も難しく，特有の
高次構造を有することから，BG の構造活性相関を総括するにはまだ時間が必要である。本稿で
は，真菌の細胞壁の構造と宿主応答について，BG に的を絞って解説する。BG は様々な結合様
式を有するが，本稿では β1, 3-/1, 6-グルカンをさし，分岐，直鎖など様々な部分構造を有する
ものを包含している。また，ここでは細胞壁の構成成分を単純化して記載したが，細胞壁は合成
と分解の複雑な機構の産物として生じるものであり，決して単純な基本構造のみでは語れない分
子であることをあらかじめ付記させていただく。

2　βグルカン（BG）研究の黎明期

　真菌 BG の免疫研究は，多糖が腫瘍免疫を増強し，ガンを治すという発想から盛んに行われて
きた。1980 年前後のことである。当時の最重要の話題は β1, 6-分岐 β1, 3-グルカンの三重螺旋
構造と活性との構造活性相関に関するものである。あたかも三重螺旋体のみが活性を示すとの印
象を持つ状況であったが，この概念については現在でも明確な結論はない（初期の研究は文献
1)～3) を参照）。現在，BG 結合蛋白質の組換え体とモデル化合物を用いて，BG と受容体の相
互作用について分子レベルでの解析が行われているので，曖昧さは徐々に払拭されるであろう
（基礎研究編第 4 章参照）。天然に得られる BG の全てが三重螺旋構造のみを形成するわけではな
いので，答えを得るためにはさらにしばらく詳細な解析が必要である。酵母菌体については，卵
形の形態そのものが，微妙にコントロールされたネットワークによって構築されているものであ
り，糖ユニットの単なる繰り返し構造とは考えにくい。また，酵母の基本的増殖様式は出芽であ
るが，増殖の後には出芽痕が残ることが知られており，この部分の構造も特徴的であると予測さ
れる。機能性食品素材として BG を用いる場合には，菌体あるいは菌体を化学的・生化学的処理

　＊　Naohito Ohno　東京薬科大学　薬学部　免疫学教室　教授

をして粒子として用いる場合と，可溶性の多糖として用いる場合がある。可溶性多糖の調製も菌が培養液中に放出したものを用いる場合と，菌体から抽出して用いる場合がある。本書でも様々なBGが用いられているが，まさに様々な処理方法で作成され様々な物性を持ったものがあり，BGをキーワードとして単純化しているが，実際にはかなり多様な集団である。

多糖成分の調製方法は，構造と純度の観点から重要である。細胞壁は浸透圧に抵抗して形態を保持する役目を背負っているので水和しているが全体としては不溶性である。この分子の宿主応答を解析するためには可溶化が欠かせない。どのような手法で可溶化するか，各研究者はそれぞれの研究目的にあった特徴的な方法を用いている。市販品は限られており，標準物質として利用できるものが限られているのも障害である。

純度についての配慮も重要である。パン酵母から調製されたZymosan（市販品）は古くから汎用される試薬であり，炎症・免疫研究に汎用されてきた。これを用いることで実に多くのパラメータが明らかにされてきた。酵母の主要細胞壁成分がBGであることから，Zymosanの活性はBG受容体を介して起きる，あるいはBGが補体系を活性化して起きるとイメージされてきた。90年代後半になってToll-like receptor（TLR）など自然免疫の解析が急速に進展する中，Zymosanの受容体も一流紙をにぎわすこととなった。この過程でZymosanの受容体がBG受容体であると錯覚されることとなった。当然の流れである。しかし，Zymosanは補体活性化能を指標として創成され，エンドトキシンフリーでもない。多くの試薬がready-to-useで市販されている状況にあるが，それにも当てはまらない。構造活性相関を正当に議論するためには，製造者ならびに実験に関わる研究者双方が検体の質についても厳しい目で接することが重要である[4]。

BG研究はこのような背景のもと，ヒトに対して強い脅威をもたらす疾病である「ガン」の制圧を目指して多面的に推進されてきた。しかし，冒頭に示したように，医薬品開発が分子標的薬に移行してきたことに伴い，研究の方向性も多様化してきた。

3　βグルカン（BG）の調製法と構造の特徴

細胞壁は複数の高分子物質がネットワークを形成して構築された超高分子であり，細胞の形態，剛直性，宿主抵抗性などを規定している。BGも他の高分子と共有結合している。我々は，ジ亜塩素酸酸化を用いると効果的にBGを調製できることを見出し，*Candida, Aspergillus, Trichophyton, Malassezia* などに応用してきた。ジ亜塩素酸は強力な酸化剤であって，タンパク質，脂質，核酸など，ありとあらゆるものを酸化分解してくれた。このような処理に対してもBGは比較的抵抗性を示した。BGは宿主体内に長く蓄積する性質を持つが，この酸化抵抗性と密接に関連したことであろうと思われる。この方法を応用することで，粒子状BGが得られ，これをアルカリやDMSOに溶解すると可溶性BGが得られた（ジ亜塩素酸―DMSO法と称する）。

この方法で *Candida* から作成したCSBGは長いβ1,3-鎖に重合度10～50程度のβ1,6-鎖が結

合し，さらにこの β 1, 6-鎖が少量の分岐を持つ構造である[5]。*Candida* は二形性を示し，菌糸状にも生育する。低収量ながら，菌糸からも類似の BG が得られた。*Aspergillus* の菌糸からは DMSO に可溶性の細胞壁多糖画分が得られ，これは β 1, 3-グルカンと α 1, 3-グルカンを含有しているのが特徴的であった[6]。さらに，α と β の比率は *Aspergillus* 属菌種間でかなり異なった。*Trichophyton* では β 1, 3-含量の高い BG が得られ，*Malassezia* から得た画分では菌種によって，β 1, 3-と β 1, 6-の比に著しい差が認められた。分裂酵母である *Schizosaccharomyces pombe* からは β 1, 3-ならびに β 1, 6-グルカンが得られ，β 1, 6-グルカンは極めて高度に β 1, 3-分岐していた。

　一方で，キノコ子実体からの BG の抽出には熱水，冷アルカリ，熱アルカリによる逐次抽出法が汎用されている。酵素を添加して，あるいは自己消化によって，あらかじめ不要成分を分解除去することも行われている。自己消化によって有用ペプチドが産生されることもある（発酵霊芝）（応用と利用編第 11 章参照）。

　BG の機能を追究するうえで，分子量依存性は重要な視点である。合成法の開発が進み，重合度 20 弱までのオリゴ糖が合成され，機能解析に用いられている（基礎研究編第 6 章参照）。それ以上の分子量のものは多糖の部分分解により調製されている。我々は，135℃処理する熱分解法ならびに酸分解法を用いて低分子化を試みており，熱分解法で，比較的高分子の多糖を調製した[7]。一方，酸分解法では，分子量 1 万弱の多糖を調製した[8]。

4　宿主応答研究の切口

　真菌は上記のように発酵産業を中心として様々な形で応用されている。一方では，一部の真菌は病原性真菌として知られ，深在性真菌症は患者を死に至らしめる。代表的な皮膚糸状菌である白癬菌は多くの健常人が感染し環境中に蔓延している。高齢化や高度医療が進展したことと相まって，免疫機能が低下した易感染者が増加しているので，真菌症は増加傾向にある。宿主応答を考えるとき，産業応用を目指して免疫機能の増強を目標とする方向性と，病原性真菌に対する感染免疫を分子レベルで解析する，さらに治療法を開発するといった多数の方向性がある。さらに，前者ではグルカンやマンナンといった単一成分の機能性の追究の重要性が高いが，後者はあくまでも生菌免疫がどのようにおき，どのように制御するかがポイントとなる。基礎的観点からの共通性はあるが，まったく異なる切口であり，先行研究の調査や宿主応答の解釈を複雑にしている。

5　真菌のストレス応答

　細胞壁組成が環境に応答して変化することは重要な知見である。ゲノム解析が種々の微生物で行われ，真核微生物についても解析が進んでいる。細胞壁 BG の生合成研究は 80 年代初頭に積

極的に行われ，Cabib らは，BG は UDP-Glc を出発物質として細胞膜の内側で合成され，合成の進展と共に徐々に細胞膜を通過して細胞壁に運搬されることを提唱した。また，この反応には触媒部位を持つ Fksp と，小型の GTPase 活性を有する調節因子としての Rho1 p が関与することが知られている。これをターゲットとした真菌症治療薬として，BG 合成酵素阻害活性を有するキャンディン系抗真菌薬（ミカファンギン，カスポファンギン）が上市されている。

　我々は，アスペルギルス症の早期診断と治療法の改善に関する研究を行う過程で，*Aspergillus fumigatus* の培養液に BG を添加すると，細胞壁の BG 含量が増加すること[9]，また，ミカファンギン感受性が著しく低下することを見出した[10]。この感受性の低下は外因性の BG に対する菌のストレス応答の一端を反映しているものと思われる[11]。また，*Candida* の細胞壁マンナンの構造は温度ならびに pH に依存しており，酸性側あるいは高温条件では，β1, 2-マンナン糖鎖の合成が著減する。完全合成培地ではマンナンの合成も低下し，表層への BG の露出度が高まる。環境に応答して細胞壁が変化することは菌種あるいは菌株によって異なる。個々の成分での宿主応答の解析の難しさに加え，全菌体での難しさが加わるので，結論を導く上では慎重さが求められる。

6　βグルカン（BG）と自然免疫

　今世紀に入って，免疫機構の研究は急速に進んだ。特に自然免疫に関連する分野には様々な細胞や分子が見出された。その過程で Pathogen associated molecular patterns（PAMPs）-Pattern recognition receptors（PRRs）という概念が提案され，宿主による認識機構，活性化機構についても体系化されつつある。早期から注目を集めた PRR 分子は Toll-like-receptors（TLRs）であり，これらの分子に対する様々なリガンド分子が同定された。BG についても TLR の関与は否定できないが，BG 特異的受容体としては CR3, Lactosylceramide, Dectin-1 の解析が進んでいる。CR3 については Ross 博士らによって 80 年代後半より体系的に報告された。Lactosylceramide は担子菌由来の高分岐 BG への結合は弱く，CSBG への結合は強いことが報告されている。90 年代末には，新たな受容体として Dectin-1 が注目され始めた。Dectin-1 が BG 受容体として機能することは，西城ら，Brown らによる遺伝子欠損マウスの開発によって明らかにされた（基礎研究編第 2 章）。シグナル伝達には syk, CARD9 などが関与する。Dectin-1 には stalk 領域の異なるアイソタイプが知られている。また，Dectin-1 の糖鎖についても解析され，ヒトの Dectin-1 の stalk 領域の短い isotypeB の膜上への発現は低い。Dectin-1 からのシグナル伝達が継続的に起きるためには膜上での分子集合と脱リン酸化酵素との乖離が重要と考えられている。サイトカラシン D はアクチン重合阻害剤として知られており，Dectin-1 による細胞の活性化を著しく修飾する[12]。Dectin-1 による BG シグナル伝達機構は，詳細な解析が進められているところであり，自然免疫の中心的な研究課題となっている（基礎研究編第 2 章，第 3 章参照）。

第1章　βグルカンの構造と免疫賦活機構の解析

7　βグルカン（BG）と獲得免疫

　多糖に対する抗体産生は認められにくいことから，BG に対する抗体産生についても着目されることはほとんどなかった。また，レンチナンやソニフィランといった医薬品開発のプロセスでは抗原性が低いことが特徴として挙げられたので，抗体への興味は高まらなかった。我々はCandida 由来の CSBG を中心にヒトや動物の抗 CSBG 抗体について測定し，どの動物も抗 BG 抗体を有すること，力価や，特異性は個人差・個体差があることなどを明らかにしてきた[13〜16]。個々の抗 BG 抗体の特徴を精査したところ，著しく個人差があること，すなわち，力価，エピトープ特異性，特に 1, 3-/1, 6 比，クラスごとの相対力価に著しい差が認められた。また，各個人の力価は著しい日差変動は示さないが，緩やかに変動した。いずれの個人も積極的に BG で免疫されるという状況は作られないことから，食物，常在菌叢，環境微生物，皮膚ならびに深在性の感染症などによって，感作され，持続的な抗体産生が起きているものと思われる。マウスでは一般的には抗 BG 抗体が認められないこと，ウシ胎仔血清は抗 BG 抗体を含有しないこと，家畜の成長によって抗体力価が上昇すること，ボランティアにキノコ系の機能性食品を継続的に摂取していただくと，力価の上昇が認められたことなどからも自然に感作されたことが強く示唆された。また，著しい個人差が認められたことから，感受性に個人差があることが示唆された。抗体は，病原性真菌の表層に結合し，食細胞の殺菌作用を上昇させたことから，抗体力価の差は，真菌に対する感染免疫の個人差を反映している可能性がある（基礎研究編第 12 章参照）。免疫グロブリン製剤は，代表的な血漿分画製剤であり，重症感染症の治療に用いられている。免疫グロブリン製剤は抗 BG 抗体を含んでいることから，抗真菌活性の一端を担っているものと思われる。免疫グロブリン製剤中の抗 BG 抗体は植物細胞壁多糖との交差反応性を示すことから，環境中の様々な BG が抗体を通じて共通認識されていることが示唆された[14]。このように，BG は宿主の自然免疫と獲得免疫の両システムによって認識される分子であることが明らかとなった。

8　粘膜免疫系の活性化

　実用面から BG による免疫系の賦活化を考えると，粘膜面を介した活性化機構の解析が要となる。これまでに様々な機能性成分について経口投与での免疫修飾作用を検討してきたが，実験動物に飲ませる，食べさせるという条件で，活性を安定して見出すことはなかなか困難であった。また，これまでの解析では，キノコの粗エキスや漢方方剤を用いるケースも多く，現時点で振り返ってみれば，様々な PRR からのシグナルを同時に解析の対象にしていたといっても過言ではない。キノコ系の機能性食品がたくさん市場に出回っているが，分子レベルで機能性を追及するためにはさらなる研究が必要である。

　我々はこれまでの研究の過程で，子嚢菌の 1 株，Sclerotinia sclerotiorum IFO9395 株の培養外液から得られる高分岐の BG，SSG が経口投与でも抗腫瘍活性を発揮することを見出した。さ

らに経口投与での免疫系に与える影響を体系的に検討し，複数の同種同系固形ガンに効果を有すること，転移抑制効果を示すこと，脾臓細胞の ConA ならびに LPS に対する応答性が上昇すること，NK 活性が上昇すること，腹腔ならびに肺胞マクロファージ活性化作用（酸性ホスファターゼ，貪食，殺菌，過酸化水素，IL-1）を示すこと，IgA 産生増強作用を示すことなどの作用を見出した。さらに，これらの作用にはパイエル板機能の上昇が関与していることを明らかにした。また，Candida 由来の CSBG のマウスへの気管内投与によって，肺胞マクロファージの活性化，アジュバント作用など粘膜免疫系の活性化作用を示すことを明らかにした。また，ハナビラタケ由来の高分岐 BG である SCG を DBA/2 マウスに経口投与すると，腸管パイエル板や脾臓での GM-CSF ならびに IFN-γ 産生が上昇することを見出した[17]。

　新潟大学の安保徹博士の研究グループでは，酵母の不溶性 BG をマウスに経口摂取することで，消化管免疫系の機能が著しく向上することを報告した。また，シイタケ由来のレンチナンは経口摂取での効果を高めるために分子量をコントロールして消化管からの吸収を改善したミセラピストが上市されている。粘膜面や皮膚などは多機能性であり，外界との間で選択的に物質ならびに情報の交換をしなければならない部位である。上記の実験成績は粘膜面を介しても BG は免疫系を活性化できることを強く示唆するものである。これらの例を参考に，さらに一般的な系の構築が今後の課題となろう。

9　安全性とリスク

　上記のように BG は食品としても医薬品としても，かなり普及していることから，安全性についても十分に検証されている。細菌由来の直鎖 BG であるカードランの国内需要は年間 300 トン程度であり，広く世の中で安全に用いられていると考えるべきである。1996 年には FDA でも承認されている。1999 年に Spicer らによって報告されたカードランの安全性に関する報告によれば，C14 代謝標識カードランを経口摂取させたところ，24 時間以内に約 40 ％が呼気から，約 40 ％が便から，約 1.5 ％が尿から排泄されている。個体差は激しいものの，部分的には分解されグルコースとして吸収され酸化分解され呼気から排出されたと考えられる。同様の成績はラットでも得られている。さらに，抗菌剤投与で腸内を無菌化すると，吸収は低下したので，分解には腸内微生物叢が重要な役割を果たしている可能性がある。

　一方，我々は高分岐の BG（SSG）の経口摂取の実験をマウスで行なったが，ほとんど吸収は認められなかった。この差は，腸内微生物叢の分解酵素の基質特異性に関連しているものと思われる。事実，SSG は市販の BG 分解酵素ではほとんど分解することができない。

　2005 年，Lehne らは酵母の BG（SBG）を用いて 18 名の健常人で安全性試験を行なった。生化学データに異常値は出現しなかった。また，血中への BG の移行を β1,3-グルカン特異的キットで測定しているが，吸収を認めていない。国内で行なわれた，酵母 BG（BBG）の安全性試験でも，復帰突然変異試験（エームス試験），単回経口投与毒性試験，反復投与毒性試験のいずれ

第1章　βグルカンの構造と免疫賦活機構の解析

においても異常は認められていない。

　食品・医薬品用途以外の側面から BG を眺めると必ずしもリスクがないわけではない。BG の体内の蓄積について，マウスで調べたところ，注射された BG はきわめて長く，ほとんど分解されることなく，主に肝臓と脾臓に蓄積した。きわめて長くとは，半年，一年といった単位であり，マウスの生存期間を通じてということになる。経口投与されたものはほとんど吸収されないので食品としては問題を生じないが，体内蓄積性そのものは BG の有するリスクの一つとして挙げられる。

　Ⅱ型コラーゲン誘発関節炎はマウスにおけるリウマチモデルとして知られる。BG 投与（皮下ならびに腹腔内）はこのモデルの病態を著しく増悪する[18]。また，京都大学の坂口志文博士らが開発した自然発症のリウマチモデルである SKG マウスに，BG を投与するとリウマチが発症する[19]。また，BG の経鼻投与は気道炎症を惹起する。BG を非ステロイド性抗炎症薬と共に投与（腹腔内）すると副作用が増強される。BG の作用は受容体ならびに抗体を介して特異的に惹起されるものであるので，状況によってはこのような作用も認められるものである。

　深在性真菌症の患者血中からは BG が検出される。この BG をカブトガニ由来のファクターG を主剤とするキットで定量することで，真菌症の早期診断がなされている（応用と利用編第1章，第2章参照）。抗腫瘍剤として臨床応用されたレンチナンならびにソニフィランは注射剤として用いられてきた。これらの医薬品を投与された患者の血中には長期間にわたって BG が高濃度で蓄積していることが報告されている。食物として BG が体内に入ることは考え難いことであるが，疾病や治療薬では BG は明らかに体内に入り蓄積する可能性がある。

10　系統差と個人差

　抗 BG 抗体の存在ならびに抗体の特異性や力価に個人差があることを上記した。個人差については様々な角度からさらに解析が進められている。ヒト末梢白血球（PBMC）を用いて BG 応答性をサイトカイン産生を指標に比較したところ，著しい個人差を示した。複数のサイトカインを測定し，相対力価を各人で比較すると，これにも差が認められた。近交系マウスを用いて系統間格差を比較したところ，DBA/2 マウスが高応答性を示したことからも支持される。また，白血球の応答性はシクロホスファミドなどの抗ガン剤で造血傾向が高いときには著しく高進し，この時，Dectin-1 ならびに CR3 が上昇したことから，宿主の免疫機能の状況によって，BG 受容体の発現が制御され，BG 応答性には著しい差が生じる可能性のあることが強く示唆された。造血傾向が高いときには，GM-CSF 産生レベルが上昇することから，*in vitro* で GM-CSF 添加実験を行ったところ，BG 応答性が上昇した。これらのことから宿主の BG 応答性は，様々な要因によって左右されていることが明らかとなってきた[20]。

　2009 年に Ferwerda らは Dectin-1 を欠損した症例を見出し，真菌感染症との関連から報告している。その報告によれば，Dectin-1 欠損は必ずしも劇的に真菌感染防御に影響するとは結論

できないようである。真菌が関連する疾患は多様であるので，Dectin-1 と真菌感染との関連性に関する研究はさらに詳細に進められるものと思われる[21]。

11 おわりに

真菌細胞壁 BG の構造と宿主応答について概説した。研究の範囲は著しく広がっており，全体をカバーできたとはいえない。抗腫瘍剤として用いられてきた BG が役目を終えつつあることは，医療の著しい進歩を物語っている。一方で，健康長寿を達成するためにヘルスケア領域は拡大しつつあり，BG の応用面の拡大が期待される。真菌細胞壁多糖に纏わる研究は様々な分野と連携している。連携がさらに強化され，本分野がさらに発展することを期待したい。

文　　　献

1)　大野尚仁，日本細菌学雑誌，**55**，527-537（2000）
2)　大野尚仁，真菌 β -1, 3-グルカン類の構造と宿主応答性，ドージンニュース：114 号（2005）
3)　Ohno N, *Comprehensive glycoscience, **2***, 559-77（2007）
4)　Ikeda Y, *et al., Biol. Pharm. Bull.,* **31**, 13-8（2008）
5)　Ohno N, *et al., Carbohydr Res.,* **316**, 161-72（1999）
6)　Ishibashi K, *et al., FEMS Immunol. Med. Microbiol.,* **42**, 155-66（2004）
7)　Ishimoto Y, *et al., Int. J. Biol. Macromol.,* **104 (Pt A)**, 367-76（2017）
8)　Ishimoto Y, *et al., Int. J. Biol. Macromol.,* **107 (Pt B)**, 2269-78（2018）
9)　Ishibashi K, *et al., Microbiol. Immunol.,* **54**, 666-72（2010）
10)　Toyoshima T, *et al., Med. Mycol. J.,* **58**, E39-E44（2017）
11)　大野尚仁，真菌の構造と機能，化学療法の領域，2018 増刊号
12)　Shibata A, *et al., Int. J. Med. Mushrooms,* **14**, 257-69（2012）
13)　石橋健一ほか，日本医真菌学会雑誌，**51**，99-107（2010）
14)　Sato W, *et al., Int. J. Med. Mushrooms,* **18**, 191-202（2016）
15)　Ishibashi K, *et al., Int. J. Med. Mushrooms,* **15**, 115-26（2013）
16)　Ishibashi K, *et al., Clin. Exp. Immunol.,* **177**, 161-7（2014）
17)　Hida TH, *et al., Int. J. Med. Mushrooms,* **15**, 525-38（2013）
18)　Hida S, *et al., J. Autoimmun.,* **25**, 93-101（2005）
19)　Hida S, *et al., Biol. Pharm. Bull.,* **30**, 1589-92（2007）
20)　大野尚仁，β グルカンの基礎と応用，第 1 章，シーエムシー出版（2010）
21)　Ferwerda B, *et al., N. Engl. J. Med.,* **361**, 1760-7（2009）

第2章　βグルカン受容体Dectin-1と
その免疫制御における役割

岩倉洋一郎*

1　はじめに

　キノコや酵母，カビなどの真菌類の細胞壁は3層構造からなっており，最外層がαマンナンを含む多糖類で覆われており，その下層にβグルカン層が存在する。そして最内層にはキチンが存在することがわかっている[1]。最近，これらの分子は免疫担当細胞上に発現する特異的な受容体と結合することにより，感染防御応答を引き起こしたり，免疫系を修飾したりするなど，様々な作用を宿主に及ぼすことがわかってきた。このうち，βグルカンの受容体はDectin-1であり，αマンナンの受容体はDectin-2であることが明らかにされたが，キチンの受容体についてはまだ不明である（図1）[1,2]。

　Dectin-1はC型レクチンファミリーと呼ばれる一群の膜蛋白質のメンバーであり，43 kDのⅡ型膜蛋白質であり，遺伝子はマウスでは6番染色体（人では第12番染色体）上に他のファミリー遺伝子と共にクラスターを成して存在する[2,3]。細胞外に1個の糖鎖認識領域（Carbohydreate-recognition domain ; CRD）と呼ばれる糖鎖を認識する領域を持ち，Ca^{2+}依存的に糖鎖を認識する。細胞質内には活性化シグナルを伝えるITAM（Immunoreceptor tyrosine-based activation motif）に似たhemi-ITAMモチーフを持ち，活性化シグナルを伝える（図2(A)）。Dectin-1やDectin-2，Mcl，Mincleなど多くのITAMを持つC型レクチンは真菌や結核菌などに特徴的な分子パターン（PAMPs）を認識することによって感染防御に関与することが知られており，これまでもっぱら微生物に対する感染防御に関与するものと考えられてきた[2~5]。しかしながら，最近，DCIRやMincle，MICL，CLEC2，DNGR-1などは自己抗原を認識し，免疫系や骨代謝系の制御，リンパ管形成，発がん制御など，多様な生物活性を発揮することがわかってきた[6~8]。現在，これらの分子が生体内で果たす役割について，大きな注目が集まっている。

2　Dectin-1はβグルカンの受容体であり，真菌感染防御に重要な役割を果たす

　Dectin-1は，当初，樹状細胞（DC）に特異的に発現するC型レクチンとしてクローニングされたが[9]，その後，マクロファージや好中球にも発現することがわかった。また，この分子は，βグルカンに結合することが示され[10]，Dectin-1欠損マウスを使った研究により，このマウス

＊　Yoichiro Iwakura　東京理科大学生命医科学研究所　教授，東京理科大学総合研究院
　　ヒト疾患モデル研究センター長

βグルカンの基礎研究と応用・利用の動向

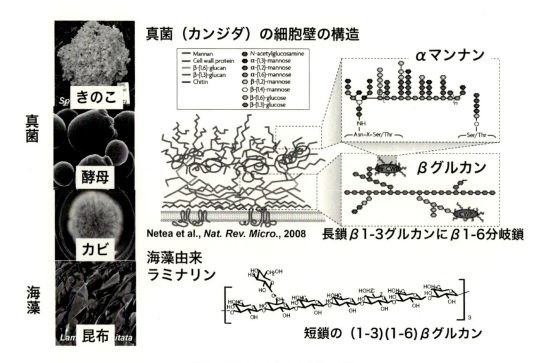

図1　βグルカンの由来とその構造

キノコやカビなどの細胞壁はαマンナンやβグルカン，キチンなどの多糖類で構成されている。細胞壁に含まれるβグルカンは1→3β-グルカンポリマーに1→6βグルカン分岐がついた構造をしており，非常に大きな分子量を持ち，不溶性である（文献1）より引用）。一方，コンブなどの褐藻類に含まれるLaminarinは分子量が1,500〜50,000程度の比較的低分子であり，高分子βグルカンはDectin-1に結合して活性化するのに対し，低分子βグルカンは結合してもシグナルを伝えることができず，逆に高分子βグルカンの結合を拮抗的に阻害する。

から分離したDCではβグルカンによる炎症性サイトカインの発現誘導が著しく低下していることなどから，この分子がβグルカンの受容体として機能していることが示された（図2(B)）[4,11]。また，Dectin-1欠損マウスは*Pneumocystis carinii*や*Candida albicans*などの真菌に対して易感染性となることから，真菌感染防御に重要な役割を果たしていることがわかった（図2(C)）[4,11]。

シグナル伝達機構を解析したところ，βグルカンがDectin-1に結合すると，Dectin-1は細胞質内のhemi-ITAMにリン酸化酵素（Syk）が会合することによって活性化され，下流でCARD9-NF-κB経路が活性化されることにより，TNFやIL-1，IL-23などのサイトカインの発現が誘導されることがわかった（図3）。さらに，Sykの活性化は活性化酸素種（ROS）の産生を促す[8]。興味深いことに，Dectin-1刺激によって誘導されるIL-1やIL-23などのサイトカインは，優先的にIL-17AやIL-17Fを産生するTh17細胞分化を誘導することである（図3）[9]。IL-17A/Fは好中球を感染局所に遊走させたり，抗菌ペプチドの産生を誘導するのに重

第2章 βグルカン受容体 Dectin-1 とその免疫制御における役割

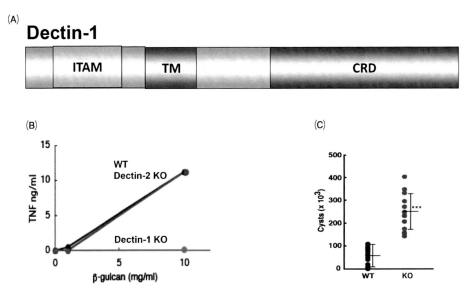

図2　βグルカンの受容体は Dectin-1 である

(A) Dectin-1 の構造。TM：膜貫通領域。CRD：糖鎖結合領域。(B)試験管内で骨髄細胞から分化誘導した樹状細胞をβグルカン（Sparassis crispa glucan：SCG）で刺激した場合の TNF 産生を示した。(C)：Dectin-1 欠損マウスに Pneumocystis carinii を感染させ，その後肺中の菌数を測定した。KO：欠損マウス，WT：野生型マウス（文献4）より引用）。

要であり，IL-17 A 欠損マウスは candida に対して易感染性となることから，真菌感染防御に重要な役割を果たしていると考えられる[5]。また，IL-17 A/F は Th17 細胞だけではなく，γδT 細胞や3型自然リンパ球（ILC3）などからも産生されることが知られている[12]。従って，Dectin-1 や Dectin-2 は，真菌細胞壁のβグルカンやαマンナンを認識することにより，ROS の産生を誘導すると共に，IL-17 A/F の産生を促して，感染防御に重要な役割を果たしているものと考えられる（図3）[3,4]。

3　IL-17 A/F は真菌や細菌の感染防御に重要な役割を果たしている

　IL-17 ファミリーの中で，IL-17 A と IL-17 F はアミノ酸同一性が50％と非常にホモロジーが高く，それぞれホモ2量体が同じ受容体に結合する上，ヘテロダイマーを形成し，同じ受容体に結合することが知られている[13]。従って，IL-17 A と IL-17 F は同じような生物活性を持つことが予想された。ところが，IL-17 A の欠損は関節リウマチモデルである IL-1 受容体アンタゴニスト（IL-1 Ra）欠損マウスの関節炎の発症をほぼ完全に抑制するのに対し，IL-17 F 欠損はほとんど影響を与えなかった[14]。同様のことは実験的自己免疫性脊髄炎（EAE）においても認められた。従って，IL-17 A が自己免疫疾患の発症に深く関与するのに対し，IL-17 F の関与は低いことがわかった。ところで，IL-17 A/F 二重変異マウスは SPF 環境下でも日和見感染を受

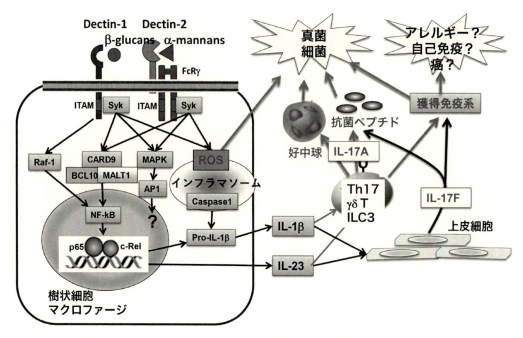

図3　Dectin-1 及び Dectin-2 による真菌，及び細菌感染防御メカニズム

Dectin-1 及び Dectin-2 はそれぞれ真菌上のβグルカン，及びαマンナンを認識し，リガンドが結合するとITAM 領域に Syk リン酸化酵素が会合し，Syk-Card9-NFκB 経路を活性化することにより，IL-1βやIL-23 などのサイトカインの産生を誘導する。一方，Syk は活性酸素種（ROS）の産生を誘導し，病原体を殺傷する。また，産生されたサイトカインは IL-17 A，IL-17 F 産生能を持つ Th17 細胞分化を誘導したり，γδT 細胞あるいは ILC3 細胞から IL-17 A，IL-17 F 産生を誘導したりする。また，上皮細胞は IL-17 F を産生するが，その誘導メカニズムはよくわかっていない。IL-17 A 及び IL-17 F は共に好中球を感染局所に遊走させると共に抗菌ペプチドを誘導して，菌を排除する。一方，IL-17 は獲得免疫系を活性化することが知られており，最終的に病原体を排除するのに重要な役割を果たす一方で，アレルギーや自己免疫にも関与する可能性が示唆されている（文献2）より改変）。

け易く，口周辺部の粘膜部位に黄色ブドウ球菌の感染が頻繁に見られることを見出した[14]。また，病原性大腸菌の一種である *Citrobacter rodentium* を感染させた場合も IL-17 A/F 二重変異マウスで感受性が非常に高く，IL-17 A あるいは IL-17 F 単独欠損マウスでも感受性が亢進していた。これらの欠損マウスではβ-ディフェンシンなどの抗菌蛋白質の発現が非常に低下していたことから，抗菌ペプチドの産生低下がこれらの細菌の増殖を許したものと考えられた。従って，IL-17 F の機能としては自己免疫疾患より，むしろ感染防御において重要な役割を果たしていることが示唆された。

第2章 βグルカン受容体 Dectin-1 とその免疫制御における役割

4 Dectin-1 欠損マウスは DSS 誘導大腸炎に耐性である

近年，腸の粘膜が炎症を起こし下痢や腹痛を引き起こす炎症性腸疾患の患者が徐々に増加しており，難病情報センターによれば患者数は20万人を突破している。今から40年前には，患者数が1,000人に満たなかったことを考えると，驚異的な患者数の増加である。同じように花粉症などのアレルギーも増加していると言われており，国民の1/3が何らかのアレルギーに苦しむ時代になってしまった。その原因として，環境汚染や清潔度の向上など色々なことが言われているが，まだはっきりとした結論が得られていないのが現状である。

ところで，βグルカンは酵母やキノコ，海藻などの食品に豊富に含まれており，その受容体である Dectin-1 が大腸で発現していたことから，大腸で Dectin-1 シグナルが活性化されている可能性が考えられた。そこで，我々は Dectin-1 シグナルが腸管免疫に及ぼす影響を検討した。マウスの飲用水中に1〜4％程度デキストラン硫酸ナトリウム（DSS）を加えるとヒトの潰瘍性大腸炎に似た大腸炎を発症することが知られている。野生型マウスに DSS 誘導大腸炎を誘導したところ，体重減少を引き起こし，2週間程度で死亡してしまうのに対し，Dectin-1 欠損マウスの場合は体重減少の程度が軽く，死亡するものはいないことを見出した（図4）[15]。DSS 誘導大腸炎

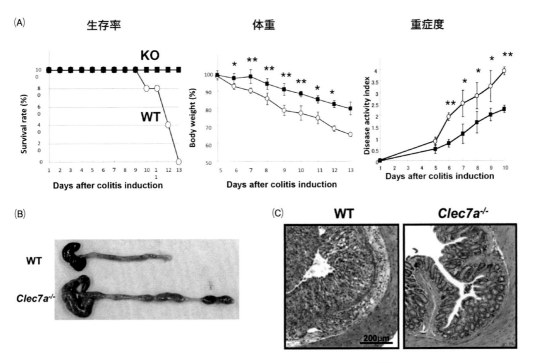

図4　Dectin-1 欠損マウスは DSS 誘導大腸炎に対し，耐性を示す
(A)飲水中への2％DSS 投与後の野生型，及び Dectin-1 欠損マウスの生存率，体重，及び重症度の比較。(B), (C) DSS 投与11日後の大腸の長さ(B)及び大腸の病理像(C)（文献15）より引用）。

13

は無菌動物では発症しないことから，腸内細菌の関与を疑い，Dectin-1 欠損マウスの腸内細菌を無菌の野生型マウスに移植したところ，これらのマウスは DSS 誘導大腸炎に対し耐性となることがわかった（図5(A)）。そこで，腸管の細菌叢をリボソーム 16 SRNA の解析によって調べたところ，特定の乳酸桿菌 (*Lactobacillus murinus*) の割合が 5 倍以上増加していることを見出した（図5(B)）。また，興味深い事に Dectin-1 欠損マウスでは免疫応答抑制能を持つ Treg 細胞の割合が大幅に増えており，これが大腸炎が抑制される原因であると考えられた（図5(C)）。実際，Treg 細胞が存在しない Rag2 欠損マウスでは Dectin-1 欠損の影響は認められない。さらに，Dectin-1 欠損マウスで増殖の見られた *L. murinus* を無菌動物に移植したところ，Treg 細胞が増加して来ることが認められた（図5(D)）。これらの結果から，Dectin-1 欠損マウスでは腸管で *L. murinus* が増殖し，その結果 Treg が増えるために炎症が抑制されることがわかった。

Dectin-1 欠損マウスでは多くの抗菌蛋白質の発現は正常であるにも拘らず，S100 A8 と呼ばれる抗菌ペプチドの発現が特異的に減少していることがわかった[15]。S100 A8 は S100 A9 とヘテロダイマーを形成し，グラム陽性菌，特に *L. murinus* の増殖を特異的に抑制し，他の *Alcaligenes fecalis* や *Eschericia coli* などの増殖には関与しない。従って，Dectin-1 欠損マウスでは S100 A8/A9 による抑制が外れるために，優先的に *L. murinus* の増殖が促進されると考え

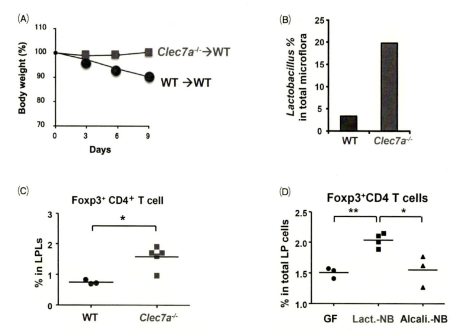

図5 Dectin-1 欠損マウスでは乳酸桿菌が増加しており，乳酸桿菌は制御性 T 細胞（Treg）を誘導する
(A)野生型あるいは Dectin-1 欠損マウス由来の糞便を野生型マウスに食べさせた後，2％DSSを投与し，体重変化を調べた。(B)糞便中の全 *Lactobacillus* 属の割合。(C)大腸粘膜固有層に存在する Treg 細胞（Foxp3 陽性）の全リンパ球に占める割合。(D) *L. murinus* を無菌動物に移植し，5週間後の Foxp3 陽性 Treg 細胞の割合（文献15）より引用）。

られる。*L. murinus* が Treg 細胞の分化を誘導するメカニズムとしては，*L. murinus* が腸管の粘膜固有層に存在する樹状細胞に作用すると特異的に TGF-β と IL-10 の発現が誘導され，これらのサイトカインによって Treg の分化が誘導されることがわかった[15]。大腸に多く存在する *A. faecalis* や *E. coli* にはそのようなサイトカイン誘導能はなく，Treg 誘導能も見られない。

5 低分子βグルカン投与により，DSS 誘導大腸炎を抑制できる

ところで，Dectin-1 に刺激を入れるβグルカンの由来は何なのだろうか。Iliev らは，通常の SPF マウスには真菌が常在しており，Dectin-1 を欠損させると真菌が異常に増殖するために，DSS 誘導大腸炎が増悪化することを報告した[16]。ところが，我々の動物室で飼育している SPF マウスでは真菌は全く検出されず，βグルカンは食餌中に含まれることが示唆された[15]。実際，βグルカンフリーの食餌を食べさせると，DSS 腸炎が軽症化した[17]。そこで，次に食餌中に Dectin-1 阻害剤を加え，その影響を見た。コンブなどの褐藻類に含まれる Laminarin はβグルカンの一種であるが，酵母やキノコに含まれるβグルカンとは異なり，可溶性であり比較的低分子量（5千程度以下）である（図1）。Laminarin は藻類の貯蔵糖質であり，夏から秋にかけて盛んに生産され，最大で乾燥重量の 30〜40％ にも達する。この Laminarin は Dectin-1 に結合するが，分子量が小さいため，シグナルを入力できず，逆に大きな分子量を持つβグルカンの Dectin-1 への結合を競合的に阻害する。そこで，我々は Laminarin を食餌に混ぜてその影響を検討したところ，Laminarin を食べさせたマウスは，DSS 誘導大腸炎に対し耐性となることがわかった[15]。この時，炎症性サイトカインである TNF の産生と好中球の浸潤が低下すると共に，Dectin-1 欠損マウスと同様に，腸管での *L. murinus* の増殖と Treg の増加が認められたため，低分子βグルカンが Dectin-1 を阻害したことにより抗菌蛋白質の発現が減少し，このため乳酸桿菌が増殖して Treg 細胞の分化を促し，化学物質誘導大腸炎に耐性になったものと考えられた（図6）。

6 Dectin-1 シグナルにより IL-17 F の発現が誘導され，IL-17 F を中和することにより大腸炎の発症を阻止することができる

次に，腸管で Dectin-1 シグナルが抗菌蛋白質の発現を誘導するメカニズムについて検討した。DSS 誘導大腸炎を誘導したのち，大腸における種々の炎症性サイトカインの発現を調べたところ，Dectin-1 欠損マウスで IL-17 F の発現が特異的に減少していることがわかった（図7(A)）。また，大腸の粘膜固有層の樹状細胞やマクロファージには Dectin-1 が発現しており，βグルカンによって IL-17 F の発現を誘導することができること（図7(B)），IL-17 F によって，腸管上皮細胞から S100 A8 の発現を誘導できること（図7(C)）から，Dectin-1 は IL-17 F の発現を介して抗菌蛋白質の発現を誘導していることがわかった[17]。

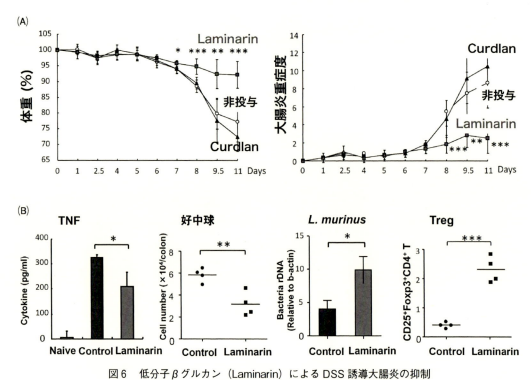

図6　低分子βグルカン（Laminarin）によるDSS誘導大腸炎の抑制
(A) 5％Laminarin，あるいは長鎖βグルカンであるCurdlanを飲用水に混ぜ，3日間投与した後，DSS誘導大腸炎を誘導し，この時の体重変化と下痢の重症度を示した。コントロールとして長鎖βグルカンであるCurdlanを用いた。(B)粘膜固有層細胞によるサイトカイン産生，好中球の浸潤，糞便中のL. murinusの割合，及び大腸粘膜固有層に於けるFoxp3陽性Treg細胞の割合（文献15）より引用）。

　そこで，次に我々はIL-17FあるいはIL-17Aを抗体によって阻害した場合のDSS誘導大腸炎に対する影響を検討した。図8(A)に示す通り，抗IL-17F抗体が予想通り，大腸炎の発症を抑制したのに対し，抗IL-17Aはむしろ大腸炎を悪化させた[18]。抗IL-17F抗体で処理すると，大腸の萎縮は軽減され（図8(B)），大腸ではLactobacillus murinusと共に，やはりTreg誘導能を持つClostridium cluster XIVaが顕著に増加していた（図8(C)）。この菌の増加には抗菌蛋白質の一つであるPhospholipase A2などの減少が関与していることがわかった。また，抗IL-17F抗体処理マウスでは，大腸でFoxp3陽性のTreg細胞が増加し，IL-10の産生が増加する一方で，IFN-γの産生が低下していた（図8(D)）。これらの結果は，通常はDectin-1シグナルによってIL-17Fが誘導され，それが抗菌蛋白質を産生させることによってこれらの細菌の増殖を抑制しているのに対し，抗体によってIL-17Fが阻害されると，抗菌蛋白質が減少し，Treg誘導能を持つ細菌の増殖が起こり，Tregが増加することにつながっていることを示している（図9）。Dectin-1を欠損させた場合とIL-17Fを欠損させた場合とで，共にL. murinusの増加は認められるものの，C. XIVaの増加はIL-17Fを阻害した場合にのみ見られるなど，両者の表現型は必ずしも一致しない。従って，Dectin-1の作用の一部はIL-17Fを介するものの，必ずしも

第2章 βグルカン受容体Dectin-1とその免疫制御における役割

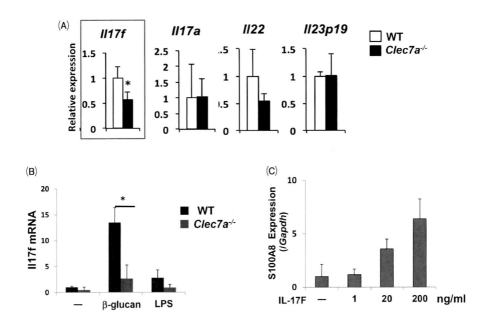

図7 Dectin-1はIL-17Fの発現誘導を介して抗菌蛋白質の発現を誘導する
(A)Dectin-1欠損により，大腸粘膜固有層ではIL-17Fの発現が特異的に低下する。(B)大腸粘膜層よりCD11b⁺細胞及びCD11c⁺細胞の両者を分離し，βグルカン（curdlan）で刺激した時の*Il17f* mRNAの発現。(C)大腸の器官培養にIL-17Fを加えた時の抗菌蛋白質（S100a8）の発現誘導（文献17）より引用）。

それだけでは説明できないことがわかる。

7 自然免疫受容体の腸管免疫に於ける役割

我々の腸管には数百種類，10^{15}にも達する腸内細菌が生息していることが知られており，これらの細菌が宿主の免疫系に大きな影響を及ぼしていることが最近の研究でわかってきた。例えば，SFBと呼ばれる細菌は，Th17細胞を選択的に分化させ，炎症を増悪化させる[19]。一方，IL-10を出して炎症を抑制するTreg細胞を分化誘導する*clostridium*菌のようなものも知られている[20]。これらの菌は，腸管免疫だけでなく，脊髄での炎症など，他の臓器の免疫応答にも影響を及ぼすことが知られている。人でも炎症性腸疾患の患者では，Treg誘導能を持つ*Clostridium*菌や乳酸桿菌の割合が減少していることから[18, 20, 21]，人でもマウスと同じようにDectin-1シグナルを介して腸内フローラが変化し，Treg分化を調節している可能性が示唆されている。

ところでこれらの腸内細菌叢は，腸管内に分泌されるIgA抗体や抗菌蛋白質などによって制御されている他，食事によっても大きな影響を受けることがわかっている。当然，食物は細菌にとっても栄養源であり増殖にとって重要な要素であるが，それだけでなく，本総説で示したよう

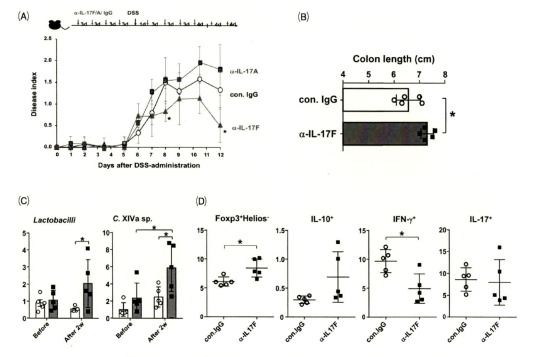

図8　IL-17 F を阻害すると大腸炎は抑制されるのに対し，IL-17 A を阻害しても抑制されない
DSS 投与前12日前より3日ごとに抗 IL-17 F，または抗 IL-17 A，非感作 IgG などを投与し，その後 2% DSS 含有飲用水を与えた。(A)抗体投与による大腸炎の重症度の変化。(B)抗体投与4週後の大腸長。(C)抗体投与2週間後の糞便中の *Lactobacillus* 属及び *Clostridium* クラスターXIVa の割合。(D)大腸粘膜固有層における Foxp3⁺ Treg，及び IL-10 陽性，IFN-γ 陽性細胞，及び IL-17 陽性細胞の割合（文献18）より引用）。

に，食品成分の中には自然免疫系を介して，腸内細菌叢に影響を与えるものがあることが考えられる。実際，人に Dectin-1 の阻害剤である低分子 β グルカンを投与した場合，乳酸桿菌が増加することがわかっている（唐ら，未発表）。Dectin-1 以外に，例えば TLR シグナルの異常によっても腸内細菌叢の変動が見られることが報告されており，腸管粘膜層で発現する様々な自然免疫受容体は絶えず食物成分や常在細菌，真菌などから刺激を受けて，サイトカインや抗菌蛋白質の発現を誘導することによって腸内菌叢が影響を受けていると思われる。それぞれの菌は特徴的に Treg を誘導したり，あるいは Th1，Th2，Th17 などの Th 細胞を分化誘導したりすることにより，腸管の免疫的な雰囲気，即ち炎症やアレルギー応答を起こし易いかどうか，が決定されているのではないだろうか。現在，食品成分を認識する自然免疫受容体は，Dectin-1 以外は，DNA を認識する TLR9，ペプチドグリカンを認識する TLR2 など，ごくわずかでしかない。今後，個々の食品成分に対応する自然免疫受容体を明らかにすることによって，より精密な腸内細菌叢の調節機構や腸管の免疫恒常性の維持機構が明らかになるものと考えられる。さらに，このような食品成分とその受容体の関係を明らかにすることにより，食事を介して腸内の細菌叢を我々の健康に好ましい状態に改善し，延いては炎症やアレルギー，がんなどを予防，治療することに繋

第2章　βグルカン受容体Dectin-1とその免疫制御における役割

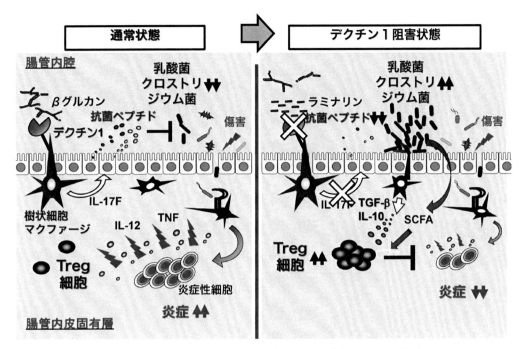

図9　Dectin-1，あるいはIL-17F阻害による炎症性大腸炎の抑制
（文献15）及び18）より改変）

がるものと考えている。

謝辞

　本著に述べられたβグルカンの受容体がDectin-1であることを同定した研究は西城忍博士（現　千葉大学真菌医学研究センター准教授）が中心に行ったものであり，Dectin-1の腸管免疫における影響は当研究室の唐策博士が中心に行ったものである。また，東京薬科大学の大野尚仁教授にはβグルカンやαマンナンの生化学的解析や調製において大変お世話になった。心より感謝申し上げたい。

論　　文

1) Netea, M. G. *et al.*, *Nat. Rev. Microbiol.*, **6**, 67（2008）
2) Saijo, S., Iwakura, Y., *Int. Immunol.*, **23**, 467（2011）
3) Drummond, R. A. *et al.*, *Eur. J. Immunol.*, **41**, 276（2011）
4) Saijo, S. *et al.*, *Nature Immunol.*, **8**, 39（2007）
5) Saijo, S. *et al.*, *Immunity*, **32**, 681（2010）
6) Yabe, R. *et al.*, Glycoscience: Biology and Medicine, Springer Japan, 1319（2015）

7) Brown, G. D. *et al.*, *Nat. Rev. Immunol.*, https://doi.org/10.1038/s41577-018-0004-8 (2018)

8) Kaifu, T., Iwakura, Y., C-Type Lectin Receptor in Immunity, Springer Japan, 101 (2016)

9) Ariizumi, K. *et al.*, *J. Biol. Chem.*, **275**, 20157 (2000)

10) Taylor, P. R. *et al.*, *J. Immunol.*, **169**, 3876 (2002)

11) Taylor, P. R. *et al.*, *Nat. Immunol.*, **8**, 31 (2007)

12) Akitsu, A. *et al.*, *Nat. Commun.*, **6**, 7464 (2015)

13) Iwakura, Y. *et al.* *Immunity*, **34**, 149 (2011)

14) Ishigame, H. *et al.* *Immunity*, **30**, 108 (2009)

15) Tang, C. *et. al.*, *Cell Host & Microbe*, **18**, 183 (2015)

16) Iliev I. D. *et al.*, *Science*, **336**, 1314 , (2012)

17) Kamiya, T. *et al.*, *Mucosal Immunol.*, doi : 10.1038/mi.2017.86 (2017)

18) Tang, C. *et al.*, *Nat. Immunol.*, in press.

19) Goto, Y. *et al.*, *Immunity*, **40**, 594-607 (2014)

20) Atarashi, K. *et al.*, *Nature*, **500**, 232 (2013)

21) Frank, D. N. *et al.*, *Proc. Natl. Acad. Sci. USA*, **104**, 13780 (2007)

第3章 β-グルカン結合タンパク質を用いた (1→3)-β-D-グルカンの分析

安達禎之[*]

1 緒言

　真菌，藻類，植物などが有する (1→3)-β-D-グルカン（以下β-グルカン，BG）は免疫の働きを調節することが知られている多糖体である。本邦では，かつてシイタケやスエヒロタケなどの担子菌類から，レンチナンやソニフィランと呼ばれる抗悪性腫瘍剤が臨床で用いられていた。近年では機能性食品開発の機運が高まり，基礎医学研究の進歩と相まって科学的な裏付けによる機能性分子として一般的に認知されるようになっている。実際，実験動物レベルでは，β-グルカンを摂取することで，腸内細菌叢の変化に伴って腸炎の改善効果が認められている[1]。一方では，β-グルカンの構造，物性多様性から，活性型のβ-グルカンを適切に評価することの難しさも顕在化し，十分にこれらの情報が整理されているとは言い難い。

　本稿ではキノコなどの真菌から得られるβ-グルカンの検出，定量を目的とした (1→3)-β-D-グルカン抗体の応用，(1→3)-β-D-グルカン結合タンパクなどの利用について記述する。

2 β-グルカン解析ツールとしてのβ-グルカン結合性タンパク質

2.1 β-グルカン抗体

　β-グルカンは，生体内での分解性に乏しく，抗体産生応答の機構から見るとT細胞非依存性抗原であり，精製β-グルカンを繰り返し動物に投与しても，タンパク質抗原などで見られるような2次応答によるIgGなどの抗体産生の著しい上昇は殆ど見られない。従ってβ-グルカン部分に交差反応性を有するIgG抗体を得るには，牛血清アルブミンなどのタンパク質キャリアとコンジュゲートさせたβ-グルカン―タンパク質複合体を抗原として用いた[2]。

　また，分子量数十万以上の高分子β-グルカンでタンパク質コンジュゲートを作ると難溶性となるため複合体抗原の溶液を得るためには，β-グルカンをギ酸分解により低分子化する必要がある。筆者らはマイタケ（*Grifola frondosa*）由来の (1→6)-分岐型 (1→3)-β-D-グルカンの低分子化体 small-grifolan（sGRN）とウシ血清アルブミンとの共有結合型抗原（sGRN-BSA）を作製して，ウサギに免疫し抗体を得た。マウス（BALB/c, C57BL/6, C3H/HeN）への免疫も試みたが，マウスでは抗体価の上昇が認められず，動物種差があった[2]。sGRNをアミノセル

---

　* Yoshiyuki Adachi　東京薬科大学　薬学部　免疫学教室　准教授

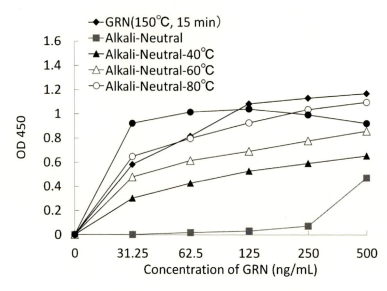

図1　β-グルカンのアルカリ処理による高次構造変化

ロース系カラムに固相化してアフィニティークロマトグラフィー担体を作成し，免疫したウサギ血清からGRN反応性ポリクローナル抗体を精製した。更に得られた抗体をビオチン標識し，未標識抗体をサンドイッチELISAの固相化抗体，ビオチン標識抗体を検出抗体として利用しβ-グルカンに特異的なELISA法を構築した。この抗体の構造特異性を検討したところ，直鎖 (1→3)-β-D-グルカンには反応せず (1→6)-分岐型 (1→3)-β-D-グルカンに特異的であった。また，高分子量grifolan (GRN) のアルカリ溶解—中和—加熱の操作に伴う高次構造変化が，β-グルカン抗体の反応性にも影響することが示され（図1），アルカリ変性β-グルカン，アルカリ—中和再構成β-グルカンの判定にも抗体を応用できると考えられる[3]。

2.2　キノコ子実体由来のβ-グルカンの抽出とβ-グルカン抗体による定量

　日常的に食品として得られるキノコ類に含まれるβ-グルカンを調べる目的で，各種キノコの乾燥粉末を調製し，熱水や冷アルカリ溶液などで抽出することを試みた。用いたキノコは *Hypsizigus marmoreus*（ブナシメジ），*Flammulina velutipes*（エノキタケ），*Grifola frondosa*（マイタケ），及び *Lentinus edodes*（シイタケ）の子実体である。抽出方法は各々のキノコの粉末単体からの抽出，各粉末をあらかじめ混合してから抽出するものを比較した。熱水抽出は5gの乾燥粉末に対し，100 mLの精製水を添加，懸濁したのち121℃で2時間オートクレーブにて行った。抽出液は低分子成分を除く目的で，透析し，透析内容物を凍結乾燥した。冷アルカリ抽出は，キノコ粉末の熱水抽出残渣を0.5 M水酸化ナトリウム溶液に懸濁させ4℃で一晩撹拌して行った。アルカリ可溶部を酢酸で中和したのち，透析，透析内液を凍結乾燥して冷アルカリ抽出物とした。両抽出物中のβ-グルカンを測定するために，前述のβ-グルカン抗体を用いたサンド

第3章 β-グルカン結合タンパク質を用いた（1→3）-β-D-グルカンの分析

表1 キノコ粉末から抽出されたβ-グルカン含量

抽出法	キノコ名	ELISA 測定による 1 mg 粉末中の BG 含量（μg）		
		実測値	混合比	理論値
熱水	ブナシメジ	13	×0.55 =	7.2
	エノキタケ	114	×0.15 =	17.1
	マイタケ	94	×0.15 =	14.1
	シイタケ	343	×0.15 =	51.5
	混合粉末	49	合計	89.8
冷アルカリ	ブナシメジ	633	×0.55 =	348.2
	エノキタケ	1476	×0.15 =	221.4
	マイタケ	161	×0.15 =	24.2
	シイタケ	3263	×0.15 =	489.5
	混合粉末	6980	合計	1083.2

BG 含量測定：β-グルカン抗体 ELISA 法

イッチ ELISA 法を構築し，標準β-グルカンとしてスエヒロタケ由来のソニフィラン（SPG）を用いた。定量の結果，アルカリ抽出物中のβ-グルカン含量は熱水抽出物に比べ142倍も高かった。更に，混合粉末で抽出した場合，単独よりも約6倍以上高い含量を示した（表1）。この上昇は熱水抽出物では認められなかったことから，各キノコ菌体中のβ-グルカンがアルカリ溶解によりβ-グルカンに特有な高次構造の一連の変性と再生変化を起し，混合再生時の高次構造変化でより安定な（1→3）-β-D-グルカンを再生したと考えられ，アルカリ抽出の有効性が支持された[4]。

2.3 自然免疫受容体系β-グルカン結合タンパク質 Dectin-1

Dectin-1 は自然免疫系受容体 C 型レクチンに属する細胞膜タンパク質であり，樹状細胞やマクロファージなどに発現する。Dectin-1 のリガンドは（1→3）-β-D-グルカンである。Dectin-1 タンパク質分子の糖鎖認識ドメインは 116 残基のアミノ酸からなり，筆者らは100〜244 のアミノ酸残基をヒト IgG1 の Fc 部位に連結したキメラタンパク質（sDec1-Fc）を作製した。これを可溶型のβ-グルカン結合性のプローブとして用い，ELISA プレートでのβ-グルカン検出を実施した。その結果，真菌のβ-グルカン（ソニフィラン：SPG）のみならず，藻類のラミナリン（（1→6）-分岐型（1→3）-β-D-グルカン），高等植物である大麦の barley β-グルカン（BBG E75，（1→4）-，（1→3）-β-D-グルカン）に対しても高い結合活性を有することが明らかになった[5]（図2）。Dectin-1 結合に必要なβ-グルカン糖鎖単位を推定する目的で，完全化学合成のラミナリオリゴ糖鎖への結合活性を可溶性 Dectin-1（sDec1-Fc）とソニフィランとの結合阻害活性より解析したところ，G8，G12，G16 のオリゴ糖鎖の内，最もソニフィランとの結合を競合阻害したものは G16 であり，G12 では部分的，G8 は全く阻害できなかった（図3）。

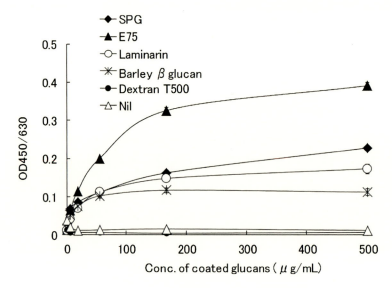

図2　sDec1-Fc の各種グルカンへの結合活性

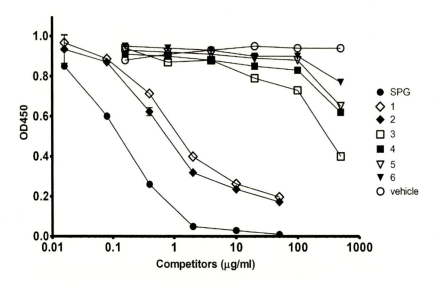

1:mG16-bG1, 2:mG16, 3:mG12-bG1, 4:mG12, 5:mG8-bG1, 6:mG8, SPG: Sonifilan

図3　sDec1-Fc の合成ラミナリオリゴ糖結合活性
　　　m：主鎖, b：側鎖

第3章　β-グルカン結合タンパク質を用いた (1→3)-β-D-グルカンの分析

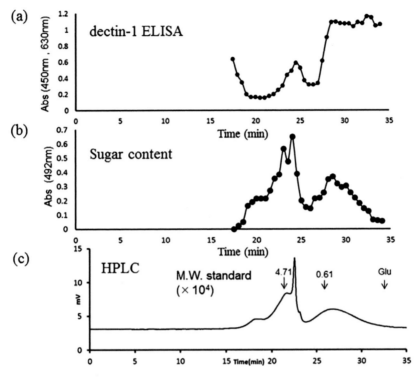

図4　酸分解酵母β-グルカンのゲルろ過分画とDectin-1反応性相関
(a)可溶性Dectin-1-Fcを用いたELISA反応性，(b)糖含量，(c)HPLCゲル濾過溶出プロファイル

β-グルカンはらせん構造を安定な高次構造としてとることが知られている。らせん構造の1ピッチのグルコースは6残基からなることから，少なくともβ-1,3-グルコース残基が12糖以上なければDectin-1に結合しないことが示唆された[6]。

石本らは酵母β-グルカンを酸処理により低分子化し，Dectin-1結合性のβ-グルカンフラグメントを分取する条件を検討した。Dectin-1-Fcタンパク質を利用したELISA検出系を作成し，低分子化したβ-グルカンのゲル濾過クロマトグラフィーの溶出プロファイル作成にELISAを応用した。その結果，Dectin-1結合性の低分子化β-グルカンのモニタリングと分取を同時に行うことを可能にし，Dectin-1を介した水溶性の免疫調節性β-グルカンを効率よく分取できることを明らかにした[7]。（図4）

免疫機能を制御する (1→3)-β-D-グルカンの選抜にDectin-1タンパク質分子の反応性を利用できるのではないかと期待される。

2.4　昆虫由来のβ-グルカン結合タンパク質

昆虫のβ-グルカン結合タンパク（BGBP）は，真菌が持つβ-グルカンに反応し，感染防御機構に重要なプロフェノール酸化酵素（PPO）活性化経路に関係することが知られている。カイ

βグルカンの基礎研究と応用・利用の動向

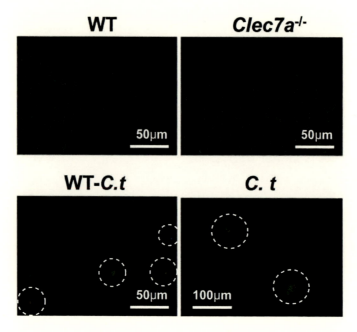

図5 BGRP-Fc タンパク質プローブを用いたマウス腸管内の Candida tropicalis の検出
Candida tropicalis：C.t, Red dots, WT：野生型マウス, Clec7 a[-/-]：Dectin-1 欠損マウス

コ Silkworm (*Bombyx mori*) 幼虫から抽出タンパク質を得て，真菌 β-グルカンを検出する SLP 試薬はこの作用を応用したものである．SLP 試薬は，同時にペプチドグリカン結合性タンパク質を含むことから，β-グルカンのみを検出するわけではなく，β-グルカンのみの検出には BGBP を単離する必要がある．1990 年代半ばになって，昆虫の β-グルカン結合タンパク (BGBP) の遺伝子クローニングが報告された．Silkworm (*Bombyx mori*) については 1996 年頃，グラム陰性菌結合タンパク (GNBP，別名　β GRP2) としてクローニングされた[8]．その後，Ochiai らによって β GRP1 がクローニングされ，β-グルカン結合部位は N 末端領域にあることが示された[9]．

筆者らは β GRP1 の N 末側のリコンビナントタンパク質とヒト IgG1 の Fc との融合型タンパク質 (BGRP-Fc) を作成し，真菌検出への応用を試みた．唐らは SPF マウスに *Candida tropicalis* を経口摂取し，人工的に腸管内に *Candida* 菌をコロナイズさせるマウスモデルを作成した．得られたモデルマウスの腸管組織を BGRP-Fc で免疫染色したところ，腸内に共生した真菌を検出できることが示された[1] (図 5)．

第3章 β-グルカン結合タンパク質を用いた (1→3)-β-D-グルカンの分析

3 まとめ

　β-グルカンは，分岐構造や鎖長，溶解法などによって多様な物性を示し，免疫成分との反応性も異なる。単なる一次構造解析では，β-グルカンの性状を把握することは困難である。免疫系への影響を期待してβ-グルカンを分取し，その性状を解析するためには獲得免疫及び自然免疫の結合性タンパク質を用い，その反応性を多面的に評価するのが適切と考えている。機能性β-グルカンの評価方法としてβ-グルカン結合性タンパク質分子を活用できるようその実現に向けて更に検討を進めていきたい。

謝辞

　本研究にあたり，㈱ADEKA，タカラアグリ（現　宝酒造）㈱，生化学工業㈱，NapaJen Pharma㈱，江崎グリコ㈱，東京工業大学　高橋孝志博士，田中浩士博士，東京理科大学　岩倉洋一郎博士，そして本学免疫学教室の皆様にご支援，ご協力いただきました。ここに深謝申し上げます。

文　　献

1) C. Tang *et al., Cell Host & Microbe,* **18**, 183（2015）
2) Y. Adachi *et al., Biol. Pharm. Bull.,* **17**, 1508（1994）
3) Y. Adachi *et al., Carbohydr. Polym.,* **39**, 225-229（1999）
4) M. Sawai *et al., Int. J. Med. Mushrooms,* **4**, 197（2002）
5) R. Tada *et al., J. Agric. Food Chem.,* **56**, 1442-1450（2008）
6) H. Tanaka *et al., Chem. Commun.*（*Camb.*）, **46**, 8249（2010）
7) Y. Ishimoto *et al., Int. J. Biol. Macromol.,* **107**, 2269（2018）
8) W. J. Lee *et al., Proc. Natl. Acad. Sci. U. S. A.,* **93**, 7888（1996）
9) M. Ochiai *et al., J. Biol. Chem.,* **275**, 4995（2000）

第4章　βグルカン及びその受容体の立体構造

山口芳樹[*]

1　はじめに

　βグルカンはグルコースがβ結合でつながった多糖であり，真菌類や植物の細胞壁の構成成分となっている。ヒトなどの哺乳類はβグルカンを合成する能力を備えておらず，βグルカンを非自己成分とみなして免疫システムが発動する。Dectin-1及びβGRP/GNBP3は脊椎動物及び無脊椎動物のパターン認識受容体としてβグルカンの認識に関わっている。これらβグルカン受容体のリガンド結合の詳細については依然として不明な点が多いが，受容体のX線結晶構造解析やNMR相互作用解析も進み，βグルカン認識の一端が明らかになってきた。本章ではβグルカンの立体構造の特徴とβグルカン受容体によるβグルカンの認識についてDectin-1とβGRP/GNBP3を例に挙げて紹介したい。

2　βグルカンの多様性

　セルロース，アミロース，βグルカンなど，多糖（polysaccharide）は構成糖の結合様式や水素結合のパターンなどによって固有の立体構造を形成する[1]。βグルカンはD-グルコースがβ1, 3グリコシド結合でつながった主鎖，及びβ1, 6グリコシド結合で分岐した側鎖を持つ。βグルカンは主鎖の長さ，分岐側鎖の長さ及び分岐の間隔などによって，その構造が規定される。図1には代表的なβグルカンの化学構造式を示している。細菌が産生するカードラン（curdlan）は，β1, 3結合でつながった主鎖を持ちβ1, 6結合の分岐を持たないシンプルな構造である。カードランは水に不溶性である。一方で，スエヒロタケが産生するシゾフィラン（schizophyllan）は，β1, 3結合の主鎖にモノグルコースがβ1, 6結合で3残基ごとに付加しているβグルカンであり，水への溶解性は高い。このようにわずかな化学構造の違いでβグルカンの性質は大きく変化する。褐藻の1種 *Laminaria digitata* から得られるラミナリン（laminarin）は水に可溶性であり，重合度（DP；Degree of Polymerization）が20～30と短鎖であることが特徴である。そのサイズと扱いやすさから生化学実験の材料としてよく用いられている。ラミナリンは一分子当たり平均1.3個のβ1, 6結合したモノグルコース分岐を持ち，還元性を有するグルコースが主鎖の末端となっている分子種（G-シリーズ）と還元性を持たないD-マンニトール

　***　Yoshiki Yamaguchi　（国研）理化学研究所　糖鎖構造生物学研究チーム
チームリーダー**

第 4 章 βグルカン及びその受容体の立体構造

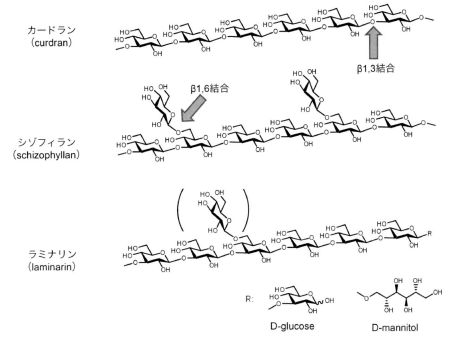

図1　各種βグルカン（カードラン，シゾフィラン，ラミナリン）の基本化学構造

が末端にある分子種（M-シリーズ）が約1：3の割合で混在している[2]。このようにβグルカンの構造はその起源によって様々であり，βグルカンの持つ生物活性もその構造の違いによって大きく影響を受けることが明らかになっている。

3　βグルカンの立体構造

　長鎖のβグルカンは3重らせん構造を形成することが大きな特徴である。X線回折[3]や固体[13]C-NMR解析[4]，多角度光散乱法[5]，蛍光共鳴エネルギー移動（FRET）[6]，分子動力学計算[7]などによってβグルカンの高次構造が調べられてきた。X線回折のデータを基にして提唱されている3重らせん構造のモデルでは，グルコース残基の2位の水酸基が向かい合う2本のβグルカン鎖の2位水酸基と鎖間の水素結合をしている（図2）。一方で6位の水酸基は3重らせん構造の外側を向いており，分岐鎖がこの6位を介していることもよく説明できる。現在この3重らせん構造のモデルが広く受け入れられている[8]。

　それではどれだけの長さのβグルカン鎖が3重らせんの形成に必要なのであろうか？カードランの加水分解によって得られた各種サイズのβグルカン鎖を用いた実験では，平均重合度が200以上（分子量34,000）であることが高次構造形成に必要であるとされている[9]。シゾフィランの場合では，50,000の分子量サイズが安定な3重鎖を形成するのに必要とされており，この分子サ

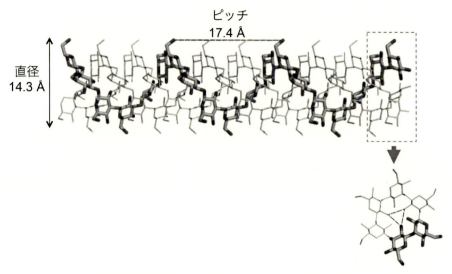

図2　X線回折により提唱されているβグルカンの3重らせん構造モデル
グルコース残基の2位の水酸基同士で鎖間の水素結合をしている。

イズ以下ではβグルカン鎖は水溶液中で1本鎖として存在する[10]。*Laminaria digitata* に由来するラミナリンは分子量5,000程度の短鎖のβグルカンであるが，ラミナリンの3重らせん構造の形成については議論の余地が残されている。Youngらはラミナリンの還元末端に2種類の蛍光物質を導入してFRETを観測することによりラミナリンの3重らせん構造について議論している[6]。筆者らのNMRによる解析では並進拡散定数の値からラミナリンは主に単量体と存在していると結論した[11]。超遠心分析による解析ではラミナリンはほとんどが単量体として存在しており，約5％は3量体を形成しているという[12]。3重らせん構造はβグルカン鎖の鎖長や分岐構造によって影響を受けることが考えられ，今後は特にβグルカン鎖の分岐構造が3重らせん構造に与える影響を調べることが重要になるであろう。

一方，3重らせんを形成したβグルカンは，アルカリ条件（pH＞12）[13] やジメチルスルホキシド（DMSO）への溶解[14]，135℃以上の温度[15]において変性してランダムコイル様になることが知られている。レンチナン（主鎖5残基あたり2つのモノグルコース分岐を持つシイタケ由来のβグルカン）を用いた実験では，アルカリ処理により変性したランダムコイル様のβグルカンは塩酸で中和することにより1重らせんとなり，さらに水に対して透析することによりもとの3重らせんに再生することが報告されている[16]。

第4章 βグルカン及びその受容体の立体構造

4 βグルカン結合タンパク質の立体構造

βグルカンは主にパターン認識受容体によって認識される。パターン認識受容体の主な役割は，βグルカンを持つ病原体を制御するために免疫システムを惹起することであるが，脊椎動物と無脊椎動物ではパターン認識受容体とその認識メカニズム・シグナリングが異なる[17]。脊椎動物では細胞表面の受容体によってβグルカンの認識及びシグナリングが達成されるが，無脊椎動物ではこのプロセスは主に血リンパ（haemolymph）中で起こる。興味深い点は，いずれのシステムにおいてもβグルカンの鎖長，分岐，高次構造が受容体との親和性やシグナリングに影響を与えることである。

4.1 Dectin-1

脊椎動物においてβグルカンの受容体はいくつか報告されているが，中でも Dectin-1 は最も研究が進んでいる[18]。Dectin-1 は，II 型膜貫通タンパク質（細胞外側にカルボキシ末端がある1回膜貫通型タンパク質）で，細胞外領域に1つのC型レクチン様ドメイン，細胞質側に免疫受容活性化チロシンモチーフ（Immunoreceptor Tyrosine-based Activation Motif, ITAM）を持つ。このタンパク質は主に骨髄系の細胞（マクロファージ，樹状細胞や好中球）に発現している。

Dectin-1 のβグルカン結合についての知見は，様々なグループにより報告されている。βグルカンとの結合は，そのレクチンドメインが担っており[19]，カルシウムイオンを必要としない[20, 21]。糖鎖を固定化したマイクロアレイ解析からは，重合度が10もしくは11のグルコースオリゴマーが Dectin-1 との結合の最小のサイズとされている[22]。また最近のβグルカンのオリゴマーを用いた研究ではβグルカンの側鎖分岐や位置などの構造が Decitn-1 に対する親和性を決定し，驚くべきことに IC_{50} が 2.6 mM から 2.2 pM まで変化する[23]。

2006 年に報告された Dectin-1 のレクチンドメインの結晶構造によると，そのフォールドはこれまで報告されてきたC型レクチンドメインのフォールドと同様である（図3）[24]。2つの逆平行のβシートと2つのαヘリックスから構成されており，3つのジスルフィド結合によってドメインが安定されている。Dectin-1 はC型レクチンドメインに保存されたカルシウムイオン結合部位を持っていないが，別の部位にカルシウム結合部位を有しており，実際カルシウムイオンはその部位に配位してタンパク質の熱安定性を高めている[24]。

Dectin-1 のレクチンドメインの大きな特徴として，表面に疎水性のアミノ酸残基が多く分布していることである。実際 Dectin-1 のレクチンドメインを組み換えタンパク質として大腸菌で発現させると，収量は低く（1.4 mg／1 L 培養）その溶解度は著しく低かった（0.1 mM）。そのため可溶性タグである protein G の B1ドメイン（GB1）をレクチンドメインのN末端に融合したところ，収量は5倍となり（7.1 mg／1 L 培養），溶解度も14倍に向上した（1.4 mM）[25]。この系を用いることにより，リガンドとの相互作用に関するデータを再現性よく得ることができる

31

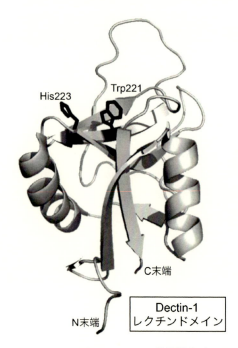

図3　マウス Dectin-1 のレクチンドメイン結晶構造（PDB ID ; 2 BPD）
βグルカンとの結合に関わるアミノ酸残基（W221, H223）をスティック表示で示している。

ようになった。

4.2　Dectin-1 とβグルカン鎖の鎖長依存的な相互作用

　10 もしくは 11 残基からなるβグルカン鎖が Dectin-1 との結合に必要な最小単位とされているが[22]，なぜそのような鎖長依存性を持つのであろうか？　Dectin-1 のレクチンドメインは分子量 16,000 程度の比較的小さな球状タンパク質である。10～11 個のグルコース残基をすべて認識するとなると，Dectin-1 はオリゴマーを形成してリガンドと結合することが考えられる。Dectin-1 の鎖長依存的な相互作用を説明するもう 1 つの考えは，βグルカン鎖がある鎖長以上になると特定の 2 次構造を形成するようになり，Dectin-1 がその高次構造に対して親和性を持つというものである。

　我々はこの問題を解決するための第一歩として，様々な鎖長（DP=3, 6, 7, 16, ～25）のβグルカン鎖と Dectin-1 との相互作用を飽和移動差（STD）-NMR 法により解析した（図4）。その結果，Dectin-1 は非常に弱いながらもラミナリヘプタオース（DP=7）と結合し，鎖長が長くなるにつれて Dectin-1 との親和性は増大することが判明した[11]。また化学合成により得られた均一なβグルカン鎖（DP=16）を用いた NMR 解析では，Dectin-1 はグルカン鎖の末端（還元末端，非還元末端）を認識するのではなく，主に中央部分を認識することが判明した[11, 26]。一般にペプチド鎖などポリマーの中央部分は 2 次構造を形成することができるが，末端部分は水素

第4章 βグルカン及びその受容体の立体構造

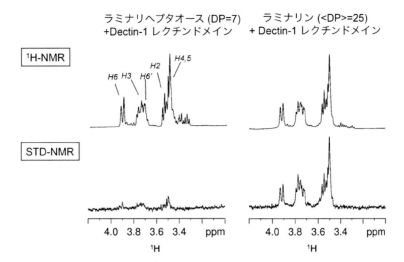

図4 飽和移動差（Saturation transfer difference, STD）-NMR 法を用いた Dectin-1 のリガンド結合に関する実験
Dectin-1 存在下において，ラミナリン（<DP>＝25）はラミナリヘプタオース（DP=7）よりも強い STD シグナルを示していることから，ラミナリンはラミナリヘプタオースよりも強く Dectin-1 と相互作用することがわかる。

結合の相手を失うために2次構造を形成できない。これらの結果から，βグルカンは鎖長依存的に水素結合を介した高次構造を形成し，Dectin-1 はその高次構造を有するβグルカン鎖と強く結合することが示唆される。実際βグルカン鎖の水酸基に着目して重水素による ^{13}C の同位体シフトを利用したNMR解析[27]を行ったところ，ラミナリンにおいてグルコース残基の4位の水酸基が水素結合を形成する傾向を見出したが，ラミナリヘプタオースでは4位の水素結合形成の傾向は観測されなかった[11]。βグルカン鎖の分岐構造の認識も含め，Dectin-1 の詳細なリガンド認識様式の解明のためには今後のさらなる解析が必要である。

4.3 βグルカン鎖との結合に伴う Dectin-1 の多量体形成

　Dectin-1 のレクチンドメインはラミナリンと結合すると高次のオリゴマーを形成することが報告されていた[24]。私たちも Dectin-1 のレクチンドメインにラミナリンを添加すると，レクチンドメインに由来するNMRシグナルの広幅化を観測しており，リガンド結合に伴うオリゴマー化を支持する結果を得ていた[11,25]。Dectin-1 のオリゴマー化の実体を調べるために，私たちはサイズ排除クロマトグラフィーの実験を実施した（図5）。Dectin-1 のレクチンドメイン単独では単量体として 26.7 min（13.4 mL）に溶出されるが，ラミナリンを滴定したところ，新たに4量体に相当するピークが 22.2 min（11.1 mL）に観測された。ラミナリンを5当量添加したところでほとんどすべてのレクチンドメインが4量体として検出された。この結果から Dectin-1 のレクチンドメインはラミナリンと結合すると4量体を形成することが明らかとなった[28]。一方

βグルカンの基礎研究と応用・利用の動向

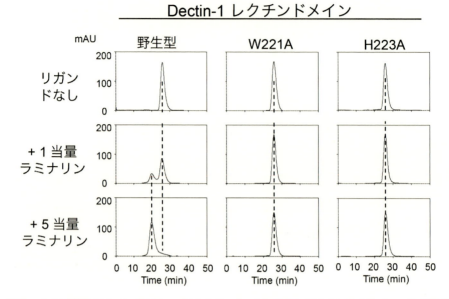

図5 サイズ排除クロマトグラフィーによるDectin-1レクチンドメインのオリゴマー化の解析
ラミナリンの添加に伴い，Dectin-1レクチンドメインは4量体を形成する。一方でDectin-1レクチンドメインの変異体（W221A及びH223A）はラミナリンを添加してもオリゴマーを形成しない。

で，βグルカンとの結合に重要とされているW221やH223[19]をAlaに置換した変異体ではオリゴマー化は観察されなかった。興味深いことに，レクチンドメインの2量体や3量体に相当するピークは滴定の過程で検出されなかったことから，Dectin-1のラミナリンに対する結合は強い正の協調性があると考えられる。実際にこのオリゴマー形成が細胞表面上で起こるかどうかは現時点で不明であるが，外来からのβグルカンを感知し，細胞内シグナリングを惹起する際に協調的なオリゴマー化は生理的に有利に働くと考えられる。現在筆者らはこの点を明らかにすべくDectin-1のオリゴマー形成について解析を続けている。

4.4　βGRP/GNBP3

　無脊椎動物においてもβグルカンを認識する巧妙なシステムが備わっている。βGRP/GNBP3は，カイコ，ショウジョウバエなどの無脊椎動物の血リンパ中に見られるβグルカン結合タンパク質であり，無脊椎動物のなかではよく解析されているパターン認識受容体である[29〜31]。βGRP/GNBP3は，N末端側に種間でよく保存されたN末端ドメインとC末端側にあるβグルカナーゼ様ドメインの2つのドメインからなる。βグルカナーゼ様ドメインはグルカナーゼ活性に必須の残基が保存されていないため，グルカナーゼ活性を示さない。一方で，N末端ドメインは100残基程度のアミノ酸残基で構成されており，全長のβGRP/GNBP3と同程度のβグルカンの結合能を示す[30]。

　βGRP/GNBP3もDectin-1と同様にβグルカン鎖と鎖長依存的に結合することが知られてい

第 4 章　β グルカン及びその受容体の立体構造

る。β GRP/GNBP3 はラミナリヘキサオース（DP＝6）やラミナリヘプタオース（DP＝7）とは全くもしくはほとんど結合せず，平均重合度が 25 であるラミナリンとは $10^6\,\mathrm{M}^{-1}$ 程度の結合定数で結合する[32]。糖結合タンパク質の部類としてはこの相互作用は比較的強い。

4.5　β GRP/GNBP3 による β グルカンの認識

β GRP/GNBP の β グルカンとの相互作用に関する知見を得るため，我々は β GRP/GNBP3 N 末端ドメインを調製して，様々な鎖長の β グルカン鎖を用いて結晶化のスクリーニングを広範に行った。その結果，β グルカン鎖（DP＝6）と β GRP/GNBP の N 末端ドメインとの複合体の結晶構造解析に成功した[32]。大変驚くべきことに，結晶中では β グルカン鎖は 3 重らせん様の構造を形成しており（図 6），その構造はこれまで提唱されてきた 3 重らせんモデルをほぼ忠実に再現していた。また，β グルカン鎖との相互作用に関与している β GRP/GNBP3 上のアミノ酸残基は，立体構造上広範囲に分布していることが明らかになった。3 本の β グルカン鎖を A 鎖，B 鎖，C 鎖と名付けると，A 鎖から 2 残基，B 鎖から 2 残基，C 鎖から 2 残基，合計 6 残基のグルコースが β GRP/GNBP3 上のアミノ酸残基と相互作用をしていた。特に，Asp49 のように同時に 1 本以上の β グルカン鎖と相互作用しているアミノ酸残基の存在も明らかになり，β GRP/

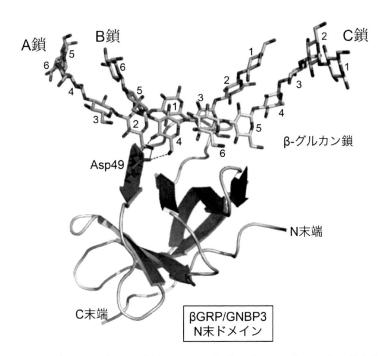

図 6　β GRP/GNBP3（silk worm）の N 末端ドメインと短鎖 β グルカン（DP＝6）の複合体の結晶構造
結晶中 3 本の β グルカン鎖（A，B，C 鎖）は 3 重らせん様構造を形成しており，3 重らせん型の β グルカンを模倣していると考えられる。β GRP/GNBP3 をリボン表示で，A 鎖と B 鎖の両方と水素結合している Asp49 をスティック表示で示している。

GNBPが多くのアミノ酸残基を利用してβグルカンの3本鎖すべてを"パターン"として認識するという仕組みを備えていることを突き止めた。

　レクチンが認識する糖残基は通常1～3残基程度である[33]。それゆえに糖鎖とレクチンの相互作用は一般に弱く，解離定数にしてmM～μMの範囲である。必ずしも強く結合することが重要ではないが，親和性の弱さを克服するためにレクチンは多量体を形成して見かけ上の親和性を上昇させていることがしばしばあり，レクチン側の典型的な戦略のようである。一方でβGRP/GNBP3は，タンパク質中に広範なリガンド結合面を準備して，3重鎖βグルカン鎖の3本ともすべて認識することにより親和性を獲得しており，糖結合タンパク質としては非常にユニークであるといえる。

　また興味深いことにβGRP/GNBP3はDectin-1と立体構造は全く異なるにも関わらず，ラミナリンと結合するとDectin-1のようにオリゴマーを形成する。βグルカン結合に伴うβGRP/GNBP3のオリゴマー形成は，C末ドメインのアッセンブリを誘導し，その後のシグナリングカスケードのトリガーとして機能していることが考えられる。

5　今後の展望

　βグルカンの立体構造，特に3重らせん構造とそのタンパク質による認識については最近の解析によって徐々にそのベールがはがされようとしている。βグルカナーゼなど酵素による3重らせん型βグルカンの認識様式についても最近提案がなされており（図7），3重らせんの認識に関する知見は徐々に得られつつある[34]。しかしながら依然としてβグルカンの立体構造と生物活

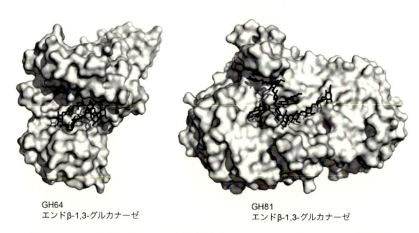

図7　エンドβグルカナーゼの結晶構造中に見られるβグルカン鎖の高次構造
左：GHファミリー64に属する*Paenibacillus barengoltzii*由来のエンドβグルカナーゼ（PDB ID：5H9Y）。ラミナリヘキサオースが2分子観察される。
右：GHファミリー81に属する*Bacillus halodurans*由来のエンドβグルカナーゼ（PDB ID：5T4G）[34]。ラミナリンに由来する10糖，2糖，3糖が観察される。タンパク質を表面モデル，βグルカン鎖をスティック表示で示している。

第 4 章 β グルカン及びその受容体の立体構造

性との相関については未解明な点も多い。その理由は β グルカンが本来持つ構造の不均一性と β グルカンの立体構造を直接的に同定する難しさにあると思われる。今後は構造が規定・デザインされた β グルカンあるいは β グルカンオリゴマーのライブラリーを用いて構造・機能解析を行うことにより，詳細な構造活性相関を明らかにすることが可能になるであろう。

謝辞

　最後になりますが，本成果は金川真由美博士，花島慎弥博士，Hari P. Dulal 博士が中心となり，大野尚仁先生（東京薬科大学），安達禎之先生（東京薬科大学），田中浩士先生（東京工業大学）をはじめ多くの先生方との共同研究を通じて得られたものであります。ここに深く感謝いたします。

文　　　献

1)　E. Atkins, *Int. J. Biol. Macromol.*, **8**, 323-329（1986）

2)　S. M. Read *et al.*, *Carbohydr. Res.*, **281**, 187-201（1996）

3)　C. T. Chuah *et al.*, *Macromolecules*, **16**, 1375-1382（1983）

4)　Y. Yoshioka *et al.*, *Chem. Pharm. Bull.*, **40**, 1221-1226（1992）

5)　W. M. Kulicke *et al.*, *Carbohydr. Res.*, **297**, 135-143（1997）

6)　S. H. Young *et al.*, *J. Biol. Chem.*, **275**, 11874-11879（2000）

7)　T. Okobira *et al.*, *Biomacromolecules*, **9**, 783-788（2008）

8)　M. Sletmoen & B. T. Stokke, *Biopolymers*, **89**, 310-321（2008）

9)　K. Ogawa *et al.*, *Carbohydr. Res.*, **29**, 397-403（1973）

10)　T. Kojima *et al.*, *Agric. Biol. Chem.*, **50**, 231-232（1986）

11)　S. Hanashima *et al.*, *Glycoconj. J.*, **31**, 199-207（2014）

12)　M. Oda *et al.*, *Carbohydr. Res.*, **431**, 33-38（2016）

13)　T. L. Bluhm *et al.*, *Carbohydr. Res.*, **100**, 117-130（1982）

14)　T. Norisuye *et al.*, *J. Polymer Science Part B-Polymer Physics*, **18**, 547-558（1980）

15)　T. Yanaki *et al.*, *Carbohyd Polym*, **5**, 275-283（1985）

16)　X. Zhang *et al.*, *Biopolymers*, **75**, 187-195（2004）

17)　G. D. Brown & S. Gordon, *Cell Microbiol.*, **7**, 471-479（2005）

18)　G. D. Brown, *Nat. Rev. Immunol.*, **6**, 33-43（2006）

19)　Y. Adachi *et al.*, *Infect. Immun.*, **72**, 4159-4171（2004）

20)　G. D. Brown & S. Gordon, *Nature*, **413**, 36-37（2001）

21)　J. A. Willment *et al.*, *J. Biol. Chem.*, **276**, 43818-43823（2001）

22)　A. S. Palma *et al.*, *J. Biol. Chem.*, **281**, 5771-5779（2006）

23)　E. L. Adams *et al.*, *J. Pharmacol. Exp. Ther.*, **325**, 115-123（2008）

24)　J. Brown *et al.*, *Protein Sci.*, **16**, 1042-1052（2007）

25)　H. P. Dulal *et al.*, *Protein Exp. Purif.*, **123**, 97-104（2016）

26)　H. Tanaka *et al.*, *Bioorg. Med. Chem.*, **20**, 3898-3914（2012）

27) S. Hanashima *et al.*, *Chem. Commun.* (*Camb*), **47**, 10800-10802 (2011)

28) H. P. Dulal *et al.*, *Glycobiology*, in press, DOI : 10 .1093 /glycob/cwy1039 (2018)

29) M. Gottar *et al.*, *Cell*, **127**, 1425-1437 (2006)

30) M. Ochiai & M. Ashida, *J. Biol. Chem.*, **275**, 4995-5002 (2000)

31) C. Ma & M. R. Kanost, *J. Biol. Chem.*, **275**, 7505-7514 (2000)

32) M. Kanagawa *et al.*, *J. Biol. Chem.*, **286**, 29158-29165 (2011)

33) W. I. Weis & K. Drickamer, *Annu. Rev. Biochem.*, **65**, 441-473 (1996)

34) B. Pluvinage *et al.*, *Structure*, **25**, 1348-1359 e1343 (2017)

第5章　βグルカン構造予測への計算科学的アプローチ

松村義隆[*1]，小島正樹[*2]

1　はじめに

　βグルカンは真菌細胞壁の主要構成多糖である。よって，その組成や構造により真菌症のような病気に関連したり，抗腫瘍効果など健康増進にとって良好な作用を示したりなど我々にとって身近で重要な物質である。そのなかで，スエヒロタケ由来のβグルカンであるシゾフィランは，抗腫瘍作用を示すことから抗癌剤（製品名ソニフィラン）として認可され，水に溶けて3重らせん構造をとることがX線結晶構造解析により明らかにされている[1,2]。シゾフィランの一次構造に化学的修飾を施し，天然型と比較することで物性や安定性などの物理化学性状を解明するための研究も行われている[3,4]。また，臨床，生化学，物理化学実験だけでなく，3重らせん構造は計算機シミュレーションもなされており，シゾフィランは様々な研究が行われているβグルカンである[5]。

　一般にβグルカンは水に溶けにくく，また水溶液中のグルカンは揺らぎが大きいため，シゾフィランを除き，βグルカンの天然立体構造を分子レベルで実験観測することは非常に難しいと考えられる。

　そこで我々は，計算科学による分子動力学（MD）シミュレーションを用いて，アガリクス由来βグルカンの立体構造解析を試みた。アガリクス由来βグルカンはシゾフィランと同じ抗腫瘍活性の他に，免疫賦活作用や内蔵脂肪率低下など様々な効果も報告されている[6~8]。これらは *in vitro* と *in vivo* ともに存在し，後者では水やお湯に混ぜて経口摂取することで確認されている[6~8]。したがって，水溶液中で活性のあるβグルカンの天然立体構造やそのダイナミクスを明らかにすることは，上記生理機能の分子メカニズムの解明へ貢献することができ，さらにβグルカンの安定性やその他の物性を調べることにおいても，非常に重要であることを意味している。

2　一次構造の解析

　まず最初にシミュレーション計算を行うにあたり，その初期構造の作成のためアガリクス由来βグルカンの一次構造と分子量を，核磁気共鳴法（NMR）と質量分析（Mass spectroscopy）により解析した[9]。1次元^{1}Hスペクトルのアノマー水素のシグナルを手掛かりに，2次元NMRス

＊1　Yoshitaka Matsumura　東京薬科大学　生命科学部　生物情報科学研究室　客員研究員

＊2　Masaki Kojima　東京薬科大学　生命科学部　生物情報科学研究室　教授

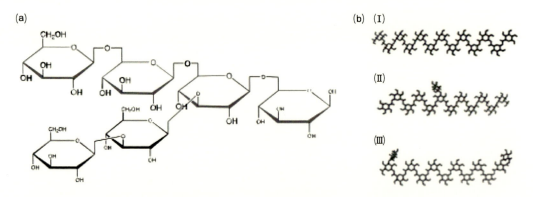

図1 アガリクス由来βグルカンの(a)基本骨格と，(b)一次構造モデル

ペクトルを用いて6位のシグナルまで帰属することができた。さらに単糖間のスピン結合やNOEも観測され，^{13}Cスペクトルの解析結果も踏まえると，βグルカンの一次構造はβ-1,6結合の主鎖とβ-1,3結合の側鎖（分枝）から成ることがわかり（図1(a)），これまでに報告されている実験事実[6,8]とよく一致した。特に単糖間シグナルのピーク強度から，側鎖（分枝）の割合は10%未満と推定された。一方Massスペクトルには多数のピークが観測され，試料のβグルカンが種々の分子量の成分から成る不均一な系であることを示していた。このうちピーク強度が極大となる質量電荷比2,000が，D-グルコース13残基分に相当するため，側鎖（分枝）の割合も考慮のうえ，以下の3種類の一次構造をモデルとした。

(I)　主鎖13残基，側鎖なし
(II)　主鎖12残基，側鎖1残基（主鎖6残基目から分枝）
(III)　主鎖11残基，側鎖2残基（主鎖の末端から1残基ずつ分枝）

これら3種類のモデルの初期構造を図1(b)に示す。

3　計算機シミュレーション

βグルカンの計算機シミュレーションには，計算科学パッケージであるAMBER14[10~12]を使用した。AMBERには，タンパク質や核酸に加えて，糖の力場（GLYCAM 06j-1）も定義されている。また各一次構造に対応する初期構造は，AMBERに備わっているLEaPを用いて作成した。以下に述べる計算手順を図2(a)に示す。図1(b)に示したとおり，いずれの一次構造モデルも初期構造は分子全体が伸展しているため，まず最初にコンパクトに球状化させる必要がある。この際，伸展構造に溶媒分子を付加すると，必要な水分子の数が膨大となるため，最初は暗溶媒条件でエネルギー極小化と室温（298 K）でのMD計算を行い，分子をコンパクト化した。暗溶媒条件では水分子を陽に含まず，誘電率を$4r$に設定することで水溶液環境を実現した。こうして球状化したβグルカンに水分子（TIP3Pモデル）を付加したが，このとき発生する局所的なひ

第5章 βグルカン構造予測への計算科学的アプローチ

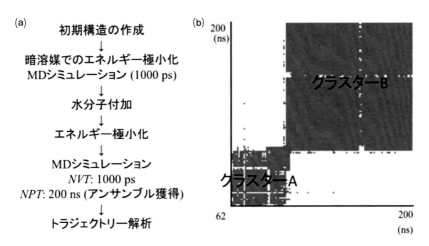

図2 アガリクス由来βグルカンのMDシミュレーション (a)計算条件 (b)一次構造Iモデルのトラジェクトリ解析

ずみを取り除くため,エネルギー極小化計算を行い,以降の系を準備した。溶媒分子を含むシミュレーションでは,最初に系の温度が一定(298 K)になるまで,定温定積(*NVT*)条件でMD計算を行い,その後定温定圧(*NPT*)条件に移行して圧力を1 barに保ちながら,溶液中における構造アンサンブル獲得のためのMD計算を200 ns間行った。計算により得られたシミュレーションのトラジェクトリを解析し,各物理量(温度,密度,体積,ポテンシャルエネルギー)の経時変化と,*NPT*条件下でサンプリングした各構造のRMSD(Root Mean Square Deviation)の経時変化から,系が平衡状態にあると考えられる時間帯(一次構造Ⅰ:62 ns以降,一次構造Ⅱ:5 ns以降,一次構造Ⅲ:17 ns以降)を判断し,構造アンサンブルを作成した。

一般に溶液中の平衡状態において,分子は単一の構造をとらずに複数の構造アンサンブルを形成する。したがって,上記のシミュレーションで得られた構造アンサンブルを,構造間のRMSDに基づいてクラスタリングした。一次構造Ⅰモデルに関する結果を図2(b)に示す。多糖の立体構造の比較においては,構成単糖内の構造変化と単糖どうしの相対位置変化が同時にRMSDの値に反映するため,4 Åをしきい値として2値化して,前者の影響を排除した。各クラスターの代表構造とアンサンブル全体の代表構造を重ね合わせたところ,いずれもらせん構造をとっていた。他の一次構造モデルについても同様の結果が得られた。図3に各構造モデルの代表構造を示す。一次構造によってかたちは異なるが,構成単糖をその代表点(重心)で粗視化して眺めると,全てらせん構造をとっていることがわかる。

4 SAXSによる検証

このシミュレーションによる解析結果を物理化学実験結果と比較するため,X線溶液散乱

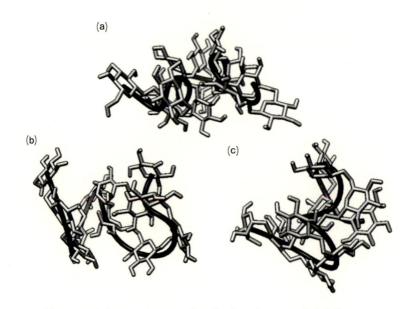

図3 MDシミュレーションにより求めたβグルカンの代表構造
(a)一次構造Ⅰモデル (b)一次構造Ⅱモデル (c)一次構造Ⅲモデル

各モデルとも主鎖単糖原子をstickで表示し側鎖残基を非表示,さらに各単糖の重心をつないだ粗視化鎖を重ね合わせて表示した(UCSF Chimeraにて描画)。

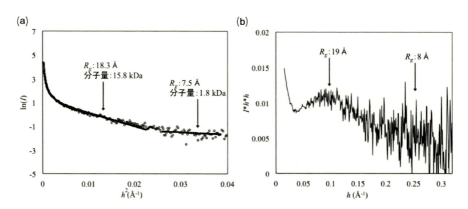

図4 アガリクス由来βグルカンのSAXSデータ (a)Guinierプロット (○生データ;●近似曲線のデータ)
(b)Kratkyプロット

(SAXS)[13)]による測定を行った。SAXSは溶液を対象とするため,他の構造解析手法と比べて分解能や情報量の点では劣るが,測定が迅速・簡便で測定条件を自由に設定できるという利点を持つ。アガリクス由来βグルカンは他と同様に水に溶けにくく試料濃度は低かったが,SAXS測定に成功したので,データの一部を図4に示す。図4(a)のGuinierプロットの横軸のhは$4\pi \sin\theta/\lambda$(2θは散乱角,λはX線の波長)[13)]で,縦軸は散乱強度Iの対数値である。このとき小角領域のGuinierプロットは,慣性半径(R_g)と原点散乱強度$I(0)$を定数に持つガウス関数

第5章 βグルカン構造予測への計算科学的アプローチ

で近似することができる[14]。さらに $I(0)$ は分子量に比例するので，標準試料を用いて分子量を推定することも可能である。また図4(b)の Kratky プロットでは，一般に未変性の球状分子の場合にピークが観測される[15]。βグルカンの SAXS データでは，Guinier プロットが複数のガウス関数で近似できる多相性の曲線であること，Kratky プロットに2つの明瞭なピークが見られることから，SAXS 試料は未変性のβグルカンが少なくとも2成分存在する多分散の系であることを示している。この結果は，質量分析で種々の分子量が検出された事実とよく一致している。そこで Guinier プロットからこれら2成分の R_g と分子量を求めたところ，高分子量成分が（$R_g = 18.3$ Å，分子量 15.8 kDa），低分子量成分が（$R_g = 7.5$ Å，分子量 1.8 kDa）という値が得られ，Kratky プロットのピーク位置ともよく一致していた。このうち高分子量成分の分子量は，質量分析で観測された最も大きな分子量の約3倍となっており，分子量 5 kDa 付近のβグルカン分子が3量体を形成していることを示唆している。一方，低分子量成分の分子量は，質量分析において極大のピーク強度を与える分子量（シミュレーションに用いたモデルの分子量）と非常に近い値であった。以上により，βグルカンの SAXS 試料溶液では，D-グルコース 13 残基から成るβグルカンが単量体として存在していること，低分子量のβグルカンが3量体を形成していることがともに考えられた。このようにアガリクス由来βグルカンの天然状態が3量体もしくは単量体として存在しているであろうという実験結果は，固体 NMR の研究で報告されている他のβグルカンが種によって3量体もしくは単量体を形成しているという事実[16]と矛盾しない。

　以上の SAXS 解析で明らかになった事実を MD シミュレーションの結果と比較すると，

(1) R_g の値がほぼ一致していた：SAXS では 7.5 Å，計算機シミュレーションでは一次構造 I モデル 7.0 Å，一次構造 II モデル 7.4 Å，一次構造 II モデル 7.2 Å。

(2) βグルカンは，未変性の形状（らせん構造）をとっていた。

という特徴が一致していた。さらに我々は今回のβグルカンとは別に，質量分析で観測された最も大きな分子量に相当する D-グルコース 30 残基から成るβグルカンの MD シミュレーションを，側鎖の異なる条件で行った。そして，上記と同様の解析を行った結果，構成単糖 30 残基のβグルカンにおいても，らせん構造をとることがわかった。

5 意義と課題

　βグルカンの構成単糖間のβグリコシド結合を切断する消化酵素はヒト体内にはないとされており，βグルカンを経口摂取しても小腸で吸収されずに体外へ排泄される可能性がある。このため，冒頭で紹介したアガリクス由来βグルカンの作用が発揮されるのは，次のような経路を辿ると考えられる。すなわち経口摂取されて小腸まで移動した未消化のβ-グルカンは絨毛と絨毛の間にある M 細胞に取り込まれて第二次リンパ器官であるパイエル板へ運ばれる。取り込まれたβ-グルカンは免疫担当細胞の表面に発現しているβ-グルカンレセプターと結合し，これが引き金となって，アガリクス由来β-グルカンが本来持つ様々な機能が発揮されると考えられる。実

際に，アガリクス由来βグルカン分子はマウスのβ-グルカンレセプターdectin-1と直接結合することがin vitroの実験で観測されている[8]。またヒトβ-グルカンレセプターは，どのグルカンとも結合するのではなく，β-1, 6結合やβ-1, 3結合を多く含むβ-グルカンと結合することが実験で示され報告されている[17]。したがって，上記のようにもし未消化のβ-グルカンが経口摂取されてから天然立体構造を保ったままβ-グルカンレセプターと結合して体内で作用するならば，その立体構造を知ることはとても重要であるといえる。なお腸には膨大な数の腸内細菌が存在しており（腸内フローラ），この中の細菌がβグリコシド結合を切断する消化酵素を持っている可能性も考えられる。この腸内フローラは免疫システムで非常に重要であるにもかかわらず，その環境は個人差が激しく細菌数もあまりにも膨大であるため，β-グルカンが腸内フローラによりどのように処理されるかは明らかにされていない。

　今回用いたβグルカンが溶液中で3量体か単量体のどのような形態をとるのかを明らかにすること，単量体と並行して3量体βグルカンの計算機シミュレーションを実行することなどが今後の課題として挙げられる。しかしながら，計算科学による解析結果が実際の実験から得られた特徴と複数一致していた点を考慮すると，水に溶けにくい一般のβグルカンの立体構造をシミュレーションにより観測することはやはり意義深いことであるといえる。またβグルカンだけでなく他の分子も含めて直接的な実験観測が困難なものは，天然立体構造をシミュレーションにより解析することが，物理化学だけでなく生化学や臨床研究においても非常に重要な知見と示唆を与えること，そしてその需要が今後ますます増加するであろうと考えられる。

謝辞

　本研究を遂行にするにあたり，試料を供与頂いた東京薬科大学薬学部の大野尚仁先生，石橋健一先生，NMR，質量分析でお世話になった明星大学理工学部の田代充先生に深く感謝いたします。

文　　献

1)　T. Yanaki *et al., Biophys. Chem.,* **17**, 337-342（1983）
2)　Y. Takahashi *et al., Rep. prog. polym. phys. Jpn.,* **27**, 767-768（1984）
3)　T. Coviello *et al., Macromolecules,* **31**, 1602-1607（1998）
4)　吉場一真，佐藤尚弘，熱測定，**43**, 131-136（2016）
5)　D. B. Kony *et al., Biophys. J.,* **93**, 442-455（2007）
6)　N. Ohono *et al., Biol. Pharm. Bull.,* **24**, 820-828（2001）
7)　Y. Liu *et al., eCAM.,* **5**, 205-219（2008）
8)　D. Yamanaka *et al., Int. Immunopharmacol,* **14**, 311-319（2012）
9)　Y. Matsumura *et al.,* in preparation
10)　D. A. Case *et al.,* AMBER 10, University of California, San Francisco（2008）

第 5 章　βグルカン構造予測への計算科学的アプローチ

11)　D. A. Pearlman *et al., Phys. Commun.,* **91**, 1-41（1995）

12)　D. A. Case *et al., Computat. Chem.,* **26**, 1668-1688（2005）

13)　O. Glatter, O. Kratky, Small Angle X-ray Scattering, Academic Press（1982）

14)　A. Guinier, G. Fournet, Small Angle Scattering of X-rays, Wiley（1955）

15)　M. Kataoka *et al., Protein Sci.,* **6**, 422-430（1997）

16)　H. Saito *et al., Bull. Chem. Soc. Jpn.,* **60**, 4267-4272（1987）

17)　J. A. Willment *et al., J. Biol. Chem.,* **276**, 43818-43823（2001）

第6章 長鎖βグルカンオリゴ糖の化学合成

田中浩士[*]

1 はじめに

　細胞表層を覆っている多糖類は，しばしば，自己／非自己を見分けるマーカーとして機能する。そのため，病原性最近表面に存在する糖鎖は，非自己マーカーとして機能し，ヒトの自然免疫賦活作用を示すことがある。しかしながら，天然由来のそれらの糖鎖は一般に構造多様性を有する混合物でしか入手困難であるため，その構造活性相関の解明および，機能性分子の創製には，化学合成による構造の明らかな糖鎖の活用が必要不可欠である。

　βグルカンは，キノコ類やパン酵母などの細胞壁に含まれる主にβ結合により形成されたグルコース多糖類の総称である。β（1,3）結合を主鎖としてβ（1,6）分岐鎖を有するβグルカンは，動物において自然免疫賦活作用を有することが知られている。Dectin-1 は，白血球細胞表層に存在するβグルカンの受容体タンパク質であり，10糖以上のβグルカン由来多糖において，Dectin-1 結合作用があることが知られている。そこで，近年，10糖以上の比較的大きなβグルカンおよびその誘導体の合成と機能評価が進められてきた。本稿では，主に，その化学合成の部分について概観する。

2 β（1,3）およびβ（1,6）結合からなるβグルカンの合成上の課題

　β（1,3）およびβ（1,6）結合からなるβグルカンの合成では，以下の3つの構造の合成が重要である（図1）。

① β（1,6）結合からなる直鎖オリゴ糖

② β（1,3）結合からなる直鎖オリゴ糖

③ β（1,6）結合およびβ（1,3）結合を有する分岐糖

　これらの構造に共通に含まれるグルコースのβ結合は，1, 2トランス形であるため，2位にアセチル基やベンゾイル基などのエステル系保護基を用いることにより，高い信頼性で合成できる。さらに，第一級アルコールである6位水酸基は，グリコシル化反応に対する反応性が高いため，β（1,6）結合からなる直鎖オリゴ糖の合成は比較的容易である。一方，第二級アルコールでる3位水酸基は，立体障害のため6位水酸基より反応性が低い。さらに，3位水酸基は，エカトリアル配向の2位および4位水酸基およびその保護基の立体的および電子的影響により，大き

＊ Hiroshi Tanaka　東京工業大学　物質理工学院　応用化学系　准教授

第6章　長鎖βグルカンオリゴ糖の化学合成

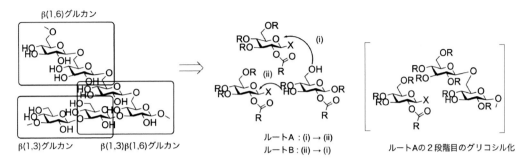

図1　βグルカンの合成上の問題点

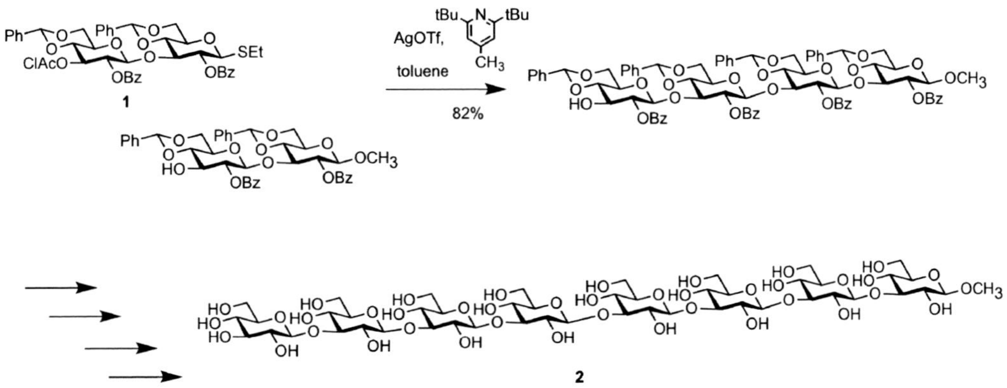

図2　竹尾らによるβグルカン8糖2の合成

く反応性が低下してる。特に，前述のβ結合形成に必要とする2位の水酸基のエステル系の保護基は，電子吸引性であるため，隣接する水酸基の反応性を大きく低下させる。そのため，β (1, 3) 結合からなる直鎖オリゴ糖は，β (1, 6) 結合からなる糖鎖のよりも合成上の難易度が高い。β (1, 6) 結合およびβ (1, 3) 結合を有する分岐糖の合成では，糖の導入の順番の選択に大きな課題を有する。すなわち，3位→6位（ルートA）または，6位→3位（ルートB）の二通りが存在する。ルートBを選択した場合は，6位水酸基は3位水酸基よりも反応性が高いため，煩雑な保護―脱保護工程を含むことなく2つの糖を順番に導入することが可能である。しかしながら，6位に糖が導入されたグルコースの3位水酸基は，6位に導入された糖の立体障害により大きく反応性が低下してしまう。一方，ルートAの場合には，3位にグリコシル化する際に，6位水酸基に3位グリコシル化の後に，選択的に脱保護可能な保護基の導入しておく必要がある。

3　直鎖βグルカンの合成

　竹尾らは，2糖糖供与体を用いる直鎖βグルカンの先駆的な合成を報告している（図2）[1]。

47

本手法は，ベンジリデンアセタールを 4, 6 位水酸基の保護基としたグリコースを糖受容体として用いる。ベンジリデンアセタールは，立体配座が固定化されているために，4 位の保護された水酸基の 3 位水酸基への立体障害が低減されている。その結果，2 糖糖供与体 1 を用いた逐次的伸長により，8 糖 2 の合成を達成している。

　筆者らは，生物活性が期待できるより大きな糖鎖の合成を目指して，4 糖糖供与体 3 を利用する β グルカンオリゴ糖の合成を報告している（図 3）[2])。本手法は，より大きな 4 糖ユニット 3 を糖供与体として用いるために，4, 6-ベンジリデン基を有する 3, 4-ジオール型の糖受容体 4 を用いている。本糖受容体は，通常用いられる 2 位の電子求引性のエステル系保護基をもたないため，3 位水酸基がより高い求核性を有すると期待できる。さらに，2 位水酸基との位置選択性については，1 位に結合しているオリゴ糖の立体障害が，2 位水酸基を間接的に閉塞することによって誘起される。実際に，4 糖糖供与体 3 と 4 糖糖受容体 4 とのグリコシル化では，位置および立体選択的に目的とする 8 糖を収率 97 ％ で得ることに成功している。この 8 糖は，2 位遊離水酸基をアセチル基で保護したのちに，レブリノイル基を脱保護することにより，同様な 2, 3 ジオール型の糖受容体 5 へと変換している。実際に本システムを利用することにより，8 糖 6，12 糖 7，16 糖 8 の合成を達成している。得られたオリゴ糖を用いて Dectin-1 と SPG との結合に対する競合阻害作用を調べた結果，主鎖 16 糖 8 のオリゴ糖が強い結合阻害作用を有することを明らかにしている。その際，16 糖 8 は 12 糖 7 よりも約 1,000 倍低い濃度で競合阻害作用を示

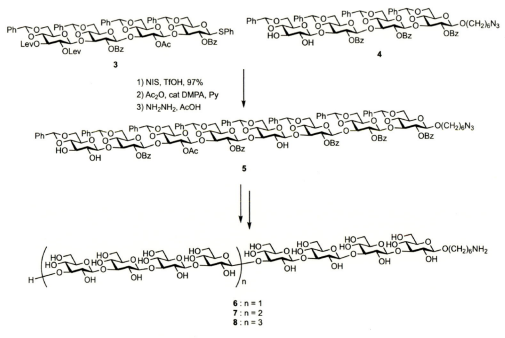

図 3　4 糖糖供与体 3 を用いる直鎖 16 糖 8 の合成

第6章　長鎖βグルカンオリゴ糖の化学合成

すことから，長鎖のβグルカンがDectin-1に対する結合に重要であることを明らかにしている。さらに，16糖**8**と可溶性Dectin-1との相互作用についてSTD-NMRによる解析の結果，グルコースの3位の水素がDectin-1との相互作用面に近接していることを示唆する結果を得ている。これらの実験結果により，化学合成した構造の明らかなβグルカンオリゴ糖の有用性を明らかにしている。

　これらの糖鎖合成は，総工程数も長く，また熟練した有機合成化学者を必要とする。Seebergerらは，固相自動合成を利用したβ-グルカンオリゴ糖の合成について報告している（図4）[3]。ここでは，光感受性リンカーを介してメリーフィールドレジンに固定化された第一級アルコール**9**を出発原料として用いた。この水酸基に対して，リン酸グリコシド**10**のTMSOTfによる活性化によるグリコシル化と，Fmoc基のピペリジンによる脱保護を繰り返すことによるβ（1, 3）グルカンの固相合成を基盤とした自動合成により，12糖**13**の保護体を総収率4.6％で得ることに成功している。各段階の平均収率は，89％であった。固相上の受容体に対するグリコシル化は，3当量の糖供与体**10**を用いるグリコシル化を3回行っている。その際，環状エーテルを有するチオ糖**11**を糖供与体として用いるとオリゴ糖の収率が低下することも報告されている。得られた保護糖**13**に対して，塩基性条件下におけるエステルの加水分解続いて，水素添加によるベンジルエーテルの切断を行うことにより，脱保護することで，目的とする12糖**14**を収率52％で得ることに成功した。固相自動合成は，専門的な知識や熟練した合成技術を必要としないという大きな利点を有する。しかしながら，糖鎖合成において，過剰量の糖供与体を必要とすることが大きな課題である。

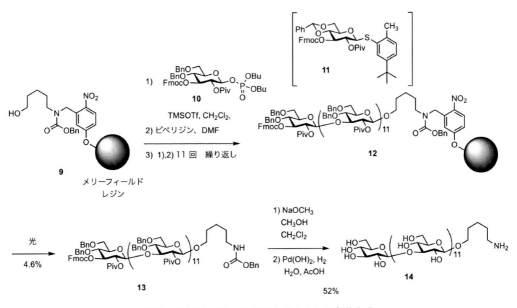

図4　固相法を用いる直鎖βグルカンの自動合成

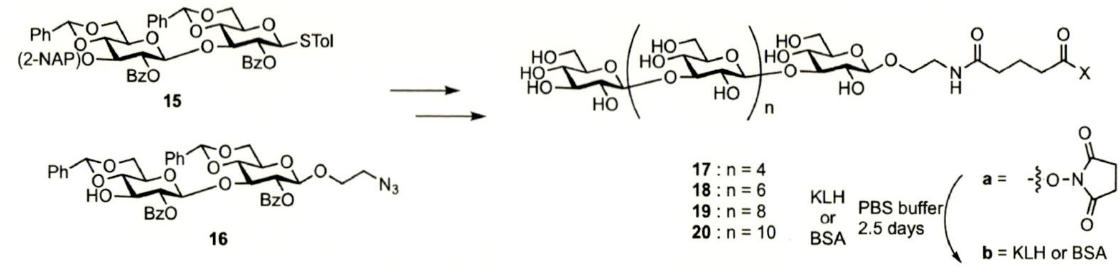

図5　直鎖βグルカン―タンパク質複合体の合成

　Guo らは，化学合成した6～12糖を利用したβグルカン―タンパク質複合体 **17 b-20 b** の合成とそのワクチン応用について報告している（図5）[4]。本研究では，竹尾らよって開発された手法を基盤として，2糖ユニット **15**，**16** を出発原料として，2糖糖供与体 **15** のグリコシル化とナフチルメチルエーテルの開裂による脱保護の繰り返しにより，タンパク質との複合体合成の前駆体 **17 a-20 a** の合成を行なっている。活性化エステルを有する糖鎖 **17 a-20 a** とアミノ基を有する2種類のキャリアータンパク質（KLH，BSA）とリン酸緩衝液中 2.5 日間反応させることによって，糖―タンパク質複合体 **17 b-20 b** を合成している。得られた複合体による免疫感作および，生成する抗体について精査したところ，8糖を有する KLH 複合体がもっとも高いワクチン作用を示した。さらに，このベータグルカン複合体の *C. albicans* のマウスに対するワクチン効果について検証することにより，本手法および化合物の有用性を明らかにしている。

4　分岐βグルカンの合成

　直鎖βグルカンの合成と比較して分岐鎖を有する分岐グルカンの合成例は多くない。Seeberger らは，先の自動合成法を活用した分岐糖鎖 **21** の合成を報告している（図6）[5]。本合成では，β（1，3）を主鎖にもつオリゴ糖を合成し最終段階で，分岐糖部と非還元末端の糖鎖を導入している。すなわち，先のルートBの合成戦略である。まず，直鎖βグルカンの合成と同様に固相上の第一級水酸基に糖供与体 **10** を用いた糖鎖の伸長を行った。分岐鎖の構築部位には，6位水酸基の保護基としてレブリノイル基を有する糖供与体 **21** を用い，固相上に2つの水酸基を有する合成中間体 **22** を合成した。最後に非還元末端の糖と分岐糖を同時に導入することにより，固相上に分岐糖 **23** を合成した。光を用いた固相からの切断および，糖鎖上の保護基を脱保護することにより，目的の分岐糖鎖 **24** の合成を達成している。本合成戦略では，糖供与体 **21** を用いることにより，原理的には，主鎖のすべての糖鎖に分岐を有するオリゴ糖の合成が可能である。ただし，本報告では，分岐鎖を1つもつグルカンの合成が報告されている。最後に，彼らは，得られたオリゴ糖を利用して糖鎖を固定化したマイクロアレーを合成することにより，ヒト血清中のβグルカン認識抗体の検出について検討している。

第6章 長鎖βグルカンオリゴ糖の化学合成

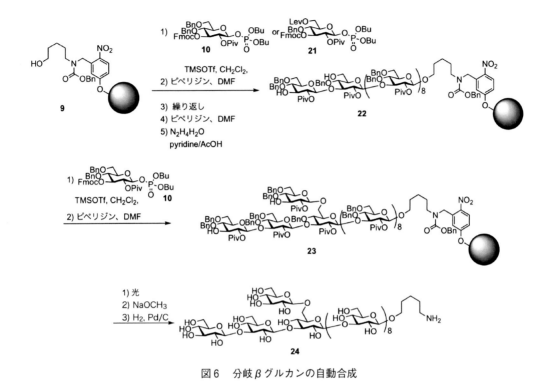

図6 分岐βグルカンの自動合成

Guoらは，分岐鎖を有するβグルカンとタンパク質複合体 25 a-c のワクチン作用について報告している（図7）[6]。まず，β（1, 3）9糖の中央部にβ（1, 6）結合で分岐鎖を有する誘導体の合成を行っている。分岐鎖の導入には，ルートBすなわち，合成の最終段階で，直鎖オリゴ糖 27 に対して，分岐鎖 26 をグリコシル化することにより，目的の分岐糖鎖を合成している。すなわち，直鎖オリゴ糖 27 は，6位水酸基をLev基で保護した3位に遊離水酸基を有する単糖 28 と4糖糖供与体 30 と4糖糖受容体 29 とのワンポットグルコシル化によって合成している。直鎖9糖のレブリノイル基の選択的脱保護によって，9糖糖受容体 27 を合成した。得られたオリゴ糖を用いてタンパク質複合体を合成し，そのベータグルカン複合体の C. albicans のマウスに対するワクチン効果について検証することにより，β（1, 6）テトラグルコシドを有するタンパク質複合体 27 c が高いワクチン効果を有することを明らかにしている。

このように近年，信頼性の高いβグルカンオリゴ糖の合成法が開発されることにより，構造の明らかな合成オリゴ糖を利用した機能性糖鎖誘導体の合成とその生物評価が報告されている。これらの研究成果からも，多糖に含まれる大きなオリゴ糖が生物機能発現に重要であることが明らかになってきている。しかしながら，大きなオリゴ糖の合成には長い工程数が必要である。さらに，実際の合成には，熟練した有機合成化学者の力が必要である。そこで，近年，βグルカンオリゴ糖のアナログ合成についても検討されている。

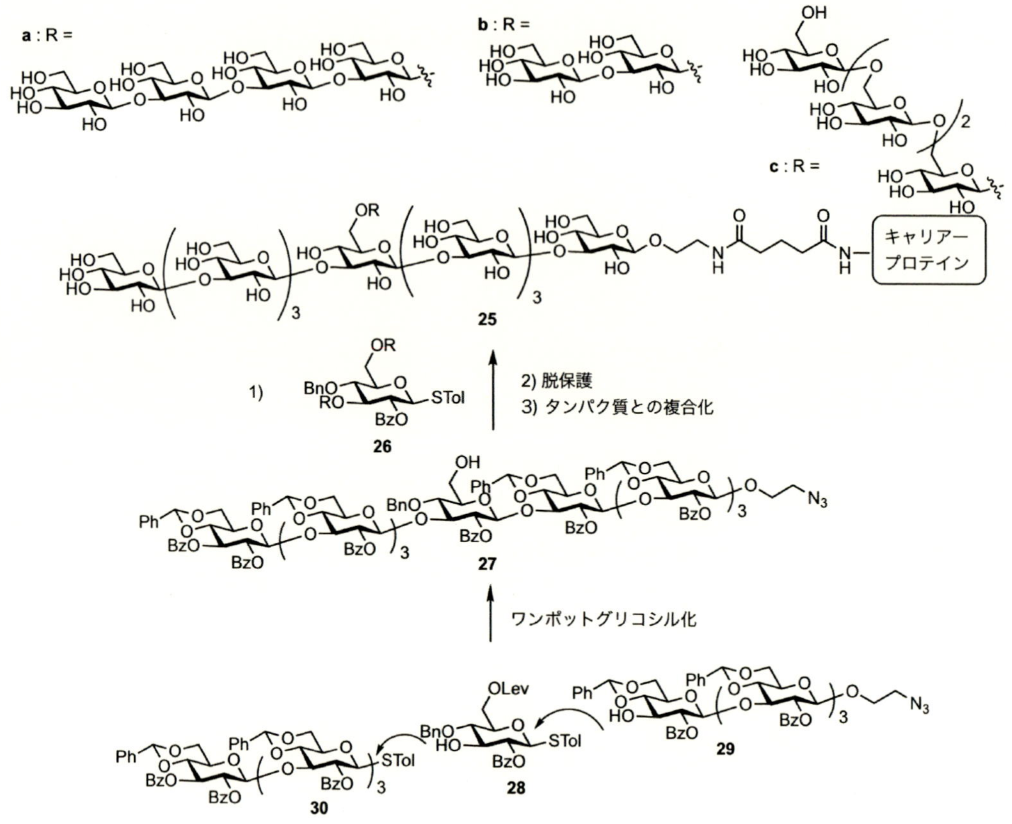

β グルカンの基礎研究と応用・利用の動向

a : R =

b : R =

c : R =

キャリアー
プロテイン

25

1) 2) 脱保護
3) タンパク質との複合化

26

27

ワンボットグリコシル化

28 **29**

30

図 7　分岐 β グルカンオリゴ糖—タンパク質複合体 25 a-c の合成

5　β グルカンオリゴ糖アナログの合成

　筆者らは，クリックケミストリーを利用した β グルカンオリゴ糖アナログ **34** の合成を報告している（図 8）[7]。すなわち，非還元および還元末端にそれぞれシリルアセチレンとアジドを有する 5 糖 **31** をクリックケミストリーにより順次伸長していくことにより，長鎖のオリゴ糖アナログを合成した。分子力場計算による立体配座解析の結果，グリコシルアジドとプロパルギルエーテルより生成するトリアゾールリンカーは， β（1，3）結合したグルコース 1 つ分とほぼ同じ大きさであることが示されている。まず，保護されたプロパルギルアミンとアジドとアセチレンを有する 5 糖 **31** を環化付加反応により結合させた後，シリル基を除去し活性な末端アセチレンを有する 5 糖 **32** を得た。続いて，5 糖 **31** を用いた環化付加反応と脱シリル化を繰り返して，15 個のグルコースと，3 つのトリアゾールを含む β グルカンオリゴ糖アナログ **34** を合成した。

　また，Crich らは，環状ヒドロキシルアミン誘導体 **41** が β グルカンアナログとして機能することを報告している（図 9）[8]。本研究では，ジアルデヒド **36**，**39** とヒドロキシルアミン **35** の

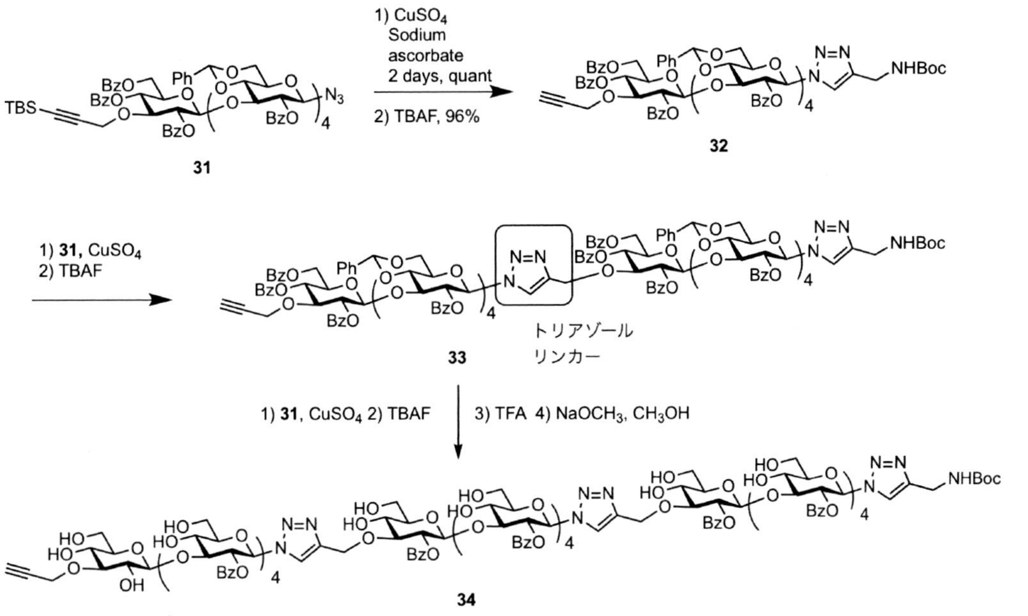

第 6 章　長鎖 β グルカンオリゴ糖の化学合成

図 8　クリックケミストリーを活用した β グルカンオリゴ糖アナログ **34** の合成

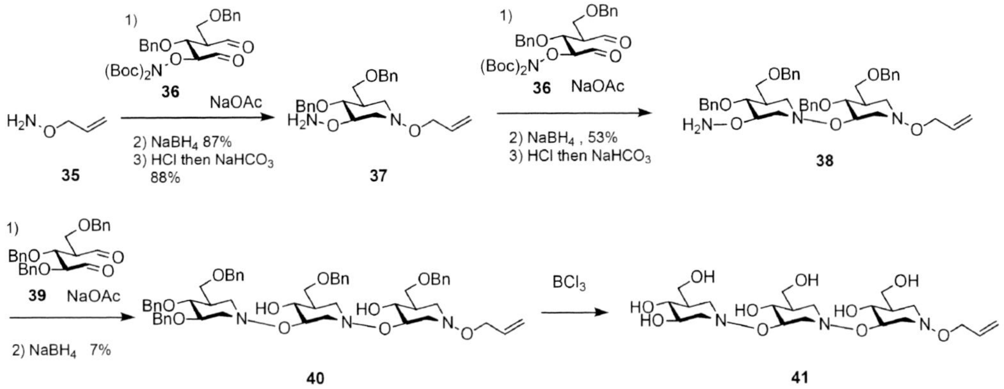

図 9　環状ヒドロキシルアミンを用いる β グルカンアナログの合成

イミノ化と還元によって，環状ヒドロキシルアミン **37** を合成するとともに，糖鎖アナログの連結を行うものである。Boc 基で保護された窒素置換基を有するジアルデヒド **36** は，イミノ化—還元の後，Boc 基を除去することにより，続くイミノ化—還元に必要なヒドロキシルアミノ基を遊離させることができる。本研究では，3 糖アナログ **41** の合成に成功している。しかしながら，本手法では，3 糖形成の収率は非常に低かった。得られた誘導体 **40** は，三塩化ホウ素によるベンジルエーテルの切断により，高収率で **41** へと変換している。さらに，得られた環状ヒドロキ

53

シルアミン誘導体 **41** がマクロファージの食作用を優位に誘発することを明らかにしている。しかしながら，現段階ではこれ以上の長鎖の誘導体の合成は困難であると思われる。今後，新しい手法の開発が待たれる。

6　まとめ

　本稿は，最近進められてきた，長鎖の β グルカンオリゴ糖の合成および，そのアナログの合成について概観した。これまでの研究により，10 糖以上の長鎖の β グルカンは，短鎖のものにはみられない生物機能を示すことが明らかになってきた。直鎖のオリゴ糖に関しては，16 糖を代表とした非常に長いオリゴ糖の合成が可能になってきている。しかしながら，分岐鎖を有する糖鎖の合成にはまだ問題点が多く，特に複数の分岐鎖を有し，長い β（1, 3）主鎖を有するオリゴ糖に関してはその合成例はない。一方，天然由来の多糖類を用いる研究から，分岐鎖と生物機能とは重要な相関があるとことがこれまで示唆されている。今後は，複数の分岐鎖を有する比較的大きなオリゴ糖の合成法が開発され，その機能が明らかにされていくことが期待されている。

文　　献

1)　K. Takeo *et al., Carbohydr. Res.*, **245**, 81（1993）
2)　a）H. Tanaka *et al., Chem. Commun.*, **46**, 8249（2010），b）H. Tanaka, *et al., Bioorg. Med. Chem.*, **20**, 3898（2012）c）S. Hanashima *et al., Glycoonj. J.*, **31**, 199（2014）
3)　M. W. Weishaupt *et al., Chem. Eur. J.*, **19**, 12497（2013）
4)　G. Liao *et al., Bioconjugate. Chem.*, **26**, 466（2015）
5)　M. W. Weishaupt *et al., Chem. Commun.*, **53**, 3591（2017）
6)　a）G. Liao *et al., ACS Infect. Dis.*, **2**, 123（2017），b）G. Liao *et al., Eur. J. Org. Chem.*, **2942**（2015）
7)　H. Tanaka *et al., Tetrahedron Lett.*, **53**, 4104（2012）
8)　a）A. Ferry *et al., J. Am. Chem. Soc.*, **136**, 14852（2014），b）G. Malik *et al., Chem. Eur. J.*, **19**, 2168（2013）

第7章　β-1.3グルカンを用いた核酸送達システム

櫻井和朗[*1]，佐々木彰吾[*2]，藤原伸旭[*3]，望月慎一[*4]

1　はじめに

　近年，新しいがんの治療薬として核酸医薬が注目されている。核酸医薬には様々な種類があり，RNA干渉（RNAi）を利用したsiRNA，標的配列に相補的な1本鎖核酸を作用させるアンチセンス核酸（AS-ODN），そしてがん免疫療法において自然免疫を活性化させるCpG-ODN，転写因子に作用するデコイ核酸やタンパク質に作用させるアプタマー等がある。核酸医薬は，標的に特異的に作用するため副作用の軽減が見込めるという一方で，細胞標的性を持たない等の問題がある。そのため，核酸医薬の実用化には標的に効率的に薬剤を送り届けるような送達キャリアが必要である。そこで，本稿ではDNAとの複合化能を持つβ-1.3グルカンを用いた様々な核酸の送達について紹介する。

2　シゾフィラン（SPG）

　β-1.3グルカンは地球上の様々な種に存在し，細菌類や穀物類の細胞壁を構成する多糖であることから，抗腫瘍効果[1]や抗HIV効果[2]，自然免疫活性等の特性を持つため，古くから世界中で研究されてきた。この多糖は，グルコースがβ-1.3グリコシド結合によって連なった主鎖3本によって，右巻3重らせん構造をとっている。ある種では，主鎖の6位の炭素にβ-1.6グリコシド結合によるグルコースの分岐を持つような多糖も存在する。本稿で紹介するシゾフィラン（SPG）は，*Schizophyllum commune*（和名：スエヒロタケ）から産生される，β-1.3グルカンの1種であり，主鎖のグルコースの3ユニットに1つの側鎖グルコースを持つ多糖である（図1）[3]。

　著者らは，主としてSPGと核酸の相互作用に注目して研究を行ってきた[4~6]。3重らせん構造であるSPGを，強塩基溶媒下またはジメチルスルホキシド等の極性溶媒に溶解させると，3重らせん構造を形成していた要因であった疎水性相互作用や水素結合が弱まり，ランダムコイル状の1本鎖となる[7,8]。この状態の溶液を中性条件に戻すと，再び分子間（分子内）結合が生じ，

＊1　Kazuo Sakurai　北九州市立大学　環境技術研究所　教授

＊2　Shogo Sasaki　北九州市立大学　国際環境工学研究科

＊3　Nobuaki Fujiwara　北九州市立大学　国際環境工学研究科

＊4　Shinichi Mochizuki　北九州市立大学　国際環境工学部　准教授

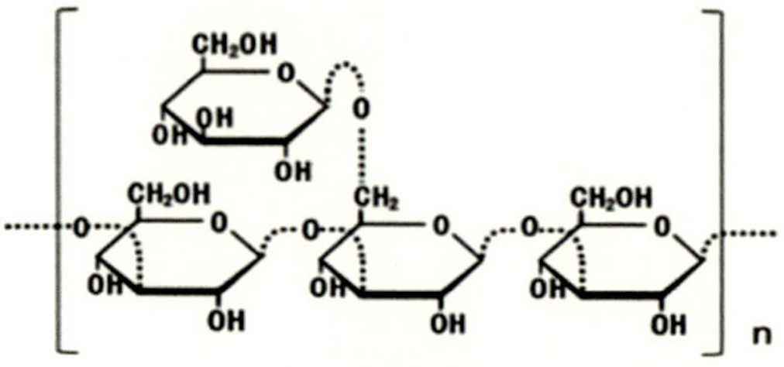

SPG

図1　SPG の基本構造

再び3重らせん構造が形成される[9]。ランダムコイル状の1本鎖から，3重らせんになる過程において，ポリデオキシアデニン（poly dA）やポリシトシン（poly C）等の1本鎖ホモ核酸が存在すると，3重らせん構造の内の1本が核酸によって置き換わり，β-1. 3グルカン主鎖2本と核酸1本による SPG/核酸複合体が形成されることを著者らは見出した。また，SPG は主に抗原提示細胞に発現している β-グルカン受容体である Dectin-1 に認識されることから SPG は細胞特異的な核酸送達キャリアになり得ることを見出した。本稿では，SPG を用いて様々な核酸を送達した研究を紹介する。

3　SPG と β-グルカン受容体の親和性評価 [10, 11]

Gordon らは樹状細胞やマクロファージ等の抗原提示細胞上に Dectin-1 と呼ばれる β-1. 3-グルカン受容体が発現していることを報告した[12~14]。また，近年では肺がん細胞株でも Dectin-1 が発現していることも報告されている[15]。この，Dectin-1 は本来，細菌類等の細胞壁を構成する成分である，β-グルカンを認識されることが知られているが，SPG/核酸複合体の認識能は明らかになっていない。そこで，SPG/核酸複合体と Dectin-1 との親和性を水晶発振子マイクロバランス測定法（quartz crystal microbalance：QCM）を用いて評価した。QCM とは，一定の振動数で振動している水晶発振子の電極表面にホスト分子を固定し，そのホスト分子にゲスト分子が付着した際の微量な質量変化により振動数が変動することを利用して評価を行う。発振子の電極表面にホスト分子である Dectin-1 を固定し，ゲスト分子であるアデニン60個で構成されたデオキシアデニン60（dA_{60}）のみの場合と dA_{60}/SPG 複合体を添加した場合の振動数変化を示す（図2）。

dA_{60} のみを添加した場合は振動数変化がほとんど見られないことに対し SPG のみ，dA_{60}/SPG 複合体を添加すると振動数が低下したことが示されている。このことより，SPG と核酸/SPG 複合体は Dectin-1 に認識されることが示された。

SPG と Dectin-1 の相互作用をヒト胎児腎細胞である HEK293 細胞（HEK）および，Dectin-1

第7章 β-1.3グルカンを用いた核酸送達システム

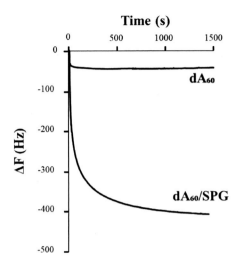

図2　Dectin-1を用いた核酸および核酸/SPG複合体の親和性評価

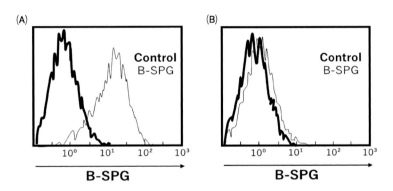

図3　Dectin-1とSPGの親和性評価（(A)：d-HEK，(B)：HEK）

を強制発現させたd-HEKを用い，フローサイトメトリー分析により評価した。SPGはビオチン標識されたB-SPGを用いた。HEKおよびd-HEKにB-SPG添加後4℃で30分静置した後にアビジン-Alexa488のコンジュゲート体で染色し分析を行った。d-HEKにおける蛍光強度はB-SPGを添加すると増加した（図3(A)）。4℃では受容体の取り込みは活性化されないため，細胞表面上にB-SPGが結合していると考えられる。一方で，HEKはB-SPGの濃度を増加させても蛍光強度は大きく変動していないことが示されている（図3(B)）。このことより，SPGは細胞表面上のDectin-1に認識されていることが認められた。

4 核酸/SPG およびペプチド複合体による免疫活性

がんの新しい治療分野としてがん免疫療法が注目されている。免疫療法の1つにCpG核酸を用いた免疫療法がある。CpG配列は細菌やウイルスのDNA由来であり，免疫細胞のToll-like receptor（TLR9）が認識しTh1細胞の免疫応答を誘導することが知られている[16,17]。しかし，このような核酸は体内での非特異的吸着等の観点から直接体内に投与することは難しいと考えられている。そのため，標的細胞に効率よく送り届ける必要がある。また，SPGは前述したように核酸と複合体を形成することは明らかになっていたが，SPGに対する核酸との最適な混合比は明らかになっていなかった。従って，本節ではCpG-ODN/SPG複合体を用いて最適なSPG：核酸の混合比を評価するとともに細胞傷害性T細胞（Cytotoxic T lymphocyte：CTL）の活性誘導とdA-抗原ペプチド/SPG複合体との併用によるさらなる免疫活性効果の向上について紹介する。

4.1 CpG-ODN/SPG 複合体による最適な核酸の混合比評価[11]

SPGの主鎖グルコース1分子とdA$_{60}$のアデニン1分子の比を[mG]/[dA]と表し，その比が0.5～30となるように複合体を形成させた。

円偏光2色性（Circular dichroism：CD）により，SPGと核酸の最適混合比を評価した。[mG]/[dA]が増加すると218 nmの正のバンドが増加し，250 nmの負のバンドが消失しているのが分かる（図4(A)）。これは，SPGに結合しているdA$_{60}$のコンフォメーションの変化によって生じていることが考えられる。また，218 nmの強度をプロットすると[mG]/[dA]＝2.0で増加が飽和していることが分かる（図4(B)）。よって[mG]/[dA]＝2.0以降はSPGが過剰に存在している状態であると考えられる。

次に，ポリアクリルアミドによる複合体形成確認の評価を行った（図5）。図より，[mG]/[dA]＝2以降での複合体は核酸由来のバンドが消失していることが示された。

実際に，Dectin-1を発現していることが確認された腹膜マクロファージを用いて核酸混合比

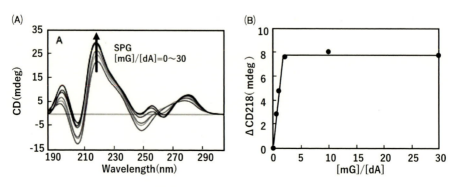

図4　SPGと核酸の混合比によるコンフォメーション変化

第7章　β-1.3グルカンを用いた核酸送達システム

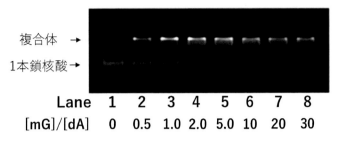

図5　[mG]/[dA] と CpG-ODN/SPG 複合体形成度の関係

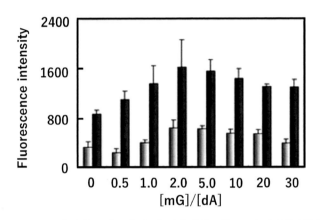

図6　F-CpG/SPG 複合体の [mG]/[dA] と細胞取り込みにおける蛍光強度の比較

である [mG]/[dA] と細胞の取り込みの関係性を CpG-ODN にフルオロセイン-4-イソチオシアネート（FITC）を標識した，F-CpG/SPG 複合体を用いて評価した。F-CpG/SPG 複合体を細胞に添加し，4℃および37℃で0.5時間インキュベートした後に蛍光強度を比較した（図6）。

4℃では受容体を介した取り込みは抑制されるため，表面に結合したF-CpG/SPG複合体が示されている。一方で，37℃では受容体の取り込みは活性化されるため，細胞内に導入されたCpG-dA$_{60}$の値が示される。37℃での蛍光強度は [mG]/[dA]＝2.0, 5.0 で高い値が示された。これは，F-CpG/SPG 複合体が Dectin-1 を介して細胞内に導入されたことが示されている。また，[mG]/[dA]＞2.0 の範囲では，遊離 SPG が存在するため F-CpG/SPG 複合体と結合の競合を引き起こし細胞への取り込みが低下したことが示唆される。

腹膜マクロファージの TLR9 は CpG-ODN を認識すると免疫を活性化するサイトカインである IL-12 の産生を誘導する。従って，CpG-ODN/SPG 複合体を添加し，37℃で24時間静置した後に IL-12 の産出量を ELISA によって測定することで [mG]/[dA] との関連性を評価した（図7）。図より，[mG]/[dA]＝0～1.0 では CpG-ODN/SPG 複合体の量に伴ってわずかに増加し，[mG]/[dA]＝2.0, 5.0 で劇的に IL-12 の産生量が増加していることが示された。従って，SPGと

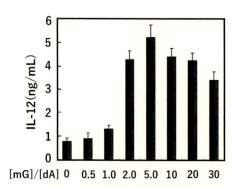

図7　F-CpG/SPG複合体の［mG］/［dA］と腹膜マクロファージのIL-12産生量の比較

核酸の最適な混合比は［mG］/［dA］＝2.0〜5.0であることが示唆された。

4.2　CpG/SPG複合体およびOVA/SPG複合体を用いた免疫活性[18]

　免疫療法による腫瘍の治療は，腫瘍細胞を認識して攻撃する細胞傷害性T細胞（CTL）の活性誘導を必要とする。CTL活性を誘導するためには，抗原提示細胞（APC）が重要な役割を果たす。APCはMHC分子を介して細胞表面上にペプチド断片を提示しT細胞の活性化を誘導する。よって抗原ペプチドを細胞内に送達することで抗原特異的CTL活性効果が得られる。しかし，ペプチドを効率よくかつ正確に標的細胞に送達するためには送達キャリアが必要である。従って，著者らは抗原ペプチド/SPG複合体によってCTL活性を誘導した。

　抗原ペプチドにはオボアルブミンアミノ酸257-264（$OVA_{257-264}$）を用い，dA_{40}と結合させて$OVA_{257-264}$-dAを合成した。この，$OVA_{257-264}$-dAはジスルフィド結合で結合しているため細胞内酵素により切断され$OVA_{257-264}$は細胞表面上のMHC分子に提示することが可能となる。この$OVA_{257-264}$-dAとSPGを複合化させて$OVA_{257-264}$/SPG複合体を作製した。

　実際に，$OVA_{257-264}$/SPG複合体を腹腔マクロファージに添加し24時間後にH-2 kb抗体に結合した抗マウス$OVA_{257-264}$ペプチドで細胞を染色し，蛍光観察を行うと細胞表面上のMHC分子にOVA_{57-264}が提示されていることが示された。次に，$OVA_{257-264}$/SPG複合体とCpG-ODN/SPG複合体の併用によるさらなる免疫活性を誘導した。マウスをCpG-ODN/SPG複合体と$OVA_{257-264}$/SPG複合体によって免疫した。ナイーブマウス由来の脾臓細胞を$OVA_{257-264}$存在下あるいは非存在下において37℃で90分間刺激した後に，カルボキシフルオロセインスクシンイミジルエステル（CFSE）で標識し，$CFSE^{high}$脾細胞（ペプチド刺激あり）と$CFSE^{low}$脾細胞（ペプチド刺激なし）をマウスに静脈注射した。24時間後，マウスの脾臓細胞を回収しフローサイトメトリー法により分析した（図8）。

　結果（図8）は，PBSまたは20，100，500 ng/headの$OVA_{257-264}$/SPG免疫したマウスにおける，抗原提示細胞の有無を評価したものである。PBSで処理したものに注目すると2つのピー

第7章　β-1.3グルカンを用いた核酸送達システム

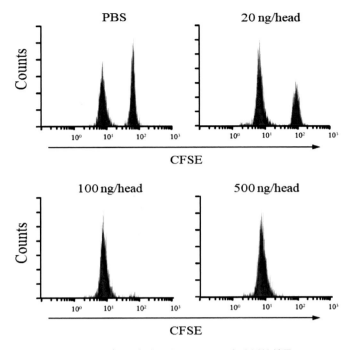

図8　ペプチド免疫マウスにおける免疫活性効果

クが表れていることが分かる。そのうち，高蛍光強度側に表れているピークはOVA$_{257-264}$抗原提示細胞由来である。この抗原提示細胞由来のピークにおける細胞数を比較することにより，免疫活性効果を評価する。結果より，OVA$_{257-264}$/SPGの用量が増えるにつれ抗原提示細胞数が減少していることが示されている。20, 100, 500 ng/headのOVA$_{257-264}$/SPGで免疫したマウスのうち，100 ng/head以上で抗原提示細胞由来ピークがほとんど消失しており，OVA抗原提示細胞のほとんどが排除されたことが示された。以上の結果より，CpGとOVA$_{257-264}$をSPGと複合化することにより，標的細胞に効率よく送達されたため，免疫活性効果が得られた。

5　YB-1遺伝子を標的としたSPG/AS-ODN複合体による細胞増殖抑制 [19]

　AS-ODNを用いた遺伝子発現抑制は20年以上前から研究されている [20]。AS-ODNは細胞内の標的mRNA特異的に作用し，mRNAとハイブリッドすることでリボソームの翻訳阻害やRNA分解酵素等の働きにより標的遺伝子特異的な発現抑制効果を発揮する。しかし，直接体内に投与しても，非特異的に働いてしまう等の点から実用化の障害となっている。従って，本節ではAS-ODN/SPG複合体によるアンチセンス核酸送達システムを紹介する。
　標的遺伝子であるY-box binding protein 1（YB-1）とは，細胞の薬剤耐性遺伝子の転写に関わるタンパクであり，がん細胞の増殖や抗がん剤等の薬剤耐性に関わる遺伝子の転写に深く関与

61

していることが知られている。また，YB-1 は種々の遺伝子の転写に関与するだけでなく，細胞生存能力および DNA 修復にも関与することが示されている[21]。この，YB-1 はこれまでの研究でヒトがん細胞株において過剰に発現していることが示されている[22]。また，Shibahara らは，ほとんどの非小胞肺がん細胞において YB-1 は過剰発現していることを報告している[23]。従って，YB-1 遺伝子は，がん治療薬において良好な標的となりうることが考えられる。さらに，肺がん細胞株でも Dectin-1 を発現している種が存在していることから[15]，著者らは，SPG/YB-1 AS-ODN 複合体による Dectin-1 を発現した肺がん細胞増殖抑制効果を検討した。

YB-1 遺伝子の発現抑制に対する AS-ODN の配列最適化を行った。1561 塩基からなる YB-1 mRNA と相補的な 25 塩基の YB-1 AS-ODN を mRNA の 5' 末端から 10 塩基ずつずらして 53 種の異なる AS-ODN を設計した。設計した YB-1 AS-ODN153 種を遺伝子導入試薬である RNaiMaX を用いて細胞に強制導入した後に，96 時間後に WST-8 assay 法により細胞生存率を算出した（図9）。

結果より，153 種のうち特に 5 つの YB-1 AS-ODN が大きく細胞生存率を減少させた。次に，5 つの YB-1 AS-ODN を同様に細胞にトランスフェクションさせ，Western Blot 法により YB-1 の発現抑制効果を確認した。以後，最も細胞抑制効果を示した，YB-1 AS 014（5'-ACTGGGGCCGGCTGCGGCAGCTGCG-3'）を最適配列として選択した。

次に，dA$_{40}$-AS 014 を設計し，YB-1-AS014/SPG 複合体を形成させた後に WST-8 assay 法により細胞増殖抑制効果を検討した。12 種のヒト由来肺がん細胞株を用いて，YB-1 AS014/SPG 複合体を 0.4 μM または 1.0 μM で細胞に添加後の細胞生存率を示す（図10）。

がん種により異なる細胞増殖抑制効果が得られた。細胞増殖抑制効果の得られた PC9 細胞と細胞増殖効果が得られなかった A549 細胞を用い，蛍光物質である Alexa546 を修飾させた dA$_{40}$-Alexa/SPG を合成し，PC9 細胞と A549 細胞に添加した後に蛍光観察すると，PC-9 細胞

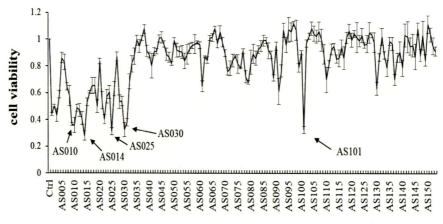

図9　YB-1 AS-ODN の最適配列のスクリーニング

第7章　β-1.3グルカンを用いた核酸送達システム

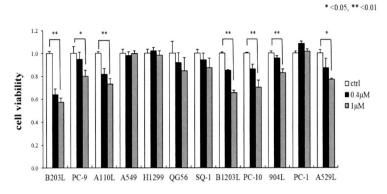

図10　YB-1 AS014/SPG 複合体による肺がん細胞の増殖抑制効果

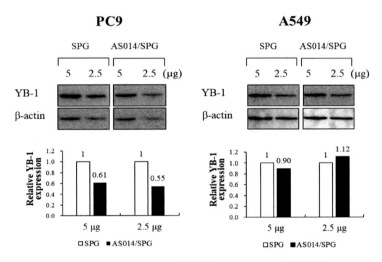

図11　YB-1 AS014/SPG 複合体による YB-1 の発現抑制

のみに蛍光が現れた。このことより，PC9細胞にはDectin-1が発現しており，A549細胞はDectin-1が発現していないことが示唆される。次に，Western Blot法によりYB-1の発現抑制効果を評価した。PC-9細胞ではYB-1の発現は約40％抑制されたことに対し，A549細胞ではYB-1の発現阻害がみられなかった（図11）。この結果より，YB-1-AS014/SPG複合体はDectin-1を介して細胞内に導入され，YB-1の発現阻害によって細胞増殖効果を示したことが示唆された。

6 おわりに

著者らは，核酸/SPG複合体を用いて，Dectin-1を発現する細胞への特異的な核酸の送達を試みた。核酸を送達するキャリアにより，さらなる核酸医薬の発展とともに新規がん治療薬の開発に尽力したい。

謝辞

本稿で，紹介した研究の一部は，産業医科大学・産業生態科学研究所・呼吸病態学の和泉弘人准教授，森本泰夫教授らとの共同研究であり，感謝の意をここに表す。また，多糖と核酸の複合体の発見は新海征治先生（現：九州大学）との研究であり，これまでのご指導に感謝したい。

文　　献

1) Di Luzio, N *et al., International journal of cancer,* **24**, 773-9 （1979）
2) Jagodzinski, P. P *et al., Virology,* **202**, 735-45 （1994）
3) Tabata, K *et al., Carbohydrate research,* **89**, 121-35 （1981）
4) Sakurai, K *et al., Journal of the American Chemical Society,* **122**, 4520-4521 （2000）
5) Sakurai, K *et al., Biomacromolecules,* **2**, 641-650 （2001）
6) Miyoshi, K *et al., Chemistry & biodiversity,* **1**, 916-924 （2004）
7) Norisuye, T *et al., Journal of Polymer Science Part B : Polymer Physics.,* **18**, 547-558 （1980）
8) Kashiwagi, Y *et al., Macromolecules,* **14**, 1220-1225 （1981）
9) Sato, T *et al., Macromolecules,* **16**, 185-189 （1983）
10) Mochizuki, S *et al., Carbohydrate research,* **391**, 1-8 （2014）
11) Minari, J *et al., Bioconjugate chemistry,* **22**, 9-15 （2010）
12) Brown, G. D *et al., Nature,* **413**, 36-7 （2001）
13) Brown, G. D *et al., The Journal of experimental medicine,* **196**, 407-12 （2002）
14) Taylor, P. R *et al., Journal of immunology （Baltimore, Md. : 1950）,* **169**, 3876-82 （2002）
15) Heyl, K. A *et al., MBio,* **5**, e01492-14 （2014）
16) Hemmi, H *et al., Nature,* **409**, 646 （2001）
17) Krieg, A. M *et al., Nature reviews Drug discovery,* **5**, 471 （2006）
18) Mochizuki, S *et al., Bioconjugate chemistry,* **28**, 2246-2253 （2017）
19) Izumi, H *et al., International journal of oncology,* **48**, 2472-2478 （2016）
20) Zamecnik, P. C *et al., Proceedings of the National Academy of Sciences,* **75**, 280-284（1978）
21) Ohga, T *et al., Cancer research,* **56**, 4224-4228 （1996）
22) Kuwano, M *et al., Cancer science,* **94**, 9-14 （2003）
23) Shibahara, K *et al., Clinical cancer research,* **7**, 3151-3155 （2001）

第8章　β-グルカンと核酸複合体の生物活性

樋口貞春*

1　はじめに

　近年，化学合成された低分子医薬品に代わり注目されている薬剤に生物学的薬剤，いわゆるバイオ医薬品や核酸医薬がある。バイオ医薬品とは生物を用いて製造，抽出，合成あるいは部分合成された薬剤で，ワクチン，リコンビナントタンパク，および細胞治療における生細胞などである。現在，盛んに開発が行われている抗体医薬もバイオ医薬品である。

　核酸医薬品（オリゴ核酸医薬品）は天然型塩基あるいは化学修飾塩基を基本骨格とする薬剤である。核酸は生体内物質であるがオリゴ核酸医薬品は化学合成により製造される。核酸医薬品には主にアンチセンス，アプタマー，デコイ，small interfering RNA（siRNA），microRNA（miRNA）などがある。低分子医薬品，バイオ医薬品あるいは核酸医薬にかかわらず，薬剤を体内に投与した時，その疾患部位に到達できる量は百分の一以下であり，薬効を発現する量はさらに少ない。また，生体内では速やかに分解されてしまい，効果を発揮できないものもある。また，必要のない部位に作用して副作用を引き起こす可能性もある。

　この欠点を克服する1つの手段が薬物送達システム（DDS）である。DDSにはターゲッティング，徐放（薬剤放出の制御），吸収の促進があり，これらの技術を組み合わせることでより効果的な薬剤を作ることができる。一方，これらの技術を薬剤に導入することで，薬剤の本来の機能が減弱する可能性がある。ここでは，その欠点を克服し，薬剤の生理活性を維持する技術を実際の使用例を紹介しながら解説する。

2　ドラッグキャリアーとしてのβ-グルカン

　今回，β-1,3-グルカンの1種であるシゾフィランをDDS体として用いたDDSおよびその生理活性の発現・維持を核酸医薬品を例として述べる。

　シゾフィラン（schizophyllan, SPG）はスエヒロタケが産生する多糖β-1,3-グルカンである。SPGは3重らせん構造を持ち，そのらせんピッチは核酸のそれに類似している。その性質を利用して，SPGを1本鎖に解き，そこに1本鎖核酸を加えて，巻き戻すと核酸を含んだ3重らせん構造の核酸・SPG複合体（以下SPG複合体）を形成する。その時，核酸をphosphorothioate化（S化）修飾するとより安定な複合体が形成される。このSPG複合体をDDS体として用いる

　＊　Sadaharu Higuchi　NapaJen Pharma㈱　研究部　研究部長

研究が北九州市立大学の櫻井和夫教授らのグループ・NapaJen Pharma㈱を中心に行われている。それでは，SPG 複合体の標的とは何か？ それはβ-グルカン受容体である Dectin-1 である。厳密にいえば Dectin-1 発現細胞である。Dectin-1 は当初，樹状細胞特異的な C 型レクチンとしてクローニングされ，CR3，ラクトシルセラミド以外にもβグルカン受容体が存在すると考えられていたため，パン酵母の細胞壁成分でβ-グルカンを含有する，ザイモザンを用いた cDNA ライブラリーのスクリーニングが行われ，Dectin-1 がβグルカン受容体であることが見出された。その後，Dectin-1 は真菌や細菌，キノコ，植物などを由来とする可溶性，あるいは粒子状のβグルカンを認識することが報告された。Dectin-1 は，最低 9 糖あるいは 10 糖からなるβ1-3 結合したグルカンを認識し，その結合は強いため長鎖のβ-グルカンも結合することが可能である。

　この Dectin-1 と SPG の受容体とリガンドの関係を利用して効率的に標的細胞へ薬剤を送達し，治療に用いるということである。上述したように SPG 複合体の標的となる細胞は Dectin-1 を発現している細胞ということになるが，それではどのような細胞に Dectin-1 が発現しているのであろうか。主にマクロファージや樹状細胞（DC），好中球といったミエロイド系細胞に発現している。興味深いことにマクロファージでは，肺胞マクロファージやチオグリコレート誘導腹腔マクロファージなどの炎症性細胞で強く発現する一方で，レジデントな腹腔マクロファージの発現は弱い。つまり，Dectin-1 は炎症を起こしている部位に浸潤している細胞群に高発現している。これは健康な状態では Dectin-1 の発現はそれほど多くはないが，病態になった時にその患部に Dectin-1 を発現した細胞が多く存在するということを示しており，病気になった時ほど効率的に薬剤を送達できるということである。次節からいくつかの例を挙げて，その効果を紹介したい。

3　生理活性とその効果

3.1　Astisense-ODN/SPG 複合体による炎症性腸疾患の治療 [1]

　遺伝子発現の標的化された阻害に対するアンチセンスオリゴヌクレオチド（Antisens-ODN, ASO）技術は，標的遺伝子の発現抑制の有効な戦略の 1 つである。ASO は標的 mRNA と相補配列を持つ 1 本鎖 DNA（RNA の場合もある）である。標的 mRNA に結合して翻訳阻害を起こしたり，RNaseH と共役して結合した標的 mRNA の分解を行うことによってタンパク質の発現抑制を行うものである。しかし，効果的 ASO の使用はヌクレアーゼによる分解などいくつかの問題のために限定的であった。したがって，標的 RNA または DNA に対する ASO の特異性を維持しながら，ASO の安定性を強化する送達システムが必要不可欠である。西平らは炎症性腸疾患がマクロファージ遊走阻害因子（macrophage migration inhibitory factor, MIF）が炎症，免疫応答および細胞増殖に深く関与していることに注目し，MIF の抑制による治療効果をデキストラン硫酸ナトリウム（DSS）誘導大腸炎をモデルとして報告している。上述したように炎症部位での Dectin-1 の発現は有意に上昇しており（図 1），SPG 複合体は，Dectin-1 を介して貪食

第 8 章　β-グルカンと核酸複合体の生物活性

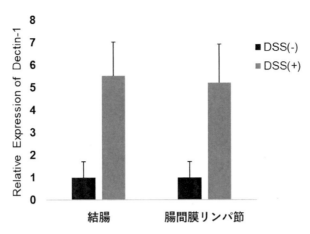

図1　DSS 誘導腸炎における Dectin-1 の発現
（文献1）より改変して引用）

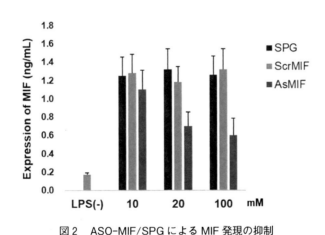

図2　ASO-MIF/SPG による MIF 発現の抑制
（文献1）より改変して引用）

作用によってマクロファージに効果的に取り込まれる。SPG 複合体に MIF に対する機能性核酸 ASO-MIF を付加した ASO-MIF/SPG 複合体は *in vitro* 実験において CD11 陽性マクロファージからの MIF 産生を抑制し，この効果は ASO-MIF/SPG 複合体濃度に依存していた。また，対照として用いた SPG のみおよびスクランブル DNA/SPG 複合体は，MIF 産生を抑制しなかった（図2）。この結果に基づいて，*in vivo* において ASO-MIF/SPG 複合体を評価を行ったところ，ASO-MIF/SPG 複合体は，大腸炎に対して有意な阻害をもたらし，結腸の内視鏡検査および組織学的切片は，アンチセンス処置マウスにおいて粘膜傷害および炎症が改善されたことを示した（図3）。ASO-MIF/SPG 複合体は，マクロファージのような Dectin-1 陽性細胞からの MIF 産生を効果的に阻害し，それによって腸炎症を減弱させた。

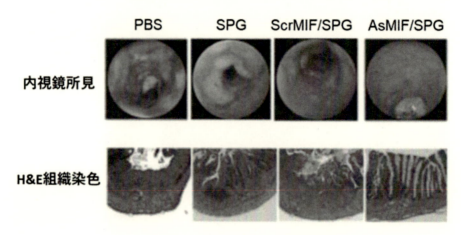

図3 ASO-MIF/SPGによるDSS誘導腸炎の改善
（文献1）より改変して引用）

竹田津らの報告は全身投与における炎症疾患へのDectin-1を介したSPGが機能性核酸の生理活性を維持したまま標的へ送達されたことを示しており，初めてSPG複合体を用いた炎症疾患の新しい治療アプローチとして評価されるべきものであるとともに，SPG複合体化によってASOの全身投与への応用性を示したものである。

3.2 siRNA/SPGを用いた免疫抑制へのアプローチ

3.1項ではASOについて生理活性を維持したまま，標的に送達する例について紹介した。ASOは元来，DDS体として開発が進められた核酸医薬であるのに対してsiRNAはその有用性が早くから認識されていたにも関わらず，その生体内安定性の低さから医薬品開発が遅れていた。ここではSPGを用いたsiRNAの送達と生理活性について紹介する。siRNAは20塩基前後の短鎖の2本鎖RNAである。詳しい作用メカニズムは省略するが，2本鎖RNAの内，1本がRISCと呼ばれるRNA分解活性を持つ複合体に取り込まれて，標的となるmRNAを切断することによってタンパク質の発現抑制を行うというものである。Dectin-1が免疫系の細胞に発現していることは先に述べた。このことは免疫疾患の制御にDectin-1/βｰグルカンによる送達が効果的であることを示している。siRNAを用いた実例をを紹介する。ZhangらはSPGにCD40に対するsiRNA（以下siCD40）を付加したSPG複合体siCD40/SPGがRISCローディング複合体の構成サブユニットの1つであるTRBP2[2]に取り込まれることを実証した[3]。さらにsiCD40/SPGはdicerによる切断を必要とせずにRNA interference（RNAi）活性を発現した。これらの知見は，Dectin-1結合が特定の薬物送達を導き，免疫疾患の潜在的治療標的として役立ち得るsiRNA送達のための新しいアプローチである。加えて，SPG複合体の形成によりsiRNA分解が防止され，標的細胞におけるRNAi活性が長時間維持されている。Zhangらの報告は同種免疫応答において極めて重要であるCD40/CD154共刺激経路のシグナルの遮断による有効性を

第8章 β-グルカンと核酸複合体の生物活性

siCD40/SPGをマウスの異所心臓移植に用いて検証を行っている。siCD40/SPG処理したCBAマウスにC57/BL10の心臓を異所移植したところ，MHCが完全ミスマッチした系統間にもかかわらず，CBAマウスは心臓同種移植片を受け入れ，生着した（図4）。移植片の生着と一致して，CD4陽性T細胞，CD8陽性T細胞の移植片への浸潤はコントロール群に比べより低く，CD40弱陽性CD11c陽性樹状細胞および制御性T細胞の数は，移植片およびレシピエントマウス（CBAマウス）の脾臓で増加していた（図5）。さらに，siCD40/SPGを用いた1次レシピエントからの脾細胞の養子移入を受けたナイーブCBAレシピエントは，ドナーのC57/BL10からの心臓移植片を受け入れたが，サードパーティとして用いたBalb/cマウスからの移植は受け入れなかった（図6）。Zhangらは樹状細胞を標的としたsiCD40/SPGによる処理は，抗原特異的Tregを産生し，マウス心臓同種移植片を永久に受け入れる可能性があることを報告している。

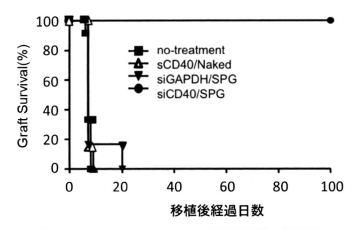

図4　siCD40/SPGによるマウス心臓同種移植片の生着日数
（文献3）より改変して引用）

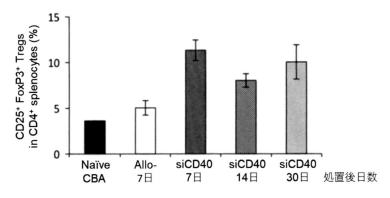

図5　siCD40/SPG処置したレシピエントマウスにおける制御性T細胞の産生
（文献3）より改変して引用）

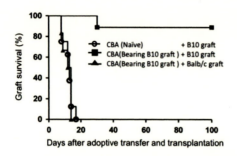

図6　siCD40/SPG処置後マウス脾臓細胞の養子移入による移植片の生着日数
（文献3）より引用）

　また，CD40シグナル伝達が樹状細胞上のCD80/CD86分子の発現に影響を及ぼすことを確認した報告があり[4]，siCD40/SPGでの治療は，CD40だけでなくレシピエントマウスにおいて脾臓および心臓移植片の両方でCD80およびCD86の発現も減少することが示された。CD80/CD86分子の減少は，不適切なシグナル刺激によるT細胞の活性化および免疫応答の誘導を防ぐ可能性を示唆している[5]。これらのT細胞は，抗原特異的なアナジー性T細胞になる可能性がある[6]。まとめると，Zhangらの知見は，骨髄細胞を標的とするsiCD40/SPGを用いた治療が，樹状細胞，抗原特異的制御性T細胞およびT細胞アネルギーを主とした調節骨髄細胞を産生する可能性があることを示唆した。

　これらのことは樹状細胞における寛容誘導の根底にあるメカニズムを明らかにする上で重要な意味を持ち，免疫調節の可能性と移植分野におけるsiRNAベースの臨床療法の実現可能性を強く示唆している。加えて，DDS体として用いたSPG複合体がsiRNA機能を阻害することなく，薬効を発揮していること，細胞表面分子であるCD40によるシグナルの遮断において抗体医薬と異なり，全てのCD40シグナルをブロックするのではなく，Dectin-1陽性細胞，Zhangらの報告においては樹状細胞のCD40を選択的に減少させることによって，免疫不全などの副作用が回避されることも注目に値する（CD40は，樹状細胞，B細胞，マクロファージおよび内皮細胞を含む様々な抗原提示細胞上で発現される重要な共刺激分子であるが，B細胞にはDectin-1は発現していない）。

3.3　CpG/SPGを用いた抗腫瘍効果

　最後にCpG-ODNを用いた癌研究の論文を紹介する。CpG-ODNは約20塩基の1本鎖核酸でその配列中に非メチル化CpG配列を持っている。この非メチル化CpG配列は細菌，ウイルス由来の非メチル化CpG DNAを認識し，防御として働くToll様受容体9（Toll like receptor 9；TLR9）のリガンドとして作用し，I型インターフェロンを誘導する。CpG-ODNにはA type（D型）およびB type（K型），C typeが存在する。非メチル化CpGは病原体関連分子に特徴的なものであるが，CpGを認識するB細胞がB細胞受容体（BCR）を介して非メチル化CpGを取

第8章 β-グルカンと核酸複合体の生物活性

り込み TLR9 と結合して補助刺激が入るので，自己反応性の B 細胞を活性化させてしまう恐れがある。この場合，活性化した B 細胞は自己抗体の産生へと向かうとともに抗原提示細胞として自己反応性 T 細胞を活性化させてしまう恐れがある。しかしながら，上述したように B 細胞には Dectin-1 が発現しておらず，SPG と複合体を形成し，マクロファージ，樹状細胞を標的にすることはこの課題を回避することが可能なことを示唆している。

　自然免疫応答は，癌の免疫賦活，すなわち，免疫細胞が癌の形成を予防するプロセスにとって重要である[7, 8]。Kitahata らは，ヒト化 TLR9 アゴニストである B type CpG-ODN（K3）を SPG に付加した K3/SPG 複合体を作製し，担癌マウス実験において静脈内投与による K3/SPG が，腫瘍微小環境に蓄積され，I 型インターフェロン（IFN）および IL-12 の局所誘導によって，腫瘍細胞の免疫原性細胞死（ICD）を引き起こし，その結果，生来の免疫の活性化およびその後の腫瘍特異的 CD8 T 細胞応答が腫瘍増殖抑制に寄与することを報告している[9]。K3/SPG によって誘導される免疫原性腫瘍細胞死は，IL-12 および 1 型 IFN を介した腫瘍微小環境中の活性化食細胞（マクロファージおよび DC）によって引き起こされ得る。

　彼らはまた K3/SPG 単剤での抗腫瘍効果において，メラノーマ（B16, B16 F10 細胞），結腸癌（MC38 細胞）などの他のタイプの腫瘍の増殖を抑制するのにも有効であることを報告している（図7）。また，腫瘍内投与が技術的に困難な，膵臓癌（pan02 細胞）の腹膜播種モデルを用いて，腫瘍のサイズを有意に減少させ，生存延長し得ることを実証している（図8）。このことは K3/SPG が局所投与のみならず，全身投与においても優れた抗腫瘍効果を発揮することを示唆しており，K3 のみによる効果より，SPG 複合体化による作用が重要な役割を果たしていることを強く示唆している。

　Kitahata らは K3/SPG による全身投与治療は，腫瘍の微小環境を標的にし，腫瘍起源，腫瘍の微小環境の免疫環境に関係なく，自然および獲得免疫経路の両方を活性化することによって，効果的な抗癌単剤治療剤であり得ることを示し，腫瘍微小環境を特異的に標的とする TLR アゴニストなどの免疫刺激剤の全身投与が，腫瘍抗原および局所免疫療法による現在の癌ワクチン接

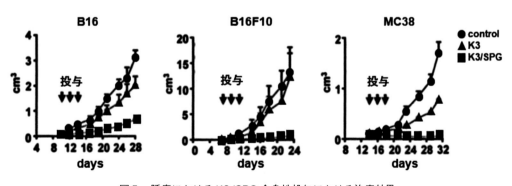

図7　腫瘍における K3/SPG 全身性投与における治療効果
（文献9）より改変して引用）

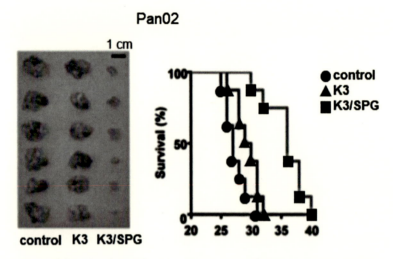

図8 膵癌モデル（Pan02）におけるK3/SPG全身性投与における治療効果
（文献9）より改変して引用）

種のハードルを克服し得ることを実証した。

近年，免疫チェックポイント遮断抗体療法は癌免疫療法において大きなテーマとなっている[10,11]。より効果的な抗腫瘍免疫を構築するために免疫チェックポイント遮断抗体との相乗効果を模索する動きが活発化してきている。その意味で，K3にかかわらず，CpG/SPGによる標的特異的免疫賦活は有望な癌免疫調節剤である。

4 おわりに

3つの例を挙げて，機能性核酸とSPGによる複合体の効果を説明してきたが，ここで重要なことはオリゴ核酸とβ-グルカンで安定な複合体を作製しても，本来のオリゴ核酸の有する機能を阻害しないということである。また，SPGと複合体を形成する機能性核酸は1分子ではないため，SPGの内在化によって細胞に取り込まれる機能性核酸分子はかなりの数ということになる。さらにSPGと複合体を形成することによって，例えばnuclease耐性が高くなることが容易に想像でき，事実，生体内を想定した血清を用いた安定性試験では，核酸単体よりSPG複合体が耐分解性が高いことが確認されている。このことは核酸医薬に関わらず，SPG複合体が機能性分子の保護剤として機能し得ることを示している。すなわち，β-グルカンを医薬品キャリアーとして薬物送達に用いた場合，単に薬剤を標的に送達し，オフターゲットによる副作用の回避ということだけではなく，生体内における薬剤の耐分解性の向上，薬理作用の増幅が期待できるマルチ機能のDDS体である。

最近，グルコースプライミングによるGLUT1を介した脳関門透過技術の研究成果が報告[12]

第8章　β–グルカンと核酸複合体の生物活性

され，困難とされてきた脳への全身投与での DDS に明かりが見えてきた。β–グルカンの基本
骨格はグルコースであることから，さらなる研究が進めば，β–グルカンのよる薬剤送達技術は
脳への送達をはじめとした新しい送達基材となり得る可能性をその中に秘めているのである。

文　　　献

1) Takedatsu H *et al., Molecular Therapy,* **20**, 1234（2012）
2) Gredell JA *et al., Biochemistry,* **49**, 3148（2010）
3) Zhang Q *et al., Gene Therapy,* **22**, 217（2015）
4) Caux C *et al., J. Exp. Med.,* **180**, 1263（1994）
5) Sayegh MH *et al., N. Engl. J. Med.,* **338**, 1813（1998）
6) Jonuleit H *et al., Trends Immunol.,* **22**, 394（2001）
7) Goldszmid RS *et al., Cell Host & Microbe,* **15**, 295（2014）
8) O'Sullivan T *et al., J. Exp. Med.,* **209**, 1869（2012）
9) Kitahata Y *et al., Oncotarget,* **7**, 48860（2016）
10) Mellman I *et al., Nature,* **480**, 480（2011）
11) Topalian SL *et al., J. Cli. Oncol.,* **29**, 4828（2011）
12) Anraku Y *et al., Nat. Commun.,* **8**, 1001（2017）

第9章　βグルカンの薬剤学的特徴とその応用

多田　塁*

1　はじめに

　多糖は，グルコースやマンノースなどの単糖がグリコシド結合によって重合した分子の総称であり，自然界に広くかつ豊富に存在する生体高分子の一種である。近年，これら多糖は種々のユニークな性質により，医薬品産業，食品産業，化粧品産業やバイオマス産業などに広く応用されている[1]。

　これら多糖の1つに，β-D-グルカンがある。β-D-グルカンは，D-グルコースがβグリコシド結合によって重合した多糖であり，自然界に幅広く分布している。一口にβ-D-グルカンといっても，β-D-グルカンはグリコシド結合の結合様式によって構造多様性を示す。例えば，植物のβ-D-グルカンはセルロースのように（1, 4）-β-D-グルカンを主とするが，キノコを含む真菌β-D-グルカンでは（1, 3）-β-および（1, 6）-β-D-グルカンを主要構成成分とする（表1）[1]。このような一次構造の多様性に起因し，β-D-グルカンの物性は，相違がみられる（後述）。

　β-D-グルカンは，そのユニークな物性や生理活性により医療への応用が試みられてきた。例えば，β-D-グルカンは免疫調整剤として知られており，抗腫瘍活性を持つことから本邦では *Lentinus edodes* 由来のlentinanなどが医療用医薬品として承認されている[2]。近年では，β-D-グルカンの免疫調整活性に着目した医療への応用研究だけではなく，β-D-グルカンのドラッグキャリアとしての機能が着目され，薬剤学分野において盛んに研究が行われている。そこで本章

表1　β-D-グルカンの由来による構造の相違

Source	Structure
Agaricus brasiliensis	1, 3-β-branched 1, 6-β-glucan
Sparassis crispa	1, 6-β-mono branched 1, 3-β-glucan
Saccharomyces cerevisiae	1, 6-β-long branched 1, 3-β-glucan
Aspergillus fumigatus	Linear mixed-linkage of 1, 4- and 1, 3-β-glucan
Hordeum vulgare（barley）	1, 4-β-glucan Linear mixed-linkage of 1, 4- and 1, 3-β-glucan
Brucella abortus	Cyclic 1, 2-β-glucan
Klebsiella pneumoniae	Linear 1, 2-β-glucan

＊　Rui Tada　東京薬科大学　薬学部　薬物送達学教室　講師

第9章 βグルカンの薬剤学的特徴とその応用

では主に，β-D-グルカンをドラッグキャリアとして利用したドラッグデリバリーシステム（DDS）研究と，これを理解するために，β-D-グルカンの構造および物性上の特色について概説する。

2 β-D-グルカンの構造と物性

β-D-グルカンは真菌，細菌および植物など幅広い生物種に存在しているが，その由来などにより一次構造（分岐鎖の有無あるいは頻度，分岐鎖の鎖長および主鎖の重合度）は多様を極める（図1）。さらに，(1, 3)-β-D-グルカンは螺旋構造を伴う高次構造を形成するため特徴的なレオロジー的性質などの物性を示す[3]。このようなβ-D-グルカンの性質が基盤となり，β-D-グルカンはドラッグキャリアとして注目されている。そこで本項では，まずβ-D-グルカンの構造およびその物性について以下に述べる。

2.1 (1, 3)-β-D-グルカン

(1, 3)-β-D-グルカンは，(1, 3)-β-D-グルコース残基からなる主鎖のみで構成される直鎖(1, 3)-β-D-グルカン，または(1, 3)-β-D-グルコース残基からなる主鎖の6位に(1, 6)-β-D-グルコース残基で構成される側鎖を有する6分岐(1, 3)-β-D-グルカンがある。例として，細菌 *Alcaligenes faecalis* や藻類 *Euglena gracilis* などは (1, 3)-β-D-グルコース残基のみの直鎖(1, 3)-β-D-グルカン（それぞれcurdlanおよびparamylon）を含有している[4,5]。これらに対し，キノコ類 *Sparassis crispa* から得られた (1, 3)-β-D-グルカンは，主鎖(1, 3)-β-D-グルコース残基3つに対して1つの6分岐-β-D-モノグルコシル側鎖を有する（分岐度；約33%）[6]。酵母 *Candida albicans* の (1, 3)-β-D-グルカンでは，(1, 3)-β-D-グルコース残基に6分岐-β-D-長鎖グルコシル側鎖を有する点が異なる[7]。さらに，黒酵母 *Aureobasidium*

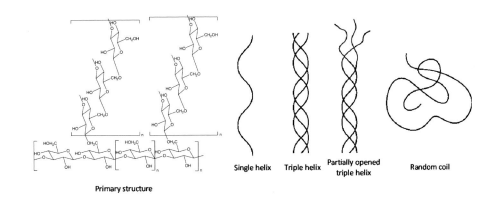

図1 β-D-グルカンの一次構造と高次構造

pullulans は，(1, 3)-β-D-グルコース残基3つに対し，高頻度6分岐-β-D-モノグルコシル側鎖を持つ (1, 3)-β-D-グルカン (分岐度；約66%) を産生する[8]。

このように (1, 3)-β-D-グルカンは，由来となる生物種により6-分岐の頻度や側鎖の重合度が異なり，それに伴い溶媒に対する溶解度などに違いが認められる[9]。また，興味深いことにβ-D-グルカン認識分子に対する結合性が異なるなど，(1, 3)-β-D-グルカンの性質は一次構造によって異なることから，β-D-グルカンの構造的基盤はドラッグキャリアとしての応用を考えるうえで重要である[10]。

2.2 (1, 6)-β-D-グルカン

(1, 6)-β-D-グルカンとして代表的なものでは，地衣類 *Lasallia pustulata* より抽出される *pustulan* が古くより直鎖 (1, 6)-β-グルカンとして利用されている[11]。前項で示したように，真菌は6分岐 (1, 3)-β-D-グルカンが細胞壁構成成分であるが，真菌の種によっては3分岐 (1, 6)-β-D-グルカンも含有する。例えば，パン酵母 *Saccharomyces cerevisiae* では細胞壁多糖のうち 10〜15% を3分岐 (1, 6)-β-D-グルカンが占める[9]。

多くの真菌は6分岐 (1, 3)-β-D-グルカンと3分岐 (1, 6)-β-D-グルカンの両方を含有するが，それぞれ物性が異なる。6分岐 (1, 3)-β-D-グルカンは真菌細胞壁の骨格を構成する成分であることからも分かるように非常に固い。一方，3分岐 (1, 6)-β-D-グルカンは異なる細胞壁多糖を繋ぐ flexible linker であり，柔軟かつ弾力がある。このような物性の違いが，後述の応用面での違いを生んでいる。

2.3 (1, 4)-β-D-グルカン

他にも自然界に豊富に存在するβ-D-グルカンとして，植物の細胞壁セルロースに代表される (1, 4)-β-D-グルカンがある。セルロースは直鎖 (1, 4)-β-D-グルカンであり，地球上に最も豊富に存在するバイオポリマーとされる[12]。また，大麦などは，直鎖 (1, 4)-(1, 3)-β-D-グルカンも含有し，真菌 (1, 3)-β-D-グルカンと同様に (1, 3)-βグルカン受容体である Dectin-1 を介した免疫賦活作用を有する[13, 14]。他にも *Aspergillus fumigatus* など糸状菌の細胞壁には，直鎖 (1, 3)-(1, 4)-β-D-グルカンが存在する[15]。

2.4 β-D-グルカンの高次構造および物性

β-D-グルカンのなかでも，(1, 3)-β-D-グルカンは特にドラッグキャリアとしての研究が盛んである。その要因として，(1, 3)-β-D-グルカンが特徴的な高次構造を取ることが挙げられる。即ち，(1, 3)-β-D-グルカンは固体あるいは中性水溶液中では，主鎖3本が互いに水素結合により三重螺旋構造を形成する点である。これは主鎖6残基で1周する右向螺旋構造で，schizophyllan の場合そのピッチは約 1.8 nm であり，螺旋の直径は約 2.6 nm ほどである。螺旋のピッチは，6分岐側鎖が増えるにしたがい拡がることが知られる[16]。中性溶液中で形成されてい

第9章 βグルカンの薬剤学的特徴とその応用

る（1, 3）-β-D-グルカンの三重螺旋構造は，アルカリ溶液やジメチルスルホキシドなどの極性有機溶媒にすると水素結合が不安定化（変性；denature）し，一重螺旋，部分的に三重螺旋構造が解けたもの，およびランダムコイル構造をとる（図1）。ここで，（1, 3）-β-D-グルカン溶液を中和または水に戻すと三重螺旋構造に戻る（再生；renature）性質を有している。螺旋構造の巻き戻しの際に，薬剤と複合体を形成する性質がありドラッグキャリアの作製に利用される[17]。

カードランなどの（1, 3）-β-D-グルカンは，懸濁液に熱をかけた後，冷やすことにより60℃程度では可逆的，また80℃以上では非可逆的なゲル形成を起こす。60℃程度の熱で形成される可逆性ゲルは水素結合ネットワークのみで三次元構造を形成している一方，80℃以上の熱で形成される非可逆的ゲル形成では水素結合ネットワークに加え，疎水結合ネットワークが形成されより強固な三次元構造を形成するためである。このカードランゲルは寒天などと比べ弾性が高く，食品添加物として用いられることからも分かるように，際だった毒性がないため薬剤材料として最適と考えられる[18]。

3　β-D-グルカンの薬剤学への応用

β-D-グルカンは種々のユニークな物性を有するため，薬剤材料として注目されている。特に，（1, 3）-β-D-グルカンは前項で述べたように，螺旋構造およびゲル形成能といった物性だけでなく，（1, 3）-β-D-グルカン受容体に対する結合性といった生物学的活性を有する。これらの性質を応用したドラッグデリバリーキャリア（DDSキャリア）としての研究が盛んになされている（表2）。

表2　β-D-グルカンのDDS応用例

Glucan	Drug	Application	Mechanism
Schizophyllan	CpG ODN	Cancer	Targeted delivery
Schizophyllan	siRNA	Inflammatory bowl disease	Targeted delivery
Glucan particle	Pathogen-derived antigens	Infectious disease	Targeted delivery
Glucan particle	Rifabutin	Infectious disease	Targeted delivery
Laminarin	Antigen	Infectious disease	Targeted delivery
O-palmitoyl curdlan sulfate	5-CF	Not performed	Oral delivery
Curdlan	Theophylline	Not performed	Controlled release
(1, 3)-, (1, 6)-β-D-glucan nanoparticle	Curcumin	Cancer	Controlled release Enhanced solubility
octenylsuccinate β-D-glucan micelles	Curcumin	Not performed	Enhanced solubility

3.1 DDS について

DDS とは，最小限の薬剤投与量で最大限の薬効を発現可能なシステムの構築を理想とする。言い換えると，DDS とは薬剤を目的とする組織あるいは細胞に薬効成分を必要とするタイミングで送り込む（つまり，生体内において時空間特異的に薬剤の局在を制御する）仕組みのことである。目的に応じた DDS を開発することで，薬剤を高バイオアベイラビリティかつ局所的な送達が可能となり，薬理効果の向上および副作用の低減が期待される。DDS の目的としては主に，①薬剤の持続性を高める徐放化，②薬剤の吸収促進，③生体内で代謝の速い薬剤の滞留性改善，または④薬剤を標的とする組織および細胞などの部位特異的なターゲティング化に大別される[19]。

これらの機能を達成するための方策の 1 つとして，薬剤をキャリアとなる物質（DDS キャリア）に搭載する方法論がある。今日までに，リポソームなど様々な DDS キャリアが開発されている。この中に β-D-グルカンを DDS キャリアとして利用したものが含まれる。

3.2 β-D-グルカンを利用した放出制御型 DDS

初期の β-D-グルカンの DDS への応用として，カードランの熱不可逆的ゲル形成能と難水溶性を利用した放出制御型製剤がある。テオフィリンなどの下部消化管での吸収が優れている薬剤は，経口放出制御型製剤が望まれるが，消化管の pH 変化あるいは消化管液の組成に影響しない基剤を用いる必要がある。カードランゲルは，幅広い pH 域あるいは溶液組成においてテオフィリンの放出量が一定のマトリックス型放出制御製剤であることから，DDS キャリアとして優れた性質を有している[20]。

3.3 機能性核酸の β-D-グルカンを利用した DDS

アンチセンスや siRNA などの核酸医薬は次世代医薬品として注目されているが，克服しなければならない問題が多く，開発が難航している。主な問題点として，核酸医薬はバイオアベイラビリティが極端に低いことが挙げられる。つまり，核酸医薬は投与した瞬間から生体内に豊富に存在する分解酵素に晒されることや，核酸医薬はそのサイズの小ささから腎臓の基底膜を容易に透過するため腎排泄を介し消失する。言い換えると，核酸医薬は目的とする場所への送達が困難と言える。即ち，核酸医薬の実用化には優れた DDS が必須となる。

櫻井らは，6 分岐（1,3）-β-D-グルカンであるシゾフィランの三重螺旋構造を DMSO あるいはアルカリ溶液中でランダムコイルに一旦解き，中性水溶液に溶媒置換し三重螺旋へ巻き戻す過程に一本鎖オリゴデオキシヌクレオチド（ODN）を共存させると（1,3）-β-D-グルカン主鎖 2 本に対し 1 本の ODN が絡め取られた（1,3）-β-D-グルカン／ODN 複合体が形成されることを見いだした。（1,3）-β-D-グルカン／ODN 複合体は分解酵素に対し抵抗性を持ち，血中滞留性が向上（バイオアベイラビリティの改善）する。応用例として，（1,3）-β-D-グルカンを強力な Th1 免疫応答の誘導核酸である CpG-ODN と複合体化したものが，インフルエンザワクチンと

第9章　βグルカンの薬剤学的特徴とその応用

して機能することも報告している。このように，(1, 3)-β-D-グルカン／ODN 複合体は，様々な疾患に対し有用な核酸デリバリーツールとして有望視されている[21]。

3.4　β-D-グルカンを利用した細胞特異的 DDS

　近年，ヒトを含む哺乳類が持つ β-D-グルカン受容体として Dectin-1 が同定された。Dectin-1 はマクロファージや樹状細胞などの抗原提示細胞に特異的に発現していることから，これらの細胞への標的指向型 DDS キャリアとして β-D-グルカン粒子（β-D-glucan particles；GPs）が注目されている。

　GPs はパン酵母 *Saccharomyces cerevisiae* から調製される主に (1, 3)-β-D-グルカンを構成成分とするおおよそ 2～4 μm の多孔質の空洞を有するマイクロスフェアである。GPs は，β-D-グルカンを粒子表面に提示することから，Dectin-1 に標的指向性を有する。即ち GPs は，これらを発現するマクロファージや樹状細胞などの抗原提示細胞へのターゲティングキャリアとして利用される。

　GPs は，粒子内部へ抗原提示細胞に送達したい薬剤を内封することで DDS キャリアとして用いられる。即ち，蛋白質，DNA，siRNA や低分子化合物をリポソームやポリエチレンイミンといったポリマーとの複合体（ポリプレックス）として GPs へ内封可能である。あるいは，GPs 表面を電荷を持つ分子で修飾することで GPs 表面へ様々な低分子を搭載することも可能である。応用例として，Aouadi らは GPs へ tumor necrosis factor-α に対する siRNA と PEI のポリプレックスを内封し，マウスへ経口投与することで，エンドトキシン誘導敗血症モデルマウスに対し治療効果を惹起可能なことを報告している[22]。

3.5　ワクチンシステムへの β-D-グルカンの応用

　医療が発達した現代においても，世界の死因の第2位を感染症が占めることから，新しい感染症克服法が切望されている。中でも粘膜ワクチンが有望視され，世界中で研究が行われている。粘膜ワクチンは，従来の注射型ワクチンとは異なり多くの病原体の感染面である粘膜において防御効果を誘導可能など多くの利点を有する。しかしながら現在，少数の生ワクチンのみが臨床で用いられている。生きた病原体そのものを含有する生ワクチンは危険性が懸念されるため，抗原成分を用いたサブユニット型粘膜ワクチンの開発が望まれるが，実用化には至っていない。その要因として，粘膜面で免疫応答を誘導する方法論に乏しいことがある。粘膜面は多くの外来抗原に暴露されているが故に，本質的に免疫応答を誘導しがたい。抗原特異的な粘膜免疫応答を誘導するためには，抗原が粘膜固有層に存在する樹状細胞に取り込まれる必要があるが，粘膜は上皮層の密着結合（tight junction）により抗原のような高分子の通過が密に制限されている。故に，抗原デリバリーシステムが鍵となる。

　この一例として，GPs を経口粘膜ワクチンシステムとして利用する研究がある。例えば，De Smet らは，GPs にモデル抗原 OVA を内封し，マウスへ経口投与すると粘膜と全身の両面で

OVA特異的抗体産生を誘導可能であることを示している[23]。また，Lipinskiらは，可溶性β-D-グルカンをDDSキャリアとして用い，抗原と結合させアジュバントと共に腹腔内あるいは皮下投与することで，Dectin-1依存的に樹状細胞への取り込み亢進を介した抗原特異的免疫応答を誘導可能であることも報告している[24]。

4　おわりに

　β-D-グルカンは，水溶液中でのゲル形成能や螺旋構造形成能といった特徴的な物性を有することから，薬剤材料として注目されている。また，β-D-グルカンは食品添加物や医療用医薬品として世に出てから長いときが経つことから，安全性についても担保されていると考えられるため，薬剤材料として適している。さらに近年では，哺乳類でのβ-D-グルカン受容体Dectin-1の発見に端を発し，siRNAといった低分子核酸あるいは抗原のような蛋白質を抗原提示細胞へ安定かつ限定的に送達するDDSキャリアとしての可能性が注目されている。このようなβ-D-グルカンを利用した標的指向型DDSキャリアとしての研究は始まったばかりであり，様々な分野から研究者が流入することによってβグルカンの薬剤材料としての利用範囲を広げることが可能になると思われる。今後の研究展開を期待したい。

文　　献

1)　F. Zhu *et al., Food Hydrocolloids*, **52**, 257-288（2016）

2)　T. Taguchi, *Cancer Detect Prev Suppl*, **1**, 333-349（1987）

3)　S.H. Young *et al., J. Biol. Chem.*, **275**, 11874-11879（2000）

4)　M. McIntosh *et al., Appl. Microbiol. Biotechnol*, **68**, 163-173（2005）

5)　A. E. Clarke *et al., Biochim. Biophys. Acta*, **44**, 161-163（1960）

6)　R. Tada *et al., Carbohydr Res.*, **342**, 2611-2618（2007）

7)　R. Tada *et al., Biosci. Biotechnol. Biochem.*, **73**, 908-911（2009）

8)　R. Tada *et al., Glycoconj J.*, **25**, 851-861（2008）

9)　V. Aimanianda *et al., J. Biol. Chem.*, **284**, 13401-13412（2009）

10)　Y. Adachi *et al., Infect Immun*, **72**, 4159-4171（2004）

11)　G. Lee *et al., Biophys J.*, **87**, 1456-1465（2004）

12)　D. Klemm *et al., Angew. Chem. Int. Ed. Engl*, **44**, 3358-3393（2005）

13)　R. Tada *et al., J. Agric. Food. Chem.*, **56**, 1442-1450（2008）

14)　R. Tada *et al., Immunol Lett*, **123**, 144-148（2009）

15)　T. Fontaine *et al., J. Biol. Chem.*, **275**, 27594-27607（2000）

16)　T. Okobira *et al., Biomacromolecules*, **9**, 783-788（2008）

第9章　βグルカンの薬剤学的特徴とその応用

17)　M. Mizu *et al.*, *J. Am. Chem. Soc.*, **126**, 8372-8373（2004）

18)　R. Zhang *et al.*, *Biomacromolecules*, **15**, 1079-1096（2014）

19)　G. Tiwari *et al.*, *Int. J. Pharm. Investig*, **2**, 2-11（2012）

20)　M. Kanke *et al.*, *Pharm Res.*, **9**, 414-418（1992）

21)　N. Miyamoto *et al.*, *Vaccine*, **36**, 186-189（2018）

22)　M. Aouadi *et al.*, *Nature*, **458**, 1180-1184（2009）

23)　R. De Smet *et al.*, *Hum Vaccin Immunother*, **10**, 1309-1318（2014）

24)　T. Lipinski *et al.*, *J. Immunol*, **190**, 4116-4128（2013）

第10章 粘膜免疫と食品の免疫賦活機能

辻 典子[*]

1 抗炎症機構の起点

「食べることは生きること」といわれ，ヒトを含めたすべての動物の命の存続は，腸管がさまざまな外界の物質や細胞・組織を選択的に認識し，同化する作用にかかっている。個体が生き残るために最も大切なプロセスの一つであり，多種多様な代謝機能を持つ環境微生物や食物に対して身体が可能な限り門戸を広げようとすることは目的に適っている。つまり腸管は異物であってもできる限り許容し，危害を伴わない腸内細菌や食物成分を許容するしくみを発達させることによって無用な炎症を防いでいる（経口免疫寛容，経口トレランス）。そのしくみのおかげで私たちは，食物アレルギーをはじめとする無用な炎症を起こすことなく免疫恒常性を維持しているが，無菌動物では経口トレランス誘導が起こりにくいことが知られている[1,2]。

無菌マウスのように，食物や腸内細菌など腸内環境因子から適切な自然免疫刺激を受けない個体は，生体恒常性維持機能を十分に発揮することができず，抗炎症機構が未発達のまま炎症が増悪する可能性が高まる。しかしこの可塑性は一方で，腸管を介した自然免疫シグナルの導入によって生理機能を増強しうる可能性も示している。つまり腸内環境成分によりもたらされる免疫賦活効果から，全身性の生理機能改善を導ける可能性を秘めている。このような背景から，腸管における自然免疫シグナルの受容と伝達機構の解明は，これからの医療にとってもさまざまな示唆を与えると考えられ，臨床において栄養の側面がより重要な位置づけとなっていくことが予想される。

特に経口免疫寛容は小腸で誘導されるため，小腸における腸内微生物が重要であることが示唆されるとともに，その自然免疫シグナルが食品（特に食品微生物成分を含む発酵食品など）により補強されるという側面が注目される。生体にとって，免疫恒常性を保つ上で経口免疫寛容は非常に重要な役割を果たしており「食品による免疫賦活機能」のエッセンスと考えられる。経口免疫寛容は実験的にも，"予め経口摂取した抗原に対して全身性の免疫をしても免疫応答が起こらない（あるいは低応答になる）"という現象であり，抗原特異的な免疫トレランスは腸管にとどまらず全身性に誘導される。このことを考えると，小腸（あるいは食）を起点とした抗炎症の機構は，腸肝軸，腸脳軸とよばれるような肝臓や脳内の炎症の制御や，他の臓器における炎症性疾患の制御にも貢献している可能性が高い。

＊ Noriko M. Tsuji （国研）産業技術総合研究所 生命工学領域 バイオメディカル研究部門 上級主任研究員，免疫恒常性研究特別チーム長

第10章　粘膜免疫と食品の免疫賦活機能

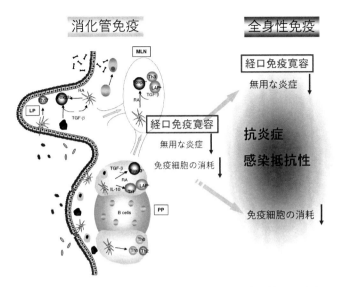

図1　食成分は小腸の免疫器官を介して全身への抗炎症機能を増強しうる
（同様に感染抵抗性の維持増強にも関与する）
（文献2）より引用）

　腸管粘膜面ではさまざまな外来成分と腸組織・細胞の相互作用が絶えず活発に行われており，広いサーフェスバリアをパトロールするため腸には全身の過半数のリンパ球が配置されて生体防御と異物処理に関わっている。さらに免疫細胞は体内を循環し，その活動は身体全体に大きく影響している。また，腸内微生物の代謝産物も，腸管局所で作用するのみならず，体内にとりこまれて血中を巡り，全身のさまざまな細胞機能を調節することが明らかとなっている。腸管の粘膜面は拡げると皮膚面積の200倍にもおよぶことから，ヒトが接する環境因子の大半は腸管を介して認識されるといっても過言ではなく，食品成分から伝えられる自然免疫シグナルも，感染などの起こっていない定常状態（steady state）では，その多くが小腸を起点とした全身への波及効果により，免疫機能の安定化に効果を表すと考えられる（図1）。

2　小腸の常在細菌と抗炎症機構

　小腸陰窩基底部に位置する腸上皮パネト細胞は抗菌ペプチドであるα-ディフェンシンを分泌し自然免疫に寄与する。α-ディフェンシンが病原菌を強く殺菌する一方で，常在菌（乳酸菌およびビフィズス菌）にはほとんど殺菌活性を示さないため，その選択性によって腸内微生物環境が制御されていることが明らかとなってきた[3]。マウスと同様にヒトの小腸上部においても乳酸菌は主要な常在細菌として優位性がある。乳酸菌はこのように小腸の常在細菌として存在するだけでなく，プロバイオティクスあるいは発酵食品の成分として小腸免疫系にはたらきかけるが，

我々は乳酸菌が他の細菌と異なり多量の二本鎖RNA（dsRNA）を保有していることを示した[4]。さらに乳酸菌が樹状細胞に取り込まれると，この二本鎖RNAがエンドソーム内のトル様レセプター（TLR）3に認識され，インターフェロン-β（IFN-β）産生を誘導して抗炎症効果に結びつくことを明らかにした。マウスを用いた実験で，IFN-β産生誘導能の高い乳酸菌を経口投与しておくと実験性腸炎（デキストリン硫酸ナトリウムで誘導するDSS腸炎）の症状が抑えられるが，中和抗体でIFN-βを不活性化すると抗炎症効果も消失する。またこの樹状細胞におけるIFN-βの産生増強は，腸管だけでなく他臓器の樹状細胞に観察されるため，全身性の作用が増強していることも期待される。実際にIFN-β産生誘導能の高い乳酸菌で作成したノトバイオートマウスでは経口免疫寛容の誘導が促進されることを観察している（論文作成中）。

TLR3はウイルスあるいは自己組織の破壊により供給される二本鎖RNAを認識するとされていたため，細菌の認識におけるTLR3の関与については新たな知見であった。また，病原菌死菌体よりも常在菌である乳酸菌の死菌体が，TLR3を用いて病原菌よりもはるかに多量のIFN-βを産生誘導することから，steady stateにおいて常在菌が積極的に抗炎症機能を高めるための特徴的な免疫賦活機構がはたらくことを示唆している。我々は，樹状細胞の細胞質内ではなくエンドソームで成分が認識されることが，病原菌による炎症誘導機構と大きく異なる点であると考えている。また，α-ディフェンシンにより選択的に生かされ小腸に存在する乳酸菌が，小腸の免疫細胞に対して特有の活性化メカニズムを有するというwin-winの共生機構の一端が分子レベルで示されたことになり，動物の進化の上でどのようにして，共生細菌と宿主の免疫システムの発達との関係性が成立したかの過程にも，大いに興味が持たれる。乳酸菌には作用しない抗菌ペプチドの選択，エンドソームにおける乳酸菌に特有の成分の選択的な認識など，IFN-βの安定的な産生のために宿主免疫機構が発達させてきたプロセスが存在すると考えられる。

ヒトの食生活においては，乳酸菌は発酵食品として日常的に摂取されている食品成分でもある。近年急速に明らかとなった自然免疫レセプターとそのシグナル伝達機構の情報により，病原菌や共生菌の作用の理解のみならず，食による免疫賦活の実態を，分子レベルで理解することが可能になった（図2）。

上記のメカニズムは動物実験により解明されたものであるが，最近我々は，乳酸菌の二本鎖RNAを介した免疫賦活機構がヒトにおいても顕著であることを示した[6]。IFN-βの産生誘導能が高い乳酸菌株（死菌体）をヒト末梢血由来樹状細胞と共培養することにより，樹状細胞に発現する免疫関連分子を解析したところ，IFN-β，インターロイキン（IL）-12などが誘導された。このとき乳酸菌のすべてのRNA（二本鎖RNAと一本鎖RNA）を酵素処理により分解すると，分子発現は減弱した。一本鎖RNAのみを分解したときにはその減弱効果は有意ではなかったため，乳酸菌体による免疫賦活効果は二本鎖RNAに大きく依存することがヒト樹状細胞を用いた試験でも明らかとなった（図3：乳酸菌にRNA分解酵素を作用させる際，塩濃度0MではすべてのRNAが分解され，0.3M条件下では一本鎖RNAのみ分解される）。

また，乳酸菌dsRNAによる樹状細胞からのIL-12の産生により，T細胞にはIFN-γ産生性

第10章 粘膜免疫と食品の免疫賦活機能

自然免疫の活性化

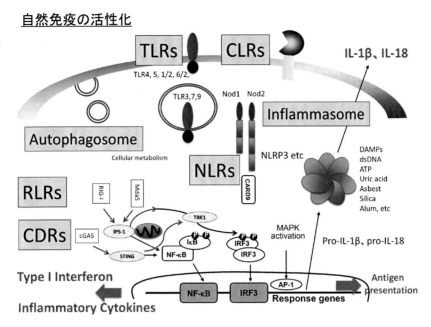

図2 自然免疫の活性化機構

自然免疫シグナルにより Toll-like receptor（TLRs），C-type-lectin（CLRs），RiG-I-like receptors（RLRs），cytosolic DNA receptors（CDRs），Nod-like receptors（NLRs）などが刺激を受け，NF-κBや IRF が活性化されて炎症性サイトカインや1型インターフェロンの産生に至る。成熟型の IL-1β，IL-18 はインフラマソームの活性化によって生成する。細胞内代謝の変化によりオートファジーが誘導され抗原提示にも寄与する。（文献5）より引用）

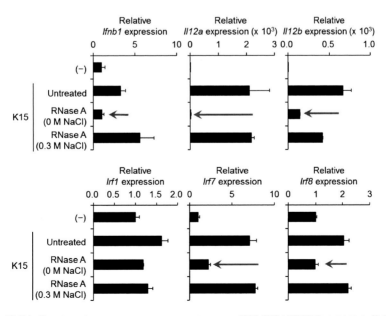

図3 樹状細胞における IFN-β，IL-12，IRF の mRNA 発現増強は乳酸菌 dsRNA に依存する

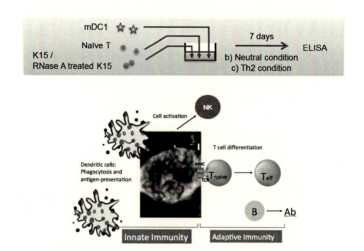

図4　自然免疫（樹状細胞）から獲得免疫（T細胞）への活性化リレー

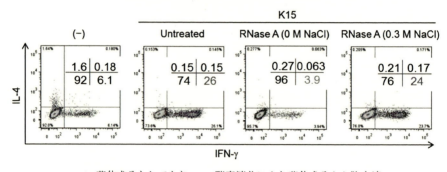

図5　樹状細胞存在下での乳酸菌による IFN-γ 産生性 T 細胞の分化促進は，dsRNA 成分に依存する

の Th1 型細胞が誘導される（図4, 5）。

　乳酸菌に対するヒト免疫細胞の応答においては，マウス由来の樹状細胞を用いた場合よりも核酸成分への依存性がさらに大きく観察されたことは非常に興味深い。動物種による差異がある可能性を考えたとしても，免疫システムは環境に対する個体レベルの応答を反映するため，免疫細胞の機能成熟過程における環境要因の差が，それぞれの個体内の免疫応答性を修飾・制御している可能性がある。すなわちマウスを用いた試験では SPF（specific pathogen free）環境下で飼育され，食餌成分も比較的単純な組成となっているのに対し，ヒトの生活においてはより多種多様な環境微生物に接し，食品成分もより多様な内容となって免疫機構を活性化している結果とも考

第10章　粘膜免疫と食品の免疫賦活機能

えられるからである。冒頭より重要性を強調している腸内環境についても，SPF飼育マウスの置かれた状況とヒトの日常生活では乖離する部分が存在する可能性が残る。ヒトの健康と予防医療を念頭に免疫機能解析を行う場合には，今後は床敷きや微生物環境などの飼育条件についてもより深く理解され制御されることが有用と考えられる。マウスを用いて食品免疫機能を研究し産業利用していく上でこの点を解決する試みについては後述する。

　乳酸菌を用いたヒト細胞の *in vitro* 試験，乳酸菌の経口摂取による二重盲検臨床試験からは，粘膜免疫の二大特徴の一つであるイムノグロブリン A（IgA）抗体の産生も増強されることが明らかとなった[7]（二大特徴のもう一つは前述の経口免疫寛容）。乳酸菌による IgA 産生細胞への B 細胞の分化誘導促進には樹状細胞から産生される IL-6 および IL-10 が関与し，そのサイトカイン産生にはやはり乳酸菌の RNA 成分が大きく寄与していることを示した（図6）。なお，その際のサイトカイン産生を促進する乳酸菌成分として，IL-6 の産生には IFN-β と同様に二本鎖 RNA が大きく関与するのに対し，IL-10 の産生誘導には一本鎖 RNA が関与することが示された（図7）。すなわち乳酸菌による免疫賦活機能のうち Th1 細胞の増強には IFN-β，IL-12 を介した二本鎖 RNA（TLR3 経路）が重要であり，IgA 産生増強においては IL-6 産生を介した二本鎖

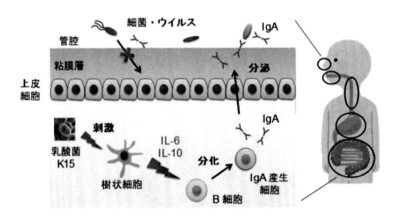

図6　乳酸菌による IgA 産生増強機構
（産総研 HP より引用）

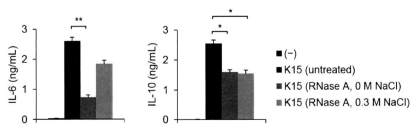

図7　乳酸菌 RNA 成分により誘導される IL-6 および IL-10 産生

RNA（TLR3経路）とともに一本鎖RNA（TLR7，8経路）も重要であることがヒト末梢血細胞を用いて解明された。乳酸菌死菌体を経口摂取する臨床試験においても唾液中IgAの増加が確認されるなど，ヒトにおける乳酸菌の免疫賦活機能と粘膜免疫への効果が分子レベルで明らかとなった。

　食品成分の免疫賦活効果を解明するにあたり我々は，身体の過半の免疫細胞が集積する小腸に常在し，かつヒトの食生活においては発酵食品などで日常的に摂取している乳酸菌を代表例として解析し，いくつかの分子メカニズムを明らかにすることができた。

　食品成分が直接に免疫機能を活性化する現象についてはようやく理解が進み始めたところである。TLRなど自然免疫レセプターとそのシグナル伝達経路についても最近までは病原菌の検知システムおよび病原菌を排除するための機構として研究されてきた経緯がある。その後我々の研究を含む多くの研究グループで共生微生物に対する認識機構も探求され，細菌のみならずウイルスや真菌についてもその共生微生物としての認識機構と存在意義が活発に研究されるようになってきた。ここで再認識したいのは，TLRなど自然免疫レセプターが認識するのは微生物成分などの有機物構造であり，死菌体にも十分な免疫賦活成分が含有されている。免疫アジュバントとして結核死菌体を用いる，その効果の実態が詳細に理解されてきたことにつながるが，本稿で重要な点は，そうしたアジュバントとなる成分が食品にも多種多様に含有されており，その分子メカニズムを明らかにすることができる時代が到来したということである。

　とりわけ発酵食品には多くの微生物成分が含まれており，伝統的な発酵食品には多くの食経験と健康効果の疫学的な検証（経験的な選択）を経て現代に伝えられているものが多い。そこで我々は，乳酸菌にひき続き伝統的発酵食品の有する免疫賦活効果について検討を始めた。

3　伝統発酵食品の免疫賦活機構

　食の中でもとりわけ「日本食」は，「健康」と直結するイメージを持つといわれる。日本が長寿国であることはそのようなイメージが浸透する一つの理由であろう。うまみや彩りを追求する食文化が脳にも美味しい食事となり，ストレスや肥満を遠ざけている可能性もあるだろう。その科学的根拠を明らかにするための研究がいま多くの研究室で精力的に進められている中で我々は免疫賦活の分子機構の解明に取り組んでいる。

　免疫機能の増強という側面から考えたとき，日本食の特徴の一つとして，豊富な発酵食品の摂取が挙げられる。さまざまな種類の発酵食品が伝承されているだけでなく，活用される微生物も乳酸菌，酵母，麹菌，さらには納豆菌など多岐にわたり，これらの微生物菌体や微生物代謝成分が日々消化管を刺激し，免疫機能を活性化している可能性がある。実際我々は細胞活性化を蛍光で検出するシステムを用い，納豆菌が非常に短時間で腸上皮細胞を活性化する様子を可視化することに成功した[8]。納豆に限らず小腸は，食品や共生微生物から自然免疫シグナルを受ける重要な場であって，特に微生物機能を活かした発酵食品は概して身体にとって有益な自然免疫賦活剤

第10章 粘膜免疫と食品の免疫賦活機能

となる可能性がある。味噌や醤油に用いられる麹菌も日本に特有の食品微生物であり，樹状細胞に対してサイトカイン産生を誘導することを観察している。

世界中で食用微生物として広く用いられる乳酸菌を活用した発酵食品についても，日本では（プレバイオティクスとなる）野菜や穀物とともに発酵に用いられることが多く，優れたシンバイオティクスとしての伝統食となっていることが特徴であろう（図8）。また，日本の発酵食品としては味噌や納豆など，大豆を使ったものも多く存在する。これらの食品素材はFoxp3陽性制御性T細胞（Foxp3$^+$ Treg）を誘導するフラボノイド（ゲニステイン，ゲニスチン）や食物繊維など，腸内細菌叢にも有効性の高い素材であり，抗炎症効果も期待されている。

また，先に述べたように小腸常在菌としての乳酸菌は宿主の免疫機構との共生関係のなかで特徴的な役割を果たしていることが明らかとなり，多くの発酵食品に活用されているのも偶然ではなく，ヒトの食生活の中で免疫機能を適切に維持するために非常に有用であるからこそ伝承されているのかもしれない。

保存性を良くする，風味が高まるという一般的に知られる食品としての利点も，免疫学的に見れば（病原菌ではなく共生菌の）乳酸菌をたくさん摂取できるから食品としての有効性が高いという側面があり，摂取する側から見て健康維持に有利な特徴を持つものであるから，優先的に嗜好性も高まった，と考えることもできる。つまり，乳酸菌と免疫システムが共生進化してきたのと同じように，食品も免疫システムと相互に関連しながら共生進化を経てきたために，伝統的な食品群，特に発酵食品群が選抜されてきたと考えるのは合理的であろう。保存性も良く，健康食

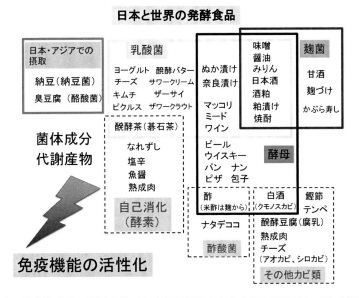

図8　発酵食品中の微生物成分，代謝産物が免疫賦活機能を有することが分子レベルで解明されるようになった

品としての価値も経験的に認められた伝統発酵食品が，長い年月をかけて選抜されたものであれ
ば，それはその地方，その食文化を持つ国の宿主の腸内環境ひいては免疫機能にも大きな影響を
およぼしているに違いない。食品成分個々の化学的性状の追求のみならず，腸内環境を含めた個
体の免疫機能全容を明らかにすることが，食品免疫研究としてこれからますます重要になってく
ると考えられる。

　10年ほど前より，次世代シークエンサーによる微生物解析法が進展し，体内にはそれまで考
えられていたよりも非常に多種多様な微生物が共生していることが明らかとなってきた。実際腸
内には多様で100兆個にものぼる腸内細菌をはじめとする微生物群が棲息しているが，人体との
相互作用や微生物同士の関係を介して健康維持や疾患に深く関与していることが明らかとなり，
健康増進への活用をめざしたさまざまな研究開発が始められている。すなわち腸内細菌（マイク
ロバイオーム）は，さまざまな疾病の発症予測のバイオマーカーや新規診断法，医薬品の有効性
や副作用の予測，新しい機序に基づく健康食品，医薬品の開発などにおいて新たな標的となりつ
つあり，社会的にも大きな期待がよせられている。

　無菌マウスにヒト便中サンプルより得られた細菌群を経口的に移植したヒト腸内フローラマウ
スは高度にヒトの生体機能をシミュレーションすることが次々と報告されており，モデル動物に
おいて腸内環境と疾患との間の関係性を解明するのに適したシステムと考えられる。また，ヒト
腸内フローラマウスの優位点はこのような事実に加え，臨床や疫学統計に必要な科学的エビデン
スを示す上で非常にパワフルなツールとなり得ることである。本来一個体で対照データを得るこ
とも困難なヒトの健康状態と疾病リスクや食の介入の関係を，"均一な腸内細菌叢を持つ複数の
個体（マウス）"として介入試験を行い，科学的に判定することが可能となるため，食や薬が個
人の腸内環境と生体恒常性維持機能（免疫・神経・内分泌など）を制御する様子を，均一で十分
な数のヒト腸内フローラマウスを用いて統計的に評価・解析することができると期待される。こ
の試験システムを用いることにより，モデル動物の腸内環境や飼育環境をヒトの状態にできるだ
け近づけていくとする先述の課題の一端は解決可能である（図9）。

　我々はこの試験システムを用い，発酵食を導入した動物モデルでの腸内細菌叢と免疫応答性の
変化を観察している。発酵食品の摂取により，抗炎症性サイトカインの上昇，炎症性サイトカイ
ンの減少が観察されており，さらにその影響の強さは腸内細菌叢のパターンに依存していた（辻
ら，論文作成中）。抗原特異的なT細胞機能の発現が，食と微生物叢に依存していることが示さ
れ，いかなる血中成分によりその制御が行われているのかについては今後の解析となるが，発酵
食品などに含まれる，菌体あるいは核酸をはじめとした各種成分の免疫賦活機能の評価にこうし
たヒト腸内フローラマウスの試験システムを用いていくことは有用と考えている。

第10章　粘膜免疫と食品の免疫賦活機能

発酵食品の免疫賦活機能の強さと腸内細菌叢との関係性を明らかにする

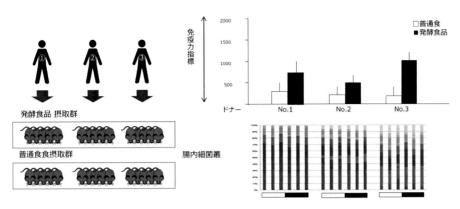

図9　ヒト腸内フローラマウスを用いた食の腸内環境および免疫機能制御の評価システムの確立

4　β-グルカンの免疫賦活機能

　発酵食品を代表とする免疫機能食品の研究を進める上では，核酸と並んで自然免疫を活性化する代表的な有機物である多糖が注目される。核酸の認識にはエンドソームTLRの他に細胞質でのRIG-I〜IPS-1を中心とするRLR経路やcGAS〜STINGを中心とするCDR経路が知られているが（図2），多糖のシグナルの多くは細胞表面に発現するTLRとC-タイプレクチン（CLR）を介して伝えられる（図10）[9]。

　パイエル板および脾臓の樹状細胞におけるCLRの発現を調べたところ，腸管において脾臓に匹敵する発現量を維持していたのはDectin-1であった（Yan et al., 論文作成中）。Dectin-1の代表的なリガンドとしてはβ1, 3-グルカンが知られている。β1, 3-グルカンは真菌や酵母などの腸内微生物の細胞壁成分であり，キノコや海藻などの構成成分としても多く含まれるが小腸における食品由来β-グルカンの免疫賦活機能を，乳酸菌などと同様の手法で解析した[10]。海藻（Kjellmaniella crassifolia Miyabe：ガゴメ）の粗抽出物をマウスに経口投与して効果を解析したところ，1週間の経口投与でパイエル板T細胞における顕著なIL-10およびインターフェロンγの産生増強が観察された（図11）。また，ガゴメ粗抽出物の経口投与によるIL-10およびインターフェロンγの産生増強は，Dectin-1遺伝子欠損マウスでは認められなかった（図12）。このことは腸管において樹状細胞上のDectin-1が多糖センサーとしてはたらき，経口摂取したガゴメ由来β-グルカンを認識して，パイエル板T細胞のサイトカイン産生を増強していることを示唆している。また，ガゴメ粗抽出物を経口投与したマウスをさらに卵白アルブミンで皮下免疫し，一週間後に所属リンパ節を採取して抗原存在下で培養した。その結果，所属リンパ節のT細胞においてもIL-10，インターフェロンγの抗原特異的な産生増強が認められた。また，全身性の抗原特異的免疫応答においては，IL-17の産生も増強された（図13）。これらの結果は，前

βグルカンの基礎研究と応用・利用の動向

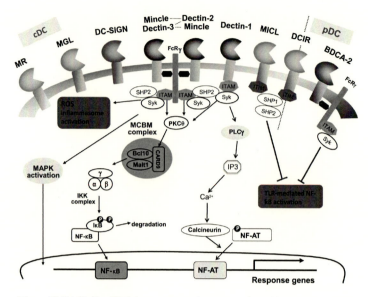

図10 樹状細胞状に発現するC-タイプレクチン（CLR）とシグナル経路
多糖センサーにより自然免疫の活性化あるいは抑制のシグナルが伝達される。cDC：コンベンショナル樹状細胞，pDC：プラズマサイトイド樹状細胞（文献9）より引用）

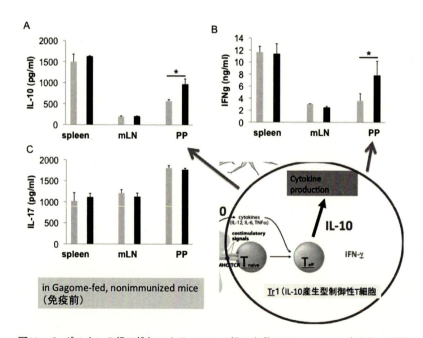

図11 β-グルカンの経口投与によるパイエル板T細胞のサイトカイン産生能の増強
小腸において食品由来β-グルカンがおよぼす自然免疫シグナルとしての影響を評価するため，海藻（*Kjellmaniella crassifolia* Miyabe：ガゴメ）の粗抽出物をマウスに経口投与して効果を解析したところ，1週間の経口投与でパイエル板T細胞における顕著なIL-10およびインターフェロンγの産生増強が観察された（抗CD3抗体で刺激後）。Spleen：脾臓，mLN：腸間膜リンパ節，PP：パイエル板，■：ガゴメ経口投与群，□：対照群（文献10）より改変・引用）

第 10 章　粘膜免疫と食品の免疫賦活機能

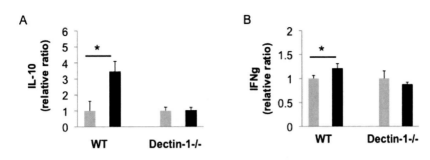

図12　β-グルカンによるT細胞サイトカイン産生能の増強にはDectin-1を要する
図11でみられたパイエル板細胞からのIL-10およびインターフェロンγの産生増強はDectin-1遺伝子欠損マウスでは観察されなかった（抗CD3抗体で刺激後）。WT：野生型, Dectin-1 -/-：Dectin-1遺伝子欠損, ■：ガゴメ経口投与群, □：対照群（文献10）より改変・引用）

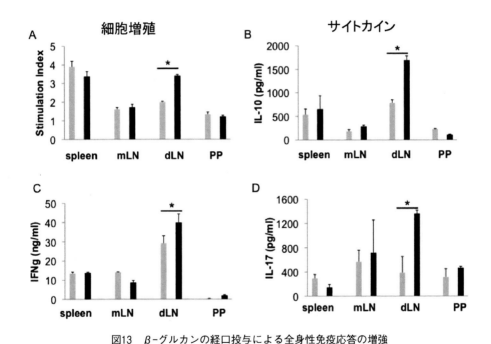

図13　β-グルカンの経口投与による全身性免疫応答の増強
ガゴメ粗抽出物の経口投与群では，卵白アルブミンで免疫後，所属リンパ節の抗原特異的T細胞において顕著な増殖促進およびサイトカイン産生の増強が観察された（卵白アルブミンで刺激後）。Spleen：脾臓, mLN：腸間膜リンパ節, dLN：所属リンパ節, PP：パイエル板, ■：ガゴメ経口投与群, □：対照群（文献10）より改変・引用）

述した乳酸菌のTLR3経路のみならず，食品成分としてのβ-グルカンによっても自然免疫経路（Dectin-1）を通じて腸管免疫賦活が促され，全身性の抗原特異的免疫応答が促進されることを示している。日常的な多糖類の経口摂取あるいは腸内微生物の細胞壁成分などが全身性の細胞性免疫を増強し，感染・炎症やがん増殖の予防に寄与する可能性が考えられる。小腸の自然免疫経

路を介して身体の免疫恒常性がより確実に維持される可能性ならびに，自然免疫経路が解明された現代における粘膜型ワクチンの改良や，腫瘍免疫の増強への知見など，医療応用にも示唆を与える。

5 おわりに

食は，命の維持に最も重要な日々の営みというだけでなく，健康の維持にも根幹的な役割を果たすことも自明である。洋の東西を問わず古代には食医が重要とされ，医食同源の考え方のもとで　健康長寿を目指した。ヒポクラテスの格言にも「人間は誰でも体の中に百人の名医を持っている」と自然治癒力を示すことばがあり，今必要とされている新たな予防医療の実現のためには，この自然治癒力を現代のことば（分子，細胞科学，あるいは統計科学など）で表しながら現代版の食医（フード・メディシン）を確立していくことが必要と思われる。「体の中の名医」を「腸内環境」と読み替え，腸内環境は「食」とその結果形成される「腸内微生物」で規定されると考えて研究を進める中で，今後は腸内細菌叢研究とも連動し，各種食品成分の免疫賦活機能を統合的かつ分子レベルまで明らかにしていくことができるであろう。

文　　献

1) Ishikawa H, Tanaka K, Maeda Y, Aiba Y, Hata A, Tsuji NM, Koga Y, Matsumoto T, *Clin. Exp. Immunol.,* **153**, 127-35（2008）

2) Tsuji NM, Kosaka A, *Trends Immunol.,* **29**, 532-540（2008）

3) Nakamura K, Sakuragi N, Takakuwa A, Ayabe T, *Bioscience of Microbiota, Food and Health,* **35**(2), 57-67（2016）

4) Kawashima T, Kosaka A, Yan H, Guo Z, Uchiyama R, Fukui R, Kaneko D, Kumagai Y, You D-J, Carreras J, Uematsu S, Jang MH, Takeuchi O, Kaisho T, Akira S, Miyake K, Tsutsui H, Saito T, Nishimura I, Tsuji NM, *Immunity,* **38**, 1187-97（2013）

5) Tsuji NM, Yan H, Watanabe Y, 日本臨床免疫学会会誌, **38**(6), 448-56（2015）, doi : 10.2177/jsci.38.448.

6) Kawashima T, Ikari N, Watanabe Y, Kubota Y, Yoshio S, Kanto T, Motohashi S, Shimojo N, Tsuji NM, *Front Immunol.,* **9**, 27（2018）, doi : 10.3389/fimmu.2018.00027.eCollection 2018.

7) Kawashima T, Ikari N, Kouchi T, Kowatari Y, Kubota Y, Shimojo N, Tsuji NM, *Sci Rep.,* **8**(1), 5065（2018）, doi : 10.1038/s41598-018-23404-4.

8) Adachi T, Kakuta S, Aihara Y, Kamiya T, Watanabe Y, Osakabe N, Hazato N, Miyawaki A, Yoshikawa S, Usami T, Karasuyama H, Kimoto-Nira H, Hirayama K, Tsuji NM, *Front Immunol.,* **7**, 601（2016）, doi : 10.3389/fimmu.2016.00601.

第 10 章　粘膜免疫と食品の免疫賦活機能

9) Yan H, Kamiya T, Suabjakyong P, Tsuji NM, *Front Immunol.,* **6**, 408（2015）

10) Yan H, Kakuta S, Nishihara M, Sugi M, Adachi Y, Ohno N, Iwakura Y, Tsuji NM, *Biosci. Biotechnol. Biochem.,* **75**(11), 2178-83（2011）

第11章　βグルカン受容体を介した抗炎症効果

水野雅史[*1]，湊　健一郎[*2]

1　はじめに

　炎症性腸疾患（Inflammatory Bowel Disease：IBD）は，潰瘍性大腸炎（Ulcerative Colitis：UC）とクローン病（Crohn's Disease：CD）に大別され，いずれも腹痛・下痢・血便などを伴うQOLの悪い消化管の慢性炎症性疾患であり，難病に指定されている。近年，我が国においてIBD患者数が若年層を中心に増加の一途をたどっている（図1）。例えばUCの患者数は，厚生労働省の調査では，1980年に4,406人，2000年には66,714人となり，2014年には17万人を超えている。その原因として，食事性抗原や腸内細菌に対する宿主免疫システムの異常な活性化が挙げられている。治療としては，ステロイド剤などの免疫抑制作用のある薬剤が使われているが，その副作用が問題となっている。他方，宿主腸管免疫システムでは，腸管上皮細胞直下の粘膜固有層に樹状細胞をはじめとする抗原提示能を持った貪食細胞が存在し，M細胞によって運搬された腸管管腔側の抗原を取り込み抗原提示を行う。正常下では，腸管粘膜固有層に存在する抗原提示細胞は，インターロイキン（IL）-10などの抗炎症性サイトカインの産生や，同じくIL-10を

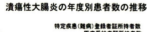

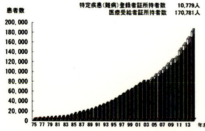

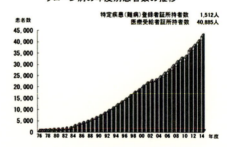

図1　潰瘍性大腸炎およびクローン病患者の推移
厚生労働省：衛生行政報告書例の概況（http://www.mhlw.go.jp/toukei/list/36-19a.html）より引用

[*1]　Masashi Mizuno　神戸大学　大学院農学研究科　生命機能科学専攻　教授
[*2]　Ken-ichiro Minato　名城大学　農学部　応用生物化学科　准教授

第11章 βグルカン受容体を介した抗炎症効果

高産生する制御性T細胞（regulatory T細胞；Treg細胞）を誘導することによって，常在細菌などに対して炎症応答を起こさないようになっている[1]。

腸管は食物を消化および吸収する場であるとともに，異物認識に代表される免疫応答を担う生体防御器官としても重要な役割を担っている。しかしながら，腸管そのものは複数の特化された細胞種が階層をなす器官であり，機能的にも複雑過ぎる。したがって，実際に動物実験によってIBD発症モデルを開発したとしても，免疫応答における制御機構を解明するのは難しい。これまで我々は，IBDに対して改善効果を示す食品因子を探索できる測定系として腸管上皮細胞および抗原提示細胞であるマクロファージの2つの細胞株を共存培養し，マクロファージをリポ多糖（LPS）で刺激することによって活性化させ，in vitroで腸管炎症を再現したシステムを構築してきた[2]。この系を使って見出したシイタケに含まれる機能性多糖としてよく知られているレンチナンに関して，我々が得た知見について解説したい。

2　炎症性腸疾患を反映した in vitro モデルの構築

我々の研究室で構築した共培養による腸管モデル[3]をもとに，マクロファージ様細胞RAW264.7を配置した基底膜側（腸粘膜側）からLPSを加えることで腫瘍壊死因子（Tumor Necrosis Factor：TNF）-αの産生を促し，炎症状態を模倣させた[2]。すなわち，管腔側にはトランズウェルメンブレン上に腸管上皮培養細胞であるCaco-2細胞を，基底膜側にマクロファージの培養細胞であるRAW264.7細胞を配置して腸管粘膜系の細胞環境を簡便に模し，基底膜側へのLPS処理によってマクロファージを活性化させた（図2）。この系が，炎症状態の腸管膜を擬似できているかどうかを確かめるために，LPS刺激後の基底膜側のインターロイキン（IL）-8および管腔側のTNF-α産生，腸管上皮単層膜の損傷，IBD患者の治療薬をして使われる抗TNF-α抗体およびブデソニド処理によるCaco-2細胞中でのIL-8 mRNA発現におよぼす効果について検討した結果，今回の炎症性腸管モデルが生体における腸管炎症状態を模倣し得ていることが確認できた[2]。そこで，この炎症性腸疾患モデル系を用いてCaco-2細胞からの

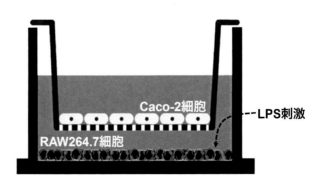

図2　炎症性腸疾患モデルの概略図

IL-8 mRNA 発現抑制を指標に，抗炎症性作用を有する食品因子の探索を行った．

3 炎症性腸疾患モデル系を用いたレンチナンによる抗炎症効果

シイタケ（*Lentinula edodes*）に含まれる抗腫瘍性多糖として分離・精製されたレンチナン（図3）を炎症性腸疾患モデルの管腔側から添加すると，Caco-2 側からの IL-8 mRNA 発現は阻害された[4]。しかしながら，RAW264.7 細胞からの TNF-α 産生は阻害しなかった．以前の研究で，ルテオリンを同様に処理した際は TNF-α 産生も IL-8 mRNA 発現も抑制された．この抑制機構は，管腔側から添加されたルテオリンの一部はアグリコンのまま基底膜側に透過し，この透過したルテオリンには nuclear factor-kappa B（NF-κB）活性化を抑制する機能[5]があるため LPS で刺激された RAW264.7 からの TNF-α 産生が抑制され，その結果として Caco-2 細胞での IL-8 mRNA 発現が抑制されるためである[6]。一方レンチナンの場合は TNF-α 産生量には影響がなかったことから，ルテオリンの抑制機構とは異なっていることが予測された．そこでレンチナンの抑制機構について詳細に検討した．RAW264.7 細胞からの TNF-α 産生量については対照区と変化がなかったことから，Caco-2 細胞への影響が考えられた．通常，TNF-α は Caco-2 細胞表面上に局在している TNF-α レセプター（TNFR）によって認識され，IκB キナーゼ（IKK）の活性化を介して NF-κB の活性化を伴い IL-8 mRNA 発現が誘導されることが知られている[7]。そこで，Caco-2 細胞における TNFR1 の発現を調べたところ，レンチナン処理するとその発現量が減少していることが明らかとなった[8]。すなわち，レンチナン処理することによって Caco-2 細胞表面上の TNFR1 量が抑制されるので，炎症が起こった免疫担当細胞から分泌される TNF-α に対して感受性が低下し NF-κB の活性化が起こらず，最終的に IL-8 mRNA 発現が抑制されることがわかった．我々ヒトは，β-グルカナーゼを持っていないことから，食事としてシイタケを摂取した場合，活性物質であるレンチナンは分解させることなく腸に達すると考えられる．実際 Caco-2 細胞を用いてレンチナン透過実験を行った結果，腸管から吸収されることは想定しにくいことから（図4），腸内に到達すれば *in vivo* でも同じような効果が期待でき，炎症性腸疾患を予防できる食品因子としての有効性は極めて高いと思われる．

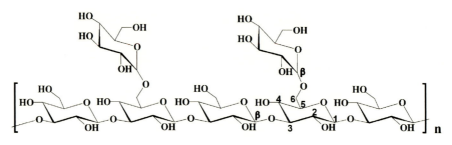

図3 レンチナンの構造

第11章　βグルカン受容体を介した抗炎症効果

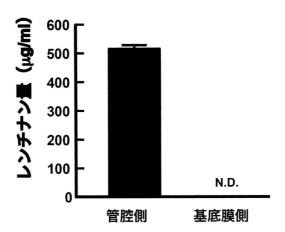

図4　レンチナンの透過性

トランズウェル上に播種したCaco-2細胞の管腔側から500 μg/mlのレンチナンを添加し，3時間後に抗レンチナン抗体を用いて測定した[9]。

4　デキストラン硫酸ナトリウム（DSS）誘導マウス腸炎モデルにおけるレンチナンの効果

　炎症性腸疾患モデルにおいてレンチナンの抗炎症性が認められたので，*in vivo*における抗炎症効果についても検討した。C57 BL/6（メス，6週齢）にDSSを与えることで腸炎を誘導する誘導型腸炎モデルを用いた。このモデルマウスにレンチナンを17日間強制経口投与（50，100 μg/マウス/日）して炎症性腸疾患抑制効果を調べた。2％DSS投与はレンチナン投与後8日目から7日間飲水により自由摂取させた（図5）。腸炎を誘発させた群の体重減少は，レンチナン100 μg投与群において有意に緩和された。また，結腸の長さも，DSS投与区が4.9 cmに対して，レンチナン100 μg投与では6.0 cmとその短縮が抑制された。さらに，レンチナン100 μg投与群において，ヘマトキシリン・エオジン染色した結腸組織切片による病理組織学的スコアの

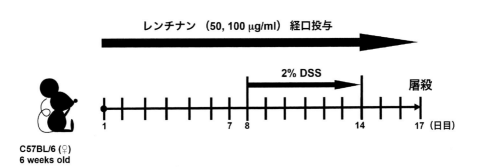

図5　DSS摂取による腸炎誘導実験スケジュール

緩和も認められた。一方，これらの実験においてレンチナンのみを投与した群については，コントロール群と比較していずれの場合も変化は見られなかった[8]。これらの結果から，シイタケ由来のレンチナンは，免疫賦活化能を有する抗がん剤として臨床薬に使われているが，IBD 患者の寛解後の治療薬としても有効であることが示唆された。

5　レンチナンを認識する受容体

　腸管においてどのようにレンチナンが認識されているのかを炎症性腸疾患モデルを用いて検討した。自然免疫に重要でザイモザンの受容体としても知られている Dectin-1 と Toll-like receptor 2（TLR2）受容体[10]に注目し，それぞれの中和抗体を Caco-2 細胞に前処理した後レンチナンを処理した。その結果，両中和抗体の前処理による RAW264.7 細胞からの TNF-α 産生能には全く影響を示さなかった。このことから，管腔側からの中和抗体処理は，基底膜側における反応には作用していないことがわかった。一方，Caco-2 細胞からの IL-8 mRNA 発現に関しては，抗 Dectin-1 抗体処理区でのみレンチナンによる抗炎症効果が解消された（図6）。以上の結果から，レンチナンは腸上皮細胞に発現している Dectin-1 受容体を介して認識されている可能性が推察された。このことを *in vivo* でも確認するため，Dectin-1 KO マウスを用いた DSS 誘導腸炎モデル実験を行った。その結果，野生型ではレンチナンによる抑制が認められたのに対して，Dectin-1 KO マウスではその効果は予想通り解消された。以上の結果から，レンチナンによる抗炎症効果は，腸上皮細胞に発現している Dectin-1 を介して引き起こされることが明らかとなった。

6　まとめ

　Dectin-1 KO マウスおよび炎症性腸疾患モデルを使うことでレンチナンによる炎症性腸疾患抑制機構の一部を解明することができた。推定された機構としては，摂取したレンチナンが腸管上皮細胞に発現している Dectin-1 受容体を介して認識され，最終的にはマクロファージなどの免疫担当細胞から放出される炎症性サイトカインである TNF-α を認識する受容体である TNFR1 発現量が減少することで，炎症下で生成される TNF-α に対する感受性の寛容が起こり，結果的には腸管バリアー能の破綻抑制が起こり，炎症状態への負のスパイラルが抑制されていることが予測された。実際西谷ら[8]は，レンチナンを小腸に直接投与するループアッセイを行うことで，TNFR1 量の減少を明らかにしている。また最近の我々の行った GFP（緑色蛍光タンパク質）と融合させた TNFR1 を遺伝子導入した Caco-2 細胞を使って動態を観察した結果，レンチナン処理した場合は細胞膜上への移行が抑制されている傾向を確認している。今回はシイタケに含まれる β グルカン，レンチナンについて概説したが，一方で，タモギタケ（*Pleurotus cornucopiae*）に含まれている β グルカンに関して，同じく Dectin-1 を介した免疫担当細胞への

第11章 βグルカン受容体を介した抗炎症効果

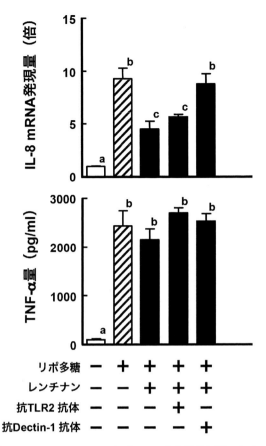

図6 炎症性腸疾患モデルにおける Dectin-1 および TLR2 中和抗体処理による IL-8 mRNA 発現への影響
それぞれの異なったアルファベット間で有意差（危険率5％未満）を示す。
抗 Dectin-1 抗体（20 μg/mL）あるいは抗 TLR2 抗体（5 μg/mL）それぞれを炎症性腸疾患モデルの管腔側から添加して Caco-2 細胞に前処理し，30分後にさらに管腔側からレンチナン（500 μg/mL）を添加し3時間培養した。その後基底膜側から LPS（10 ng/mL）を添加しもう3時間培養した後に，Caco-2 細胞中の IL-8 mRNA 発現を定量 PCR で，基底膜側の TNF-α 産生量を L929 細胞を用いて測定した。

炎症促進作用についても報告している[11]。これらのβグルカンの構造的な違いによる免疫調節特性が解明されると，抗炎症性を発揮する際の Dectin-1 受容体を介した情報伝達経路の解明にも繋がることが期待される。

文　　献

1) M. Andrew *et al.*, *Immunology Letters*, **119**, 22（2008）

2) T. Tanoue *et al.*, *Biochem. Biophys. Res. Commun.*, **374**(3), 565 (2008)

3) G. Bouike *et al.*, *Evid. Based Complement. Alternat. Med.*, Article ID 532180, doi : 10.1155/2011/532180 (2011)

4) G. Chihara *et al.*, *Cancer Detec. Prev. Suppl.*, **1**, 423 (1987)

5) K. D. Brown *et al.*, *Arthritis Res.*, **10**, 212 (2008)

6) Y. Nishitani *et al.*, *Biofactors*, **39**(5), 522 (2013)

7) I. Rahman *et al.*, *Biochem. Biophys. Res. Commun.*, **302**(4), 860 (2003)

8) Y. Nishitani *et al.*, *PLoS One*, 8 : e62441, doi : 10.1371 (2013)

9) M. Mizuno *et al.*, *Biochem. Mol. Biol. Int.*, **39**(4), 679 (1996)

10) S. Dillon *et al.*, *J. Clin. Invest.*, **116**, 916 (2006)

11) K. Minato *et al.*, *Mediators Inflamm.*, **2017**, Article ID 8402405, p9, doi : org/10.1155/2017/8402405 (2017)

第12章　抗βグルカン抗体について

石橋健一*

1　はじめに

β-グルカンは真菌細胞主要構成成分の一つであり，β-グルカンに対する免疫細胞応答を初めとする宿主応答機構が多く検討されてきた[1]。また，近年，真菌細胞に対する自然免疫に関わる宿主認識機構，Toll like receptor などが急速に明らかになってきた[2]。それらの研究の中で，β-グルカン特異的受容体，Dectin-1，CR3，lactosylceramide なども同定され，それら受容体がphagocytosis や様々な生物活性に関わっていることが報告されている[3~5]。

一方，真菌細胞に対する抗体に関する報告はそれらの数と比較すると少ない。しかしながら，抗体はphagocytosis を促進することによって，抗原提示，co-stimulatory molecule の発現を上昇させる，もしくは，Fc receptor の cross-linking，サイトカイン産生の修飾によって病原体に対する生体防御を増強させるなど獲得免疫において重要な生体分子である。

β-グルカンは細胞壁の内層を構成する成分であり，免疫原性に乏しいと一般的に考えられていた。二形性真菌である *Candida* においては，ほぼ細胞表面に存在する mannoprotein が一般的に dominant な抗原であると考えられている[6]。我々も，モノクローナル抗体の確立が容易でないことから，β-グルカンは抗原性が低いと考えてきた[7]。

しかしながら，最近，ヒトを初め，マウス，その他動物種にβ-グルカン反応性を示す抗β-グルカン抗体の存在が確認されてきた。本稿においては，獲得免疫側のβ-グルカン宿主認識分子としての抗β-グルカン抗体の応答性，役割について，これまでの結果および知見を紹介する。

2　血清中抗β-グルカン抗体価と反応性

2.1　ヒト健常人血清の抗β-グルカン抗体

β-グルカンは環境中に広く分布し，摂取している食物にも含まれている。*C. albicans* は常在菌としてヒト皮膚，口腔，腸管などの粘膜面に存在している。特に腸管免疫の発達に常在菌叢の関与が強いことを考えると真菌またはその構成成分であるβ-グルカンに対しての潜在的な特異的免疫応答が腸管などを介して惹起される可能性がある。我々は，各種真菌細胞から精製したβ-グルカンをマイクロプレート上に抗原として固相化し，ELISA 法にて，β-グルカンに結合する抗体価を測定できる方法を開発した[8]。本方法を用いて，ヒトプール血清より調製されたグ

---

*　Ken-ichi Ishibashi　東京薬科大学　薬学部　免疫学教室　講師

βグルカンの基礎研究と応用・利用の動向

ロブリン製剤由来イムノグロブリンの抗β-グルカン抗体価を測定したところ、抗β-グルカン抗体が認められた（図1）[9]。本抗体は同時に測定した抗リポポリサッカライドO111（LPS）抗体より高力価を示した。また、健常人血清における抗β-グルカン抗体価を検討したところ、5,000倍希釈溶液においても十分検出可能であり、その力価には個人差が存在した（図2）。その他に、Chianiらは健常人血清60例にて、抗β-グルカン抗体を測定しており、抗グルカン抗体が存在していることを報告している[10]。抗β-グルカン抗体は、人種間を超え、ヒト血清中に存在していると考えられる。

我々はこれまでに、様々な真菌から構造的特徴の異なるβ-グルカンを調製してきた。これらβ-グルカンを用い、ヒト血清中抗β-グルカン抗体の反応特異性について検討した。*Candida albicans*由来長鎖β-1,6-グルカン側鎖を有するβ-1,3-グルカンであるCSBG[11]に高力価を示したが、モノグリコシル分岐を持つβ-1,3-グルカンである*Grifola fronfosa*由来GRN[12]および*Schizophyllum commune*由来SPG[13]対しては低力価を示した。さらに、β-1,6-グルカンを主要構成成分とする*Agaricus brasiliensis*由来AgHWE[14]、β-1,3-グルカンを主要構成成分とする*Aspergillus*由来ASBG[15]に対する力価を測定したところ、両グルカン反応性の抗体が検出された。ヒト血清中にはβ-1,6-またはβ-1,3-グルカン鎖を認識する抗体がポリクローナルに存在することを示唆している。しかしながら、菌糸体培養菌体から調製されたモノグリコシル分岐を持つβ-1,3-グルカンには低力価しか示さなかったことは、生活環境において暴露されているβ-グルカン構造に対する応答の結果を示しているのかもしれない。

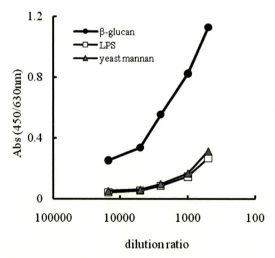

図1　ヒトグロブリン製剤由来抗グルカン抗体力価
グロブリン製剤の希釈系列を作製し、固相化β-グルカンへの反応性をELISA法を用い検討した。
5,000倍希釈溶液においても十分な抗体価が認められた。

第 12 章　抗 β グルカン抗体について

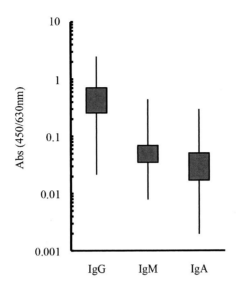

図 2　ヒト血清（52 例）中の抗 β-グルカン抗体クラス別力価
ヒト血清の固相化 β-グルカンへの抗体クラス別反応性を ELISA 法を用い検討した。
どのクラスにおいても抗体が検出された。力価には個人差が認められた。

2.2　動物血清の抗 BG 抗体反応性

　実験にて用いられるマウスを初め，主要な家畜であるウシ，ブタ，ニワトリやサル，イヌ，ネコなど動物における抗 β-グルカン抗体についても検討され，明らかになってきた。原田らは，ナイーブマウス血清中の抗 β-グルカン抗体価について検討を行い，BALB/c, C57 BL/6, C3 H/HeN などの系統と比較し，DBA/2, DBA/1 マウスにおいて高力価が認められることを報告している[16]。DBA/2 マウスは *in vitro* 脾臓細胞培養系での IFN-γ などのサイトカイン産生において高応答性を示す系統であることが報告されている[17]。抗 β-グルカン抗体は，β-グルカン応答性の指標として考えられる可能性を示している。Dai らもマウス，ラットでの抗 β-グルカン抗体について検討しており，抗体が存在すること，系統差が存在することを示している[18]。これら動物は，β-グルカンの生物学的活性評価によく用いられるものであり，抗 β-グルカン抗体がそれら活性に何かしらの影響を与えることは十分考え得ることである。

　様々な動物種の血清を用い検討した結果，ウマ，ウシ，ブタ，サル，ヒツジ，ウサギ，イヌ，ハムスター，七面鳥，鶏の血清中にも抗 β-グルカン抗体が存在すること，それらの反応特異性は動物種で異なることが明らかとなった[19,20]。ウシ，ブタにおいては週令と抗体価を比較したところ，週令に伴い抗体価も上昇すること，またウマにおいては飼育環境によって抗体価に違いが認められることを示した。これらは宿主が食物を含めた環境的な β-グルカン暴露によって，抗 β-グルカン抗体が誘導されることを示唆する結果だと考えられる。ヒトとペットなどの動物は益々密接な関係にある。また，ヒト同様，動物においても，獣医医療技術の進歩，予防獣医学

の浸透により，動物がβ-グルカンを服用することも考えられる。抗β-グルカン抗体がそれら応用への効果にどのように寄与しているのか興味が持たれる。

3 抗β-グルカン抗体の機能的役割

3.1 抗β-グルカン抗体アイソタイプ

抗体は Fc 領域構造の違い，クラスの違いによって，その機能的役割が異なることが知られている。ヒト血清 52 例中抗β-グルカン抗体のクラス別抗体価（IgG, IgM, IgA）について検討した。IgG が最も力価が高く，IgM，IgA も検出された。さらに各種β-グルカンを用いて，各クラスの反応特異性について検討したところ，クラスによって反応特異性が異なることが示された。Chiani らの健常人血清の検討においても，IgG クラスが高力価を示し，サブクラスでは IgG$_1$ も認められるが IgG$_2$ が高力価を示す同様な結果が得られている[10]。さらに，食物摂取，呼吸をする際，口腔や鼻腔から抗原としてのβ-グルカンを取り込んでいる可能性が考えられる。粘膜分泌液中の抗β-グルカン抗体として唾液中の抗体価を測定したところ，抗β-グルカン抗体の存在が認められた。抗β-グルカン抗体は粘膜面に存在し，直接的にβ-グルカンと相互作用することができると考えられる。β-グルカンに対する IgG, M, A クラスそれぞれの抗体がヒト血清および粘液中に存在することが示され，それぞれのクラスがどのように作用しているのか興味が持たれる。

3.2 宿主での抗β-グルカン抗体と細胞壁β-グルカンとの相互作用

抗β-グルカン抗体の *in vivo* における病原真菌細胞壁β-グルカンとの相互作用を検討するため，抗β-グルカン抗体を有する DBA/2 マウスにβ-グルカンを投与し，抗β-グルカン抗体価の変動について検討した[9]。CSBG 投与により，抗β-グルカン抗体価は投与前の抗体価に対して容量依存的に著しく減少し，2 時間後に減少のピークを示した。抗 LPS 抗体価の変動を検討したところ，生理食塩水投与群と同様に抗体価は変動しなかった。血清中に存在する抗β-グルカン抗体は，β-グルカンと抗原―抗体複合体を形成し，血中からクリアランスされていることが示唆された。

抗β-グルカン抗体の機能的役割を検討するものとして，真菌感染モデルへ抗β-グルカン抗体を受動免疫した検討がなされている。Torosantucci らは，IgG$_{2b}$ クラスと IgM クラスの抗β-グルカン抗体を投与した場合でのマウス *Candida* 感染モデルでの致死率，生存菌体数について検討している[21]。IgG$_{2b}$ クラスの抗β-グルカン抗体を投与した場合において，致死率，菌体数の有意な効果をもたらした。

我々は抗β-グルカン抗体のヒトマクロファージ抗 *Candida* 活性に対する影響を検討した。ヒト単球系細胞株である THP-1 細胞を PMA でマクロファージに分化させ，付着条件下に *Candida* 菌体と共に，抗β-グルカン抗体もしくはコントロールを添加し抗 *Candida* 活性を比較

した。抗体非添加またはコントロールを添加した場合と比較し，抗β-グルカン抗体添加により有意に抗*Candida*活性が上昇した。

これらの結果は，宿主において，抗β-グルカン抗体が真菌菌体と相互作用し，免疫系を活性化することを直接的に示しているといえる。

3.3 抗β-グルカンモノクローナル抗体

モノクローナル抗体は抗原に対する検出ツールとして活用されるばかりではなく，疾患治療を目的とした生物学的製剤，抗体医薬として応用され，臨床で用いられている。我々は，抗β-グルカン抗体の機能的役割を検討するため，*Candida*細胞壁β-グルカンである CSBG をマウスに免疫し得られた B 細胞からハイブリドーマを作製し，2種類の抗β-グルカンモノクローナル抗体を得た。1つは，β-1, 3-グルカン鎖を認識する抗体であり，*Candida*および*Aspergillus*細胞壁β-グルカンに結合した。もう1つは，β-1, 6-グルカン鎖を認識し，*Candida*細胞壁β-グルカンおよび*A. brasiliensis*由来β-1, 6-グルカンに結合した。生体内にβ-1, 3-グルカン鎖とβ-1, 6-グルカン鎖を認識する抗体がそれぞれ存在しているが，これら抗モノクローナル抗体によっても結合するβ-グルカン構造が異なり，抗体ごとに異なる抗原を検出できることが考えられた。さらに，機能的役割を検討するため，それらモノクローナル抗体と*Candida*細胞粒子状β-グルカンとの複合体で，マクロファージを刺激したところ，*Candida*細胞粒子状β-グルカンのみの刺激よりも高い活性酸素産生を誘導した。抗β-グルカン抗体がオプソニンとして作用し，宿主の感染防御に関与していると考えられた。

さらに，遺伝子組み換え技術を応用し，様々な抗β-グルカンモノクローナル抗体がこれまでに検討されている。Capodicasa らは植物に抗β-グルカン抗体または一本鎖 Fv-Fc を産生させ，それらが*Candida*の付着や増殖を抑制し，好中球の抗*Candida*活性を高めることを報告している[22]。その他にも Bryan らは，抗β-グルカン抗体に放射性同位体を結合させ，放射免疫療法によって抗真菌作用を示すことを報告し[23]，Zito らは，β-グルカンとマンノプロテインに対する二重特異性抗体を作成し，より効果的な*Candida*の検出ができることを報告している[24]。β-グルカンは真菌に広く存在する抗原であることから，抗β-グルカン抗体の汎用性と，逐日進歩する抗体技術により，抗原の検出や治療などの更なる臨床応用が期待される。

4 抗β-グルカン抗体の臨床的検討

4.1 ヒトでの*A. brasiliensis*経口服用による抗β-グルカン抗体価の変動

我々は実際に薬用茸の一つである*Agaricus brasiliensis*服用者における抗β-グルカン抗体価の変動について検討した[25]。*A. brasiliensis*を服用した健常人（*A. brasiliensis*抽出物服用群；27 例，年齢 43 ± 11，性別 男＝13 女＝14，プラセボ（イソフラボン）服用群；25 例，年齢 45 ± 9，性別 男＝12 女＝13）の抗β-グルカン抗体力価の変化を各個体における抗β-グルカン抗体

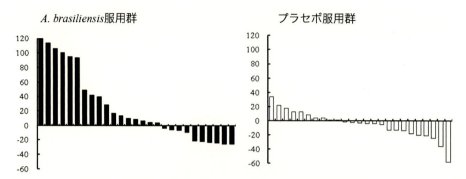

図3 *Agaricus* 服用後（3ヶ月）の抗β-グルカン抗体価の変化
BG 服用後（3ヶ月）群（27例）の抗β-グルカン抗体価の上昇率をプラセボ投与群（25例）と比較検討した。各カラムは各検体の変化率を示している。個人差は認められたが，BG 服用群においては，抗 BG 抗体価の上昇した検体が多く，上昇率も高かった。

価（unit）の服用前に対する増加率で評価した（図3）。*Agaricus* 服用者においては，プラセボ服用者と比較し，抗β-グルカン抗体価の増加率が高い傾向を示した。また，抗β-グルカン抗体力価経時変化を検討したところ，抗体価変動の時期，変化率に個体差が存在していた。抗β-グルカン抗体の変動がβ-グルカンの1つの指標となると考えると，ヒトにおいてβ-グルカン応答性に個人差があることを示す結果であると考えられる。*Agaricus* 服用者の抗β-グルカン抗体価の変化をアイソタイプ別に検討したところ，IgA クラスにおいて大きな変動が認められた。ヒトにおける *A. brasiliensis* 経口投与の抗β-グルカン抗体価に対する臨床的効果を示すことができた。

4.2　臨床検体における抗β-グルカン抗体

深在性真菌症患者血中にβ-1,3-グルカンが放出されることが報告されている[26]。よって，抗β-グルカン抗体は真菌症患者血中に放出されたβ-グルカンと抗原特異的に相互作用し，病原真菌に対する応答に関与している可能性があると考え，真菌症発症患者での抗β-グルカン抗体価を測定した。健常人と比較し，真菌症発症患者では低抗体価を示した。吉田らはアスペルギルス症およびカリニ肺炎発症患者での抗β-グルカン抗体価の変動を検討し，CRP や他の真菌抗原の上昇と逆相関する結果を報告している[27]。これは抗β-グルカン抗体が病原性真菌と相互作用し，抗体が消費されている結果，力価の減少が認められたと考えられる。抗β-グルカン抗体は真菌に対する認識分子の1つとして，宿主応答に関与していることが示唆された。

さらに，真菌感染のリスクファクターの1つである透析施行患者における抗β-グルカン抗体価を測定したところ，透析期間に応じ，抗体価の減少が認められた。これは，抗β-グルカン抗体価が真菌感染リスクを示す1つの指標となることを示唆しているものと考えられる。

ガン患者，ANCA 関連血管炎発症患者，リウマチ発症患者における抗β-グルカン抗体価を測

第12章　抗βグルカン抗体について

定した[8, 28]。ガン患者においては，健常人と比較し，全体的に低抗体価を示した。しかしながら，力価には個人差があり，力価の高い例も認められた。それら抗体価が，それら患者への β-グルカン応用への指標になれば素晴らしいことである。ANCA 関連血管炎およびリウマチ発症した自己免疫疾患患者においては，一般的に高グロブリン血症であると考えられるが，抗 β-グルカン抗体価は，免疫抑制療法の前後に関わらず低抗体価を示した。川崎病は小児における病因が不明な急性脈管炎症候群であり，マウスに *Candida* 細胞壁抗原を投与すると川崎病様冠状動脈血管炎を誘導する。*Candida* 細胞壁抗原の 1 つである β-グルカンに対する川崎病患者の反応性として，抗 β-グルカン力価を測定した。川崎病患者では抗 β-グルカン抗体力価は対照群よりも高かった[29]。これらのことから，川崎病の病因における *Candida* 細胞壁 β-グルカンの関与を示唆していることを臨床的に示した。何故そのような結果になったのかは，更なる検討が必要であると思われるが，β-グルカン応答性がそれらの疾患に関わっている可能性を示すものであるかもしれなく興味深い。

5　おわりに

　近年の自然免疫研究の発展に伴い，β-グルカンに対する受容体が明らかとされ，活性発現メカニズムが除々に明らかとなってきた。一方，獲得免疫側の β-グルカンという多糖抗原に対する抗体はあまり注目されて来なかった。しかしながら，抗 β-グルカン抗体がヒトをはじめ多くの動物種に，血清中および粘膜分泌液中に存在していること，また，それら抗体は β-グルカンに対する免疫応答誘導に関与していることが，少しずつではあるが明らかにされてきた。β-グルカンを細胞壁主要構成成分とする真菌は，土壌や空気，摂取する食物など環境中に広く分布し，*Candida* などは常在菌として存在している。抗 β-グルカン抗体の誘導はそれら抗原に対する宿主応答の 1 つとして考えられるであろう。抗 β-グルカン抗体力価の個人差がどのような意味を持っているのか興味が持たれる。抗体は，補体活性化やオプソニン化など，多くの生物活性を示すことが知られている。β-グルカン受容体と同様に，β-グルカン認識分子として，生体応答に関与していることは無視できない。それらの抗体の β-グルカンに対する宿主応答への意義付けは，まだこれから詳細に解析される必要がある。いくつかの抗 β-グルカンモノクローナル抗体も開発されてきた。それらツールを利用して，本抗体の役割が明らかになることが望まれると共に，一検体でも多くの臨床検体での検討により，その役割が明確になることを望みたい。

謝辞

　本文で紹介させていただいた抗 β-グルカン抗体の臨床検討結果は，東京医科大学八王子医療センター 吉田雅治先生，日本医科大学　深澤隆治先生，健康増進クリニック　水上治先生，未病医学研究センター 劉影先生との共同研究で行われた結果です。ここに深謝致します。

文　　献

1) Romani L., *Nat. Rev. Immunol.*, **4**, 1-23 (2004)

2) Roeder A., Kirschning C. J., Rupec R. A., Schaller M., Weindl G., Korting H. C., *Med. Mycol.*, **42**, 485-98 (2004)

3) Brown G. D., Gordon S., *Nature*, **413**, 36-7 (2001)

4) Ross G. D., Cain J. A., Myones B. L., Newman S. L., Lachmann P. J., *Complement*, **4**, 61-74 (1987)

5) Zimmerman J. W., Lindermuth J., Fish P. A., Palace G. P., Stevenson T. T., DeMong D. E., *J. Biol. Chem.*, **273**, 22014-20 (1998)

6) Gil M. L., Casanova M., Martínez J. P., Sentandreu R., *J. Gen. Microbiol.*, **137**, 1053-61 (1991)

7) Adachi Y., Ohno N., Yadomae T., *Biol. Pharm. Bull.*, **17**, 1508-12 (1994)

8) Masuzawa S., Yoshida M., Ishibsahi K., Saito N., Akashi M., Yoshikawa N., Suzuki T., Nameda S., Miura N. N., Adachi Y., Ohno N., *Drug Develop. Res.*, **58**, 179-89 (2003)

9) Ishibashi K., Yoshida M., Nakabayashi I., Shinohara H., Miura N. N., Adachi Y., Ohno N., *FEMS. Immunol. Med. Microbiol.*, **44**, 99-109 (2005)

10) Chiani P., Bromuro C., Cassone A., Torosantucci A., *Vaccine*, **27**, 513-9 (2009)

11) Ohno N., Uchiyama M., Tsuzuki A., Tokunaka K., Miura N.N., Adachi Y., Aizawa M.W., Tamura H., Tanaka S., Yadomae T., *Carbohydr. Res.*, **316**, 161-72 (1999)

12) Ohno N., Iino K., Takeyama T., Suzuki I., Sato K., Oikawa S., Miyazaki T., Yadomae T., *Chem. Pharm. Bull.*, **33**, 2564-8 (1985)

13) Suzuki M., Arika T., Amemiya K., Fujiwara M., *Jpn. J. Exp. Med.*, **52**, 59-65 (1982)

14) Ohno N., Furukawa M., Miura N. N., Adachi Y., Motoi M., Yadomae T., *Biol. Pharm. Bull.*, **24**, 820-8 (2001)

15) Ishibashi K., Miura N.N., Adachi Y., Tamura H., Tanaka S., Ohno N., *FEMS. Immunol. Med. Microbiol.*, **42**, 155-66 (2004)

16) Harada T., Miura N. N., Adachi Y., Nakajima M., Yadomae T., Ohno N., *Biol. Pharm. Bull.*, **26**, 1225-8 (2003)

17) Harada T., Miura N. N., Adachi Y., Nakajima M., Yadomae T., Ohno N., *J. Interferon Cytokine Res.*, **22**, 1227-39 (2002)

18) Dai H., Zhang Y., Lv P., Gao X. M., *Cell. Mol. Immunol.*, **6**, 453-9 (2009)

19) Ishibashi K., Dogasaki C., Motoi M., Miura N., Adachi Y., Ohno N., 日本医真菌学会雑誌, **51**, 99-107 (2010)

20) Ishibashi K, Dogasaki C., Iriki T., Motoi M., Kurone Y., Miura N. N., Adachi Y., Ohno N., *Inter. J. Med. Mushroom*, **7**, 533-45 (2005)

21) Torosantucci A., Chiani P., Bromuro C., De Bernardis F., Palma A. S., Liu Y., Mignogna G., Maras B., Colone M., Stringaro A., Zamboni S., Feizi T., Cassone A., *PLoS One.*, **4**, e5392 (2009)

22) Capodicasa C., *et al.*, *Plant Biotechnol. J.*, **9**, 776 (2011)

第12章　抗βグルカン抗体について

23) Bryan R. A., *et al., Mycopathologia,* **173**, 463（2012）

24) Zito A., *et al., PLoS One,* **11**, e0148714（2016）

25) Ishibashi K., Motoi M., Liu Y., Miura N. N., Adachi Y., Ohno N., *Inter. J. Med. Mushroom,* **9**, 117-31（2009）

26) Obayashi T., Yoshida M., Mori T., Goto H., Yasuoka A., Iwasaki H., Teshima H., Kohno S., Horiuchi A., Ito A., *et al., Lancet.,* **345**, 17-20（1995）

27) Yoshida M., Ishibashi K., Hida S., Yoshikawa N., Nakabayashi I., Akashi M., Watanabe T., Tomiyasu T., Ohno N., *Clin. Rheumatol.,* **28**, 565-71（2009）

28) Motoi M., Ishibashi K., Mizukami O., Miura N. N., Adachi Y., Ohno N., *Inter. J. Med. Mushroom,* **4**, 41-8（2004）

29) Ishibashi K., *et al., Clin. Exp. Immunol.,* **177**, 161（2014）

〔応用と利用編〕

第1章 (1→3)-β-D-グルカン測定法の進歩と将来展望

田村弘志[*]

1 はじめに

　本書の初版は，βグルカンの基礎と応用（感染，抗がん，並びに機能性食品へのβグルカンの関与）として2010年にシーエムシー出版より発行され（監修：東京薬科大学　大野尚仁），(1→3)-β-D-グルカン（以下，BDGと呼ぶ）の数少ない専門書として活用されている。BDGの測定法に関しては，基本的な内容に初版とそれほど大きな違いはないが，深在性真菌症の早期診断における有用性，グローバル化等臨床研究における報告数が格段に増加している。本稿においては，BDG測定法の進歩と広がる用途，今後の課題及び展望について述べたい。

2 BDG含有試料

　β-グルカンは，β型グリコシド結合によって繋がったD-グルコース鎖の高分子多糖体で，BDGは，D-グルコースがβ-1,3結合したものである。BDGは，酵母，カビ，キノコ等の真菌，高等植物の細胞壁を構成する主要成分として自然界に広く分布し，抗腫瘍作用や免疫賦活作用等を有することから，医薬品や機能性食品素材として注目されてきた。基本構造は，生物種により異なり，直鎖状のBDGのほか(1→6)-β-グルカンを側鎖にもつ分岐状BDGや(1→4)-β-グルカンとの混在型BDG等種々の結合様式，分子量，割合や長さが異なる側鎖構造，高次構造を有し，種々の侵襲に対する生体防御修飾作用を発揮する[1~3]。本物質の測定対象となるBDGを含む試料としては，真菌菌体成分，細菌の菌体外多糖，キノコ類，高等植物，海藻等の食品材料やそれらを用いた機能性表示食品，抗腫瘍性多糖（医薬品），医療材料，透析液，飲料水，ハウスダスト，浮遊性微粒子，屋外空気，疾患モデル動物の血液等の体液，血清診断用の臨床検体（血液，肺胞気管支洗浄液，脊髄液等々）等広範囲にわたる。種々の試料に含まれるBDGは，難水溶性の高分子糖鎖であり，通常，水または熱水抽出，アルカリ抽出により調製するが，しばしば，タンパク質や脂質を除く目的で，酵素処理後に有機溶剤等が用いられる。また，アルコール沈澱法やクロマトグラフィで分画・精製した試料を用いる場合もある。

---

[*]　Hiroshi Tamura　LPSコンサルティング事務所　代表；順天堂大学　大学院医学研究科
　　　　　　　　　　 生化学生体防御学教室　非常勤講師；東京薬科大学　薬学部
　　　　　　　　　　 免疫学教室　客員研究員，非常勤講師

3 BDG の検出法及び定量法

現在まで知られている BDG の検出法及び測定法を，筆者独自の判断により，化学分析法，免疫学的測定法，酵素活性測定法の3種に分類し，それぞれの特徴を表1に示す。また，BDG の化学構造，分岐度，結合様式，分子量分布につき，MS, GC/MS, ^{13}C, ^{1}H-NMR, LC-NMR, メチル化分析，HPLC を用いた解析法が専門家による書籍，文献等で紹介されているので，それらを参照されたい[2,4]。

3.1 化学分析・機器分析法

簡便な化学分析法としては，BDG を特異的に染色するアニリンブルー色素に加え，BDG に結合するコンゴーレッド法が知られており，BDG との複合体を形成後に色調が変化するメタクロマジーを利用する（吸収極大が 480 nm 付近から 525 nm 付近に移動）。ただし，セルロースやヘミセルロース（キシログルカン）とも反応するため BDG に特異的ではない。また，BGD との結合により蛍光強度が増大する蛍光剤（Calcofluor）を用いた検出法が知られており，EBC Method 4.16.3（High Molecular Weight β-Glucan Content of Wort : Colorimetric Method）に採用されている。Calcofluor 法はフローインジェクションシステム（FIA）による効率化，省力化も図られているが，低コスト化が課題として指摘されている。一方，大麦やオーツ麦等 $(1\rightarrow3)(1\rightarrow4)$-$\beta$-D-グルカンを含む試料においては，リケナーゼ消化により β-グルコオリゴ糖に分解した後に，β-グルコシダーゼを加えてグルコースまで分解し，グルコースオキシダーゼ／ペルオキシダーゼ試薬を用いて比色定量する酵素法（McClear 法）が最もよく用いら

表1 $(1\rightarrow3)$-β-D-グルカンの検出及び測定法

測定法	原理	原料・デバイス	特性	市販品	文献
化学分析・機器分析法	色素結合	Congo Red Aniline Blue Calcofluor dye・FIA	定性／定量	有	5, 6)
	フェノール硫酸法	n/a			
	酵素消化（McClear/GEM）	リケナーゼ・β グリコシダーゼほか	定量		
	NMR, HPLC	n/a	定量	有	7)
免疫学的測定法	抗原抗体反応	抗グルカン抗体	定量	無	8)
	結合タンパク・抗原抗体反応	β グルカン結合タンパク質（BGRP）			9, 10)
	受容体結合	Dectin-1			11)
		Lactosylceramide			12)
酵素活性測定法	リムルス法	Factor G 活性化	定量	有	5, 13〜17)
	SLP 法, Tm-GRP	BGRP 活性化			18, 19)

第1章　$(1 \rightarrow 3)$-β-D-グルカン測定法の進歩と将来展望

れる。また，BDG，$(1 \rightarrow 3)(1 \rightarrow 6)$-$\beta$-D-グルカンを含む試料の場合は，酸によって部分的に加水分解し，exo-1, 3-β-グルカナーゼとβ-グルコシダーゼによりグルコースまで分解した後に，同様に比色定量する。本法は，食品産業において世界的標準法として米国穀物化学会（AACC），米国分析化会（AOAC）欧州ビール醸造者団体（EBC）等で幅広く利用されている[5,6]。また，^{1}H-NMR ではβ 1, 3，β 1, 4，β 1, 6 結合のケミカルシフトが重ならないため，定量への応用も可能であり，さらなる研究の進展に期待したい[7]。

3.2　免疫学的測定法

　免疫学的測定法は，BDG に対する抗体，結合タンパク及び受容体との結合を利用した BDG 定量法である。Douwes らによって開発された ELISA 法（競合法）は，ラミナランと BSA のコンジュゲートをウサギに免疫し，得られた抗血清から作製されたポリクローナル IgG を用いることが特徴である。本法による BDG（パキマン）の検出限界は 10 ng/mL 程度であり，本研究の目的である環境中の BDG を測定するためにはそこそこの感度である。これに対し，筆者らが開発した GBP-ELISA 法は，カブトガニ血液凝固系の制御因子である BDG 結合タンパク質（GBP）及び抗 BDG モノクローナル抗体によるサンドイッチ ELISA の変法で，1 ng/mL 程度の BDG（パキマン）を精度良く定量できる[9]。また，安達らは，特異性の異なる BDG 結合性タンパク質（組換え体）を用いた ELISA 及び Split Enzyme Assay の開発に着手し，種々の応用を試みているが，本法は，様々な構造を有する BDG に対応可能な興味深い方法であり，今後の進展に注目したい[10]。一方，BDG と遺伝子組換え BDG 受容体（dectin-1）との結合シグナルを利用した電気化学的検出法[11]，さらには BDG と親和性の高いセラミド分子との結合に基づく新規ELISA 法が報告されており（米国特許），いずれも実用化には至っていないが，今後の進展が期待される[12]。

3.3　酵素活性測定法

　本稿における酵素活性測定法は，節足動物が有する鋭敏な自然免疫系に着目し，BDG を認識することにより誘導される，一連の生体防御反応を利用している。現在までに，種々の BDG 認識タンパク質が報告されているが，カブトガニでは，1981 年に，BDG 感受性セリンプロテアーゼ（G 因子）が同定され，エンドトキシン感受性セリンプロテアーゼ（C 因子）とともに，微生物や異物の排除において重要な役割を果たしていることが明らかとなった。岩永らにより詳細な構造解析，クローニングが進められ[6,13]，G 因子は，α サブユニット（72 kDa）とβ サブユニット（37 kDa）から成る二量体を形成し，BDG の存在により自己触媒的に活性化されることが判明した。リムルス凝固系を利用した BDG 測定法は，活性型 G 因子により，凝固酵素前駆体（プロクロッティングエンザイム）から変換された凝固酵素の発色合成基質（Boc-Leu-Arg-CONH-pNA）に対するアミダーゼ活性を指標とする鋭敏な比色定量法である（図1）。本法は，エンドトキシン微量定量法に続いて，筆者らが世界に先駆けて開発した新機軸であり，pg オー

ダーという極微量のBDGを高感度かつ高精度に比色定量できる。詳細は後述するが，本法は，早期診断が難しく治療に難渋する深在性真菌感染症のグローバルな血清診断薬（補助診断薬）として確固たる地位を確立しており[14~16]，今後は，Point of Care Testing（POCT）検査にも対応可能なLateral Flow法や電気化学的検出法等を応用した迅速かつ簡便な小型機種の開発が期待される[17]。

　一方，カイコ（*Bombyx mori*）の血液中にも，BDG認識タンパク質（BGRP）が存在し，細菌の細胞壁成分であるペプチドグリカン認識タンパク（PGRP）と同様に，プロフェノールオキシダーゼ（pro-PO）を活性化し，フェノールオキシダーゼ（PO）に変換，メラニン形成を誘導する。本PO系とフェノールオキシダーゼ（PO）の基質である3,4-ジヒドロフェニルアラニン（DOPA）を用いたペプチドグリカンとBDGの比色定量法が開発された[18]。同様の性質をもつ分子が，ザリガニ（*Pacifastacus leniusculus, Astacus astacus*），バナメイエビ（*Panaeus vannamei*），ドクロゴキブリ（*Blaberus craniifer*），キイロショウジョウバエ（*Drosophila melanogaster*）ハチノスツヅリガ（*Galleria mellonella*），マイマイガ（*Lymantria dispar*）チャイロコメノゴミムシダマシ（*Tenebrio molitor*）の幼虫[19]等から同定されているが，市販品は，上述したカイコのSLP試薬（富士フイルム和光純薬）のみである。ただし，SLP試薬は，微量のペプチドグリカンとも反応するため，BDGに特異的とはいえず，リムルス法との比較においては，測定原理や特性及び標準品が異なるため，両社の測定値をそのまま単純に比較できない点に注意する必要がある。

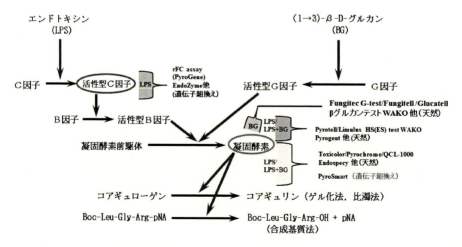

図1　カブトガニ血リンパ凝固系を利用したエンドトキシン及び(1→3)-β-D-グルカンの測定原理

第1章　$(1 \rightarrow 3)$-β-D-グルカン測定法の進歩と将来展望

4　BDG 測定法の果たす役割

BDG 測定のニーズが高い領域としては，後述するように，深在性真菌症の診断と治療に加え，機能性食品，バイオ医薬品の安全性評価，環境分野等が挙げられるが，ここでは機能性食品並びに深在性真菌症のマネジメントにおける BDG 測定の目的とその意義，BDG 測定法の果たす役割について述べる。

4.1　機能性食品中の BDG 測定

今後の超高齢化社会を迎え，医療費抑制が医療政策の最重要課題であり，予防医学の意義が再認識されつつある。食は，予防医学の面でますます重要視され，食の機能性成分が有する疾病予防機能のエビデンスの重要性が高まっている。2015 年 4 月に，新しく「機能性表示食品」制度ができたが，本制度は，販売前に安全性や機能性の科学的根拠に関する情報が消費者庁長官へ届け出られた食品を事業者の責任において上記のように表示できるというものである。当初，最も重要な問題として指摘されたのは，各製品の機能性関与成分の分析法が公開されていないことである。品質管理が適正に行われているのか，機能性関与成分が表示値通りに含まれているか，常用者の健康に直結する問題なので，分析方法を明確にするとともに製品規格を適切に設定，管理する必要がある。

キノコ，酵母，大麦，藻類，ダイズ，発酵食品等々，食の機能性に関する消費者の関心は高く，キノコ類に関しては，その活性成分は主に β グルカンであると言われている。食品材料中のBDG 含量の分析には，表 2 に示す通り，メタクロマジー，ELISA（阻害法），GEM 法，McCleary 法等種々の BDG 測定法が使われており[5, 20~22]，文献数こそ少ないもののリムルス法もその一つであり[23]，その優れた定量性，感度の面から，今後の研究の進展が期待される。リムルス法としては，後述する Glucatell（Associates of Cape Cod.）及びビージースター（マルハニチロ），さらにはカートリッジ式簡易型測定装置（PTS）を用いた BDG 測定デバイス（Charles River Laboratories）が挙げられるが，ビージースターは 2012 年に販売終了となっている。

4.2　深在性真菌感染症の血清診断

BDG は，カンジダ属やアスペルギルス属等多くの病原真菌細胞壁の構成成分であり，血中BDG 測定は，深在性真菌感染症のスクリーニング，早期診断，早期治療において，極めて有益な情報を提供する。大林らによる国内多施設臨床試験，Ostrosky らによる米国多施設臨床試験を経て承認されたファンギテック G テスト及びファンジテル（FDA 認可）は，本邦と米欧における深在性真菌感染症（カンジダ症，アスペルギルス症，フザリウム症等）の診断基準，診療ガイドライン等に収載されている[16, 25~28]。測定試料としてヒト血液（血漿，血清）を用いるが，疾患モデルも含めた研究用として，脊髄液や気管支肺胞洗浄液等の無菌性の体液が用いられる場

βグルカンの基礎研究と応用・利用の動向

表2　機能性食品における（1→3）-β-D-グルカン測定法

βグルカン	由来	測定法	文献
レンチナン・グリフォラン	食用キノコ（*Lentinula edodes*, *Hypsizigus marmoreus*, *Pholiota nameko*, *Grifola frondosa*）	ELISA（阻害法）	5)
レンチナン	シイタケ（*Lentinula edodes*）	コンゴーレッド	
カードラン	土壌細菌 *Alcaligenes faecalis var. myxogenes*	アニリンブルー，β-1, 3-グルカナーゼ消化	20)
パラミロン	ミドリムシ属（*Euglena*）	フェノール硫酸法	21)
β1, 3-1, 6-D-グルカン	パン酵母（*Saccharomyces cerevisiae*）	GEM法	22)
高分岐β-1, 3-1, 6-D-グルカン	黒酵母菌 ADK-34 株（*Aureobasidium pullulans*）	全糖量（フェノール硫酸法）―（グルコース／フラクトース／シュークロース量）	
β1, 3-1, 4-D-グルカン	大麦（*Hordeum vulgare*）	McCleary法	5)
β1, 3-1, 6-D-グルカン	メシマコブ（*Phellinus igniarius*）	β1, 3, β1, 6-D-グルカン特異的モノクローナル抗体	
β1, 3-D-グルカン	霊芝（*Ganoderma lucidum*），ヒメマツタケ（*Agaricus blazei Murill*），アガリスク製品	リムルス法（G-test）	23)

合もある。臨床診断（血清診断）用の測定法は，前処理液も含むそれぞれの試薬キットの添付文書を参照願いたい。

　本邦で開発され世界中で広く使われているリムルス法BDG測定試薬には，表3に示す通り，ファンギテックGテストMK-II（生化学工業より日水製薬に事業譲渡），Fungitell（Associates of Cape Cod.）等の合成基質法によるBDG特異的定量試薬（日本，米国，中国）及び比濁法によるβグルカンテストワコー（富士フイルム和光純薬）の2法がある。国内では，いずれも保険収載されており，FungitellはCPT Code 87449として米国の公的医療保険（メディケア／メディケイド）機関に保険申請され，欧州でも医療機器指令への適合マーク（CEマーク）を取得し，各国で幅広く使用されている。一方，詳細は後述するが，市販の研究用試薬は，Glucatell（Associates of Cape Cod.）のみであり，詳細は関連文献を参照されたい[29]。

　本BDG測定法で留意すべき点として，クリプトコッカス属は酵母様真菌ではあるが，厚い莢膜を有するため，クリプトコッカス症では，ムコール症と同様に，通常BDGの上昇はみられない。クリプトコッカス症については，血清中のグルクロノキシロマンナン抗原を検出する血清学的検査が有用であるが，ムコール症に代表される接合菌症については，接合菌症起因菌に特異的なセンスプライマーとアンチセンスプライマーを用いたPCR法のほか，接合菌全体をカバーする血清学的検査法は開発されていない。また，比濁法によるBDG定量試薬は，比色法に比べ感度が優れず，BDG以外にもエンドトキシンと反応するC因子を含むため，BDGに特異的とはい

118

第1章　(1→3)-β-D-グルカン測定法の進歩と将来展望

表3　種々の (1→3)-β-D-グルカン測定試薬

原料	国・地域	商品名	メーカー	方法	試料	適用・区分	主たる用途	感度	文献
天然	日本	ファンギテック G-test MK-Ⅱ「日水」	日水製薬㈱*	比色法 (Multi/Single)	血漿／血清	体外診断用医薬品 (保険適用)	深在性真菌症の補助診断	◎	24, 25)
		ファンギテック G-test ES「日水」	日水製薬㈱*					◎	
		βグルカンテスト ワコー	富士フイルム和光純薬㈱	比濁法				○	26)
		βグルカンテスト マルハ	マルハニチロ食品	比色法				◎	
	米欧	Fungitell	Associates of Cape Cod, Inc.*	比色法	血清	In Vitro Diagnostics (FDA 認可・CE マーク)	深在性真菌症の補助診断	◎	16, 27, 28)
		Glucatell	Associates of Cape Cod, Inc.*	比色法	各種試料・透析液・エアダスト	研究用試薬	基礎・応用研究・工程管理	◎	29)
		Endosafe PTS Glucan Assay	Charles River Laboratories	比色法	各種試料	研究用試薬	工程管理	○	N/A
	中国	GKT-12 M/25 M, GCT-110 T	Gold Mountain River Tech Development	比色法	血漿	In Vitro Diagnostics (cFDA 認可)	深在性真菌症の補助診断	N/A	30)
		Dynamiker G-test	Dynamiker Bio-technology	比色法	血清		深在性真菌症の補助診断		31)
遺伝子組換え	日本	未開発（未上市）品	生化学工業㈱	比色法	各種試料		N/A		32)
			富士フイルム和光純薬㈱	比色法	各種試料				33)

＊生化学工業㈱よりライセンス・イン
◎非常に高い　○高い

えない。試料中のエンドトキシンを前処理により不活化した後に測定に供するため，特異性に限れば，実質的な影響はほとんどみられないものの注意が必要である。本邦では，比色法と比濁法という2つの異なる方法で血中BDGの測定が行われており，両者とも pg/mL 表示であるが，製法や性能及び標準品が異なり，測定値が1対1の対応になっていない。グローバルな視点でいえば，BDG測定の標準化を妨げる要因でもあり，このことが認識されないまま学会，論文等で発表され，議論されているのは問題である。

　最近，中国では Fungitell の類似製品が表3に示した2社より製造販売されており，臨床性能も Fungitell と遜色はなく[30, 31]，いずれ低価格を武器に海外展開を図ると予想されるので，今後もその動向に注意しておく必要がある。また，G因子と凝固酵素前駆体の遺伝子発現に関する検討も進んでおり[32, 33]，均質な製品を安定的に供給する意味でも，エンドトキシン測定と同様にその実用化が待たれる。

5　BDG 定量法の実際

　血清診断用の測定法は，それぞれの血中BDG測定試薬の添付文書を参照願いたい。本稿で

は，初版と同様に，研究用試薬である Glucatell（Associates of Cape Cod.）を用いた定量法の実際と留意点について述べる。

5.1　使用器具類

　試料の調製及びその後の測定に用いるガラス器具類は，あらかじめ 250℃，2 時間以上の乾熱滅菌を行い，BDG フリーで使用する。96 穴マイクロプレート，チップ，シリンジ等のプラスチック製品は，BDG フリーであることを確認したうえで使用するが，脱 BDG の処理は容易ではなく，市販のエンドトキシン及び BDG フリーのプラスチック製品を用いるほうが安全である。

5.2　被験試料の調製

　BDG は，環境中の至る所で検出される菌体成分であるため，試料の調製，保存，測定時の汚染には注意を要する。前述した使用器具類に加え，室内環境に起因する汚染により，測定値のばらつきや異常値がみられることがあり，実験台，装置，着衣等を清潔に保つことはもとより，空調の吹き出し口に近いエリアでの作業は避ける。試料及び試薬類の溶解に用いる水のグレードにも細心の注意が必要であり，注射用水もしくは滅菌精製水，あるいはキット添付溶解液（Glucatell の場合は，Reagent Grade Water（RGW））を使用する。

5.3　BDG 標準液

　臨床用途においては，生化学工業で開発された標準品（パキマン）が暫定的な基準品として位置づけられており，カルボキシメチルカードランやレンチナン等パキマン以外の標準品を用いた場合には，パキマン換算値（表示値）が併記されている。しかし，両者の測定値を直接比較することはできないので注意を要する。Glucatell のパキマン標準溶液では，RGW に溶解し，100 pg/mL とした後，RGW にて，2 倍希釈シリーズを調製し（最小濃度：3.125 g/mL），各濃度の BDG 溶液を用い，検量線を作成する。

5.4　BDG 測定試薬

　Glucatell の主剤（1 バイアル）に 2.8 mL の RGW 及び 2.8 mL の Pyrosol 緩衝液（0.2 M Tris-HCl buffer, PH7.4）を加え，穏やかに混合溶解し，溶解後は速やかに使用する。2〜8℃，2 時間を超過すると遊離の pNA により盲験値が上昇し，信頼性の高い数値が得られにくくなるので注意が必要である。保存する際には，－20℃，20 日間までとし，凍結融解は一度のみとする。

5.5　標準操作法　（マイクロプレート法)
5.5.1　エンドポイント法

　試料及び標準液 50 μL をマイクロプレートに分注し，測定試薬 50 μL を加え，37℃で一定時間，反応を行った後，塩酸溶液で停止，遊離した pNA を亜硝酸ナトリウム，スルファミン酸ア

ンモニウム並びに N-1-ナフチルエチレンジアミン二塩酸塩を順次加えてジアゾカップリングする。赤紫色に変換された色素の吸光度を 545 nm で測定し，標準液で作成した検量線より，試料中の BDG 濃度を算出する。本法は，黄色検体等の着色の干渉を受けずに，高精度かつ高感度の定量が可能である。

5.5.2 カイネティック法

反応速度法（rate assay）と比色時間法（onset time assay）の2法を選択できるが，反応速度法はより低濃度の BDG 測定に適しており，比色時間法は測定レンジが広いことが特徴である。いずれも，pNA の吸光度を連続測定可能な専用装置と解析ソフトウェアを必要とし，加温（37℃±1℃）機能が搭載されたウェルリーダーMP96/SK603（生化学工業），ELx808（BioTek Instruments），Thermo-Max/VersaMax（Molecular Device）等が推奨できる。反応速度法では，単位時間あたりの吸光度変化率（mAbs/min）より試料中の BDG 濃度を算出するが，比色時間法では，一定の吸光度（標準しきい値 0.03）に達するまでの時間を計測し，その onset time に基づいて当該濃度を算出する。

図2にエンドポイント法とカイネティック法を用いた検量線を示すが，いずれも相関係数 0.999 と良好な直線性が得られる。

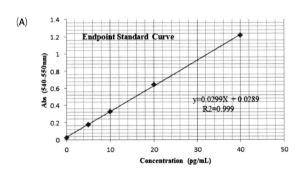

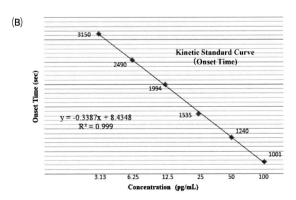

図2 標準（1→3）-β-D-グルカンの検量線（Glucatell）
(A)エンドポイント法，(B)カイネティック法

6 測定及びデータ解釈上の留意点

本試薬を用いて作製した検量線の相関係数が 0.98 以上の場合，定量性が確保されているとみなされるが，被験試料や試料に含まれる物質がしばしば本試薬を構成するカスケード反応系あるいは試料そのものに影響を及ぼし，反応促進や阻害がみられることがある。BDG の有無に係わらず，合成基質を水解するプロテアーゼのほか，プロテアーゼインヒビター，β-グルコシダーゼ，β-1, 3-グルカナーゼ，金属イオン，キレーター，界面活性剤等が挙げられるが，既知濃度の BDG を試料に加え，その添加回収率が 75%～125% の範囲内であれば，試験が有効に実施されたと判断する。血清試料（5 μL）を用いる場合は，血中 BDG 測定試薬キット（Fungitell）に添付されるアルカリ前処理液（0.125 M KOH-0.6 M KCl）を 20 μL 添加し，37℃，10 分間，加温し，血中の反応干渉因子を不活化した後に主反応に供する。

本試薬を構成するカスケード反応系の至適 pH は，中性付近であるが，強酸性または強アルカリ性の試料では，反応阻害が解除されるまで蒸留水を用いて希釈するか，適当な中和剤により中和した後に測定する。血液，腹水，関節液等のほか，セリンプロテアーゼ及びセリンプロテアーゼインヒビターを含む生体試料を用いる場合は，本法で推奨するアルカリ処理のほか，酸処理，希釈加熱，吸着剤等適当な前処理を施すことにより，干渉因子を不活化または除去する必要がある。

高分子 β グルカンは特徴的な高次構造を有し，一重及び三重ラセン構造をとる。リムルス G 因子活性化能は，アルカリ処理により変換された一重ラセンの方が著しく高く，抗腫瘍活性，マクロファージの NO 産生能等も明確な高次構造依存性を示す[1, 2, 34]。BDG が示す生物活性の多くは，Biological Response Modifier（BRM）としての免疫増強作用，抗腫瘍効果，炎症性腸疾患の予防効果等生体に有用な作用をもつものが多い。反面，BDG の物性（粒子状，可溶性）や宿主の状態等により，非ステロイド性抗炎症薬の副作用増強作用及び喘息，アレルギー，気道炎症の増悪化等有害な作用が出る可能性も指摘されている[2, 35, 36]。また，大野，三浦らの検討では，注射用医薬品中にも少量ではあるが，BDG の混入が認められる場合があり[37]，免疫毒性増強作用等に伴うリスクを考慮すれば，医薬品，医療用材料，飲料水等への当該物質（菌体成分）の混入は極力避けるべきと思われる。さらに，リスクアセスメントの観点から，筆者らが報告したアルカリ処理法（キレーター存在下）を用いることにより，リムルス G 因子活性化能の増強とともに極微量の（1→3）-β-D-グルカンを効率よく検出でき，より適切な評価につながると期待される[34]。

7 BDG 測定法の臨床評価

血中 BDG 測定の臨床的有用性について，世界初の多施設臨床試験を行った大林らの成績が 1995 年の Lancet 誌[14] に掲載されて以来，欧米の臨床家による数多くのコホート研究や症例対

第1章 （1→3）-β-D-グルカン測定法の進歩と将来展望

照研究が進められ，BDG 測定法は，数少ない日本発の体外診断薬として世界的に高い評価を得ている[38]。表4に，ファンギテック G-テストと Fungitell の臨床的感度と特異度，さらには，これらの診断薬を用いて実施された臨床成績のメタ解析（3報）の結果をまとめて示す。Luら[39] によると感度：76％，特異度：85％，Karageorgopoulos ら[40] によると感度：76.8％，特異度：85.3％，Onishi ら[41] によると感度：80％，特異度：82％となっており，臨床検査として満足のいく性能といえる[41]。また，陰性予測率の高さも本法の大きな特徴であり，不適切な抗菌薬投与は控えることで医療費の抑制が期待できる。

一方，感染のエビデンスがないにもかかわらず，BDG が陽性を示す症例（偽陽性）も報告されており，その原因として，表5に示す通り，様々な要因が考えられる[42~50]。真菌症が考え難い血中 BDG 陽性例は，検体前処理法や溶血，反応中の影響因子（濁度や振動等）に起因する非特異的シグナルの増強が原因で生じることもあるが，前処理法の改良もあり，最近ではほとんど報告されていない。空気中に浮遊する微小粒子による汚染に起因する場合があるとの報告もみられるが[51]，多くはアルブミン製剤等の血液製剤や一部の抗生物質製剤に混入する BDG，セル

表4 （1→3）-β-D-グルカン測定法の臨床的有用性

臨床論文	感度	特異度	エビデンス		β グルカン定量キット	文献
Obayashi *et al.*, Lancet (1995)	90％	100％	多施設臨床試験 9 sites	日本	Fungitec G-test	14, 38)
Ostrosky L *et al.*, CID (2003)	70％	87％	多施設臨床試験 6 sites	米国	Fungitell	16)
Lu *et al.*, Intern Med (2011)	76％	85％		13	Fungitell （10/13）WAKO （2/13）Fungitec G （1/13）	39)
Karageorgopoulos *et al.*, CID (2011)	77％	85％	メタアナリシス (meta-analysis)*	抽出論文数 23	Fungitell （10/23）Fungitec G-test （7/23）WAKO （5/23）Gold Mountain River （1/23）	40)
Onishi *et al.*, J. Clin. Microbiol. (2012)	80％	82％		36	Fungitell （17/36）Fungitec G-test （9/36）WAKO （6/36）Gold Mountain River （3/36）Others （1/36）	41)

*Multicenter cohort study, Multicenter case-control study, Prospective cohort study, Prospective case-control study, Retrospective cohort study, Retrospective case-control study, etc.

βグルカンの基礎研究と応用・利用の動向

表5 血清診断の偽陽性例における要因分析

分類	原因	補足	備考	文献
外因性βグルカン	血液製剤	アルブミン製剤・免疫グロブリン製剤	血中レベルへの影響は軽微か無視できる程度 注射剤は欧州・オーストラリア	42)
	抗生物質	コリスチン，エルバペネム，セファゾリン，スルファメトキサゾール／トリメトプリム（ST合剤），セフォタキシム，セフェピム		43)
		アモキシシリン／クラブラン酸		44)
	セルロース系ダイアライザー	トリアセテートホローファイバー・ジアセテートホローファイバーダイアライザー		45)
	医療ガーゼ・不織布・手術用被覆・保護材	綿100%・再生繊維（レーヨン）		46)
	経管栄養剤・漢方薬・健康食品	タンパクアミノ酸製剤，茸成分を含む健康食品		47)
内因性βグルカン	腸管バリアー機能低下（Leaky Gut）	腸内細菌・腸管透過性の異常		48)
	真菌トランスロケーション	侵襲及び広域抗生物質の投与		49)
技術的・環境的要因	検体由来の測定妨害物質	ヘモグロビン・カイロミクロン・VLDL		50)
	検体前処理法に起因する測定干渉	高グロブリン血症		
	空中浮遊性微小粒子	病棟改修工事に伴う院内空気中のアスペルギルス属胞子数の増加		51)

ロース系（再生セルロース，セルロースアセテート等）透析膜を用いた透析液中に検出されるBDG，経管栄養剤や漢方薬等に含有されるBDG，さらには内視鏡あるいは外科手術時に使用される滅菌ガーゼ（主成分はセルロース）に混入するBDG等，外因性BDGが血液中に流入することにより引き起こされる可能性が高い。これらの要因以外に原因不明の偽陽性が認められることがあり，この原因の究明は臨床的に重要な課題である。Finkelmanらは，腸管のバリア機能の破壊（Leaky Gut Syndrome, LGS）が，慢性炎症や多様な疾患の引き金になる可能性に注目しており，BGの偽陽性は，LGSの指標になるのではと期待している[49]。すなわち，このような偽陽性は，外因性BGの血中移行だけではなく，腸内微生物のトランスロケーション，すなわちカンジダ菌由来の内因性BGに起因する可能性があり，食と腸管免疫との関連性も含め，今後の興味深い研究テーマになると考えられる。

8 BG測定法の医学・薬学・ライフサイエンスへの貢献

BDG測定の主な適用と今後期待される用途を表6に示す[52～67]。血中BDG測定は，深在性真菌感染症の早期診断，臨床試験・診療ガイドラインへの導入等，医療上重要な位置づけにある。また，近年，WHOが開発途上国におけるHIV検査の普及に注力しており，BDG測定は，ニュー

第1章　$(1 \rightarrow 3)$-β-D-グルカン測定法の進歩と将来展望

表6　$(1 \rightarrow 3)$-β-D-グルカン測定法の多岐にわたる応用用途

分野	用途	内容	文献
臨床	診断と治療	深在性真菌症の血清診断（補助診断）	5, 14〜16)
		ニューモシスチス肺炎（PCP）の非侵襲的補助診断	52, 53)
		抗真菌薬の投与時期の決定・治療効果の判定	54)
		抗真菌薬の臨床研究・臨床試験	55, 56)
	検査	血中 BG 測定の自動化	57)
	血液透析	透析液の血中 BG 値への影響	58)
	研究	真菌トランスロケーションの指標	59)
医薬品・医療機器	品質	バイオ医薬品・再生医療等製品，医療用材料の品質評価	29)
		医薬品 GMP における逸脱管理（規格不適合の原因究明）	60)
		再生医療等製品の品質管理	N/A
		細胞培養用培地の品質試験	61)
	薬物動態	抗腫瘍性グルカン製剤投与後の血中濃度の推移	62)
食品	品質	機能性食品，健康食品素材における β グルカン含有量の定量	19)
		食品・清涼飲用水におけるカビ汚染とリスクアセスメント	63)
		環境衛生，産業衛生分野におけるハウスダスト中のカビ成分の検出と疫学的研究	7, 64)
環境	分析・研究	カンジダ，アスペルギルス由来 BG の経気道曝露による気道炎症	36, 65)
		有人宇宙環境中の真菌成分の検出と健康への影響調査	66)
		災害に伴う環境・健康のリスク評価	67)

モシスチス肺炎（HIV 合併，非合併）の非侵襲性補助診断にも有用性が高い[52, 53]。さらには，血中 BDG 値や画像所見を指標に治療を開始する先制治療（preemptive therapy）と治療効果のモニタリングは，抗菌薬の適正使用（antimicrobial stewardship）につながり，医療経済上のインパクトが大きい[54〜56]。近年は，ミドルスループットからハイスループットまでのアッセイの自動化も試みられており[57]，データの精度向上並びに検査室のコスト削減の観点から今後の進展に期待したい。さらには，前述したように，血中 BDG 測定は，腸管バリア機能破綻（LSG）の程度を評価する興味深い指標となり得るため，生活習慣病や慢性疾患の予防効果を予測する新規バイオマーカーとしての可能性を秘める[59]。また，バイオ医薬品・再生医療等製品・人工腎臓（ダイアライザー）等の医療機器・医療用材料の安全性評価，医薬品・医療機器製造時の規格不適合に関する GMP 調査，薬物動態の解析等への応用は，薬事規制に関するレギュラトリーサイエンスの観点からも重要である[29, 60〜62]。

　一方，機能性食品等への応用については，キノコ抽出物及び製品中の BDG 測定値（リムルス法）は，食物繊維測定法による数値と良好な相関性が認められており，BDG 含有機能性食品の品質管理試験法としての適用拡大が期待される。また，2010 年に輸入飲料水（ミネラルウォータボトル）にカビやバクテリア汚染が判明し，製品回収に至った事例があるが，藤川らと共同で

行った筆者らの成績では，BDG 測定は培養を待たずに品質劣化の程度を評価できる迅速簡便な方法としての利用が期待できる[23,63]。そのほかにも，環境衛生，産業衛生分野におけるハウスダスト中の真菌成分の検出及び疫学研究への応用も試みられており，高野，井上らは，可溶化BDG の経気道暴露は，局所の炎症性サイトカイン，ケモカインの発現を誘導し，気道炎症を惹起することを明らかにした[8,36,64,65]。また，捕集空気中の BDG 測定は，シックビル症候群に関する疫学研究や有人宇宙環境の真菌成分の検出[66]をはじめ，住環境（集合住宅，学校，介護施設ほか）や労働環境（製材，製紙，廃棄業ほか）のリスク評価に応用されており，2005 年に米国メキシコ湾岸を襲ったハリケーン・カトリーナ大規模災害後の環境汚染の影響評価にもGlucatell が使用された[67]。このような環境中の BDG，エンドトキシン研究は Rylander を中心とする欧米のグループが中心となり進められてきたが，本邦においても，今後の研究の進展が期待される。

9　おわりに

　本邦で開発された BDG 測定法の最大のアドバンテージは，帰するところ世界的に注目され成功を収めた臨床応用にあるといっても過言ではない。ウサギ発熱性物質試験の代替としてのエンドトキシン試験法に加え，カブトガニがもたらした恩恵は，計り知れない。国際的に臨床検査の標準化の必要性が叫ばれている現在，検査値のハーモナイゼーションに向けた取り組みが進めば，同様の技術・同様の基準に基づく検査の有用性がいっそう高まり，医療のさらなる向上，グローバル化が期待できる。また，近年注目を集めている再生医療における再生医療等製品（ヒト細胞加工製品，遺伝子治療用製品）やバイオ医薬品の安全性評価，品質リスクマネジメントにも有効と考えられ，迅速かつ簡便な BDG 測定を培養に数日間要する真菌否定試験の代替法として検討するのが望ましいと思われる。一方，前述したように，G 因子と凝固酵素前駆体の遺伝子発現と実用化検討も進んでおり，エンドトキシン測定と同様にリコンビナント製品が上市される日も遠くはないと思われる。これが実現した時こそが，臨床分野におけるグローバル標準化に着手する絶好の機会になると考えられ，今後のさらなる発展に期待したい。

文　　　献

1)　B. A. Stone, A.E. Clarke, Chemistry and Biology of (1 → 3)-β-Glucans, pp.1-47, La Trobe University Press (1993)
2)　宿前利郎，薬学雑誌，**120**，413-431（2000）
3)　大野尚仁，日本細菌学雑誌，**55**，527-537（2000）
4)　L. Williams, D. W. Lowman, H. E. Ensley, Toxicology of 1 → 3-β-glucans : glucans as a

第 1 章　(1→3)-β-D-グルカン測定法の進歩と将来展望

marker for fungal exposure.（ed. By Shih-Houng Young & Vincent Castranova），pp.1-34，CRC Press, Taylor & Francis, Boca Raton（2005）

5)　田村弘志，(1→3)-β-D-グルカン測定法の現状と将来展望，βグルカンの基礎と応用，大野尚仁 監修，シーエムシー出版，pp.74-88（2010）

6)　M. R. Schmitts, M. L. Wise, *Cereal Chem.*, **86**, 187-190（2009）

7)　飯塚勝，生活科学論叢，**42**，23-35（2011）

8)　J. Douwes, G. Doekes, R. Montijn *et al., Appl. Environ. Microbiol.*, **62**, 3176-3182（1996）

9)　H. Tamura, S. Tanaka, T. Ikeda *et al., J. Clin. Lab. Anal.*, **11**, 104-109（1997）

10)　安達禎之，笠原健吾，鉄井絢子ほか，*Host Defense,* **27**, 64（2016）

11)　D. Liu, P. Luo, W. Sun *et al., Anal. Biochem.*, **404**, 14-20（2010）

12)　E. M. Wakshull *et al.,* US Patent 6084092（2000）

13)　T. Muta, N. Seki, Y. Takaki *et al., J. Biol. Chem.*, **270**, 892-897（1995）

14)　T. Obayashi, M. Yoshida, T. Mori *et al., Lancet*, **345**, 17-20（1995）

15)　H. Tamura, Y. Arimoto, S. Tanaka *et al., Clin. Chim. Acta*, **226**, 109-112（1994）

16)　L. Ostrosky-Zeiher, B. D. Alexander, D. H. Kett *et al., Clin. Infect. Dis.*, **41**, 654-659（2005）

17)　R. A. Blidner *et al.,* US 2015 /0060272 A1

18)　M. Tsuchiya, N. Asahi, F. Suzuoki *et al., FEMS Immunol. Med. Microbiol.*, **15**, 129-134（1996）

19)　R. Zhang, H. Y. Cho, H. S. Kim *et al., J. Biol. Chem.*, **278**, 42072-42079（2003）

20)　鐘ケ江幸洋，三輪真敬，中対勇ほか，日本食品科学工学会誌，**42**，913-919（1995）

21)　中島綾香，日本抗加齢医学会雑誌，**10**，745-751（2014）

22)　平成 24 年度「食品の機能性評価事業」結果報告，公益財団法人 日本健康・栄養食品協会，平成 25 年 3 月 15 日

23)　鈴木公美，植松洋子，平田恵子ほか，東京衛研年報，**53**，165-168（2002）

24)　大林民典，杉本篤，瀧川千絵ほか，日本医真菌学会雑誌，**56**，73-79（2015）

25)　吉田稔，真菌誌，**45**，209-215（2004）

26)　吉田耕一郎，二木芳人，深在性真菌症，**3**，23-26（2007）

27)　B. D. Pauw, T. J. Walsh, J. P. Donnely *et al., Clin. Infect. Dis.,* **46**, 1813-1821（2008）

28)　T. J. Walsh, E. J. Anaissie, D.W. Denning *et al., Clin. Infect. Dis.,* **46**, 327-360（2008）

29)　M. Finkelman, H. Tamura, Toxicology of 1→3-Beta-Glucans. Glucans as a marker for fungal exposure.（ed. By Shih-Houng Young & Vincent Castranova），pp.179-197, CRC Press, Taylor & Francis, Boca Raton（2005）

30)　Y. Li, F Chen, X Zhu *et al., J. Clin. Microbiol.,* **53**, 3017-20（2015）

31)　P. L. White, RB Posso, RL Gorton *et al., Med. Mycol.,* **55**, 843-850（2017）

32)　H. Tamura, US 7867733（2011）

33)　米田章登，特開 2015-92191（2015）

34)　明田川純，田村弘志，田中重則，防菌防黴，**23**，413-419（1995）

35)　S. Nameda, M. Saito, N. N. Miura, *Biol. Pharm. Bull.,* **28**, 1254-1258（2005）

36)　K. Inoue, Y. Takano, E. Koike *et al., Respiratory Res.,* **10**, 68（2009）

37)　N. Nagi-Miura, H. Murakami, Y. Adachi *et al.,* ISHAM 2009 Abst. book, p.323（2009）

38) Y. Lu, Y. Q. Chen, Y. L. Guo, *Intern. Med.*, **50**, 2783-2791 (2011)

39) D. E. Karageorgopoulos, E. K. Vouloumanou, F. Ntziora *et al.*, *Clin. Infect. Dis.*, **52**, 750-770 (2011)

40) A. Onishi, D. Sugiyama, Y. Kogata, *J. Clin. Microbiol.*, **50**, 7-15 (2012)

41) T. Ohbayashi, *Med. Mycol. J.*, **58**(4), J141-J147 (2017)

42) M. Usami, A. Ohata, T. Horiuchi *et al.*, *Transfusion*, **42**, 1189-1195 (2002)

43) F. M. Marty, C. M. Lowry, S. J. Lempitski *et al.*, *Antimicrob. Agents Chemother.*, **50**, 3450-3453 (2006)

44) M. A. S. H. Mennink-Kersten, A. Warris, P. E. Verweij, *N. Engl. J. Med.*, **2354**, 2834-2835 (2006)

45) A. Kato, T. Takita, M. Furuhashi *et al.*, *Nephron*, **89**, 15-19 (2001)

46) A. Nakao, M. Yasui, T. Kawagoe *et al.*, *Hepato-Gastroenterol.*, **44**, 1413-1418 (1997)

47) 田家諭, 別宮小百理, 浅賀健彦ほか, 日集中医誌, **14**, 603-608 (2007)

48) J. Prattes, R. B. Raggam, K. Vanstraelen *et al.*, *J. Clin. Microbiol.*, **54**, 798-801 (2016)

49) M. Hoenigl, J. Pérez-Santiago, M. Nakazawa *et al.*, *Front. Immunol.*, **7**, 404 (2016)

50) 深在性真菌症の診断・治療ガイドライン 2007, 協和企画, pp.45-48 (2007)

51) 前崎繁文, 樽本憲人, 阿部良伸ほか, 環境感染誌, **24**, 233-236 (2009)

52) T. Watanabe, A. Yasuoka, J. Tanuma *et al.*, *Clin. Infect. Dis.*, **49**, 1128-1131 (2009)

53) P. E. Sax, L. Komarow, M. A. Finkelman, *Clin. Infect. Dis.*, **53**, 197-202 (2011)

54) M. Yoshida, *Med. Mycol.*, **44**, 5185-5189 (2006)

55) H. Koh, M. Hino, K. Ohta *et al.*, *J. Infect. Chemother.*, **19**, 1126-1134 (2013)

56) J. F. Timsit, E. Azoulay, C. Schwebel *et al.*, *JAMA.*, **316**, 1555-1564 (2016)

57) F. Prüller, J. Wagner, R .B. Raggam *et al.*, *Med. Mycol.*, **52**, 455-461 (2014)

58) J. Prattes, D. Schneditz, F. Prüller *et al.*, *J. Infect.*, **74**, 72-80 (2017)

59) 田中秀治, 後藤英昭, 榊聖樹ほか, *Jpn. J. M. Mycol.*, **45**, 203-208 (2004)

60) K. Nagasawa, T. Yano, G. Kitabayashi, *J. Artif. Organs*, **6**, 49-54 (2003)

61) 切替照雄, 田村弘志, 田中重則, 組織培養工学, **24**, 45-48 (1998)

62) Y. Yajima, J. Sato, I. Fukuda *et al.*, *Tohoku J. Exp. Med.*, **157**, 145-151 (1989)

63) H. Fujikawa, J. Aketagawa, M. Nakazato *et al.*, *Lett. Appl. Microbiol.*, **28**, 211-215 (1999)

64) R. Rylander, Toxicology of 1 → 3-Beta-Glucans. Glucans as a marker for fungal exposure. (ed. By Shih-Houng Young & Vincent Castranova), pp.53-64, CRC Press, Taylor & Francis, Boca Raton (2005)

65) K. Inoue, E. Koike, R. Yanagisawa *et al.*, *Int. J. Immunopathol. Pharmacol.*, **22**, 287-297 (2009)

66) 槇村浩一, 佐藤一朗, 杉田隆, 日衛誌, **66**, 77-82 (2011)

67) A. Adhikaria, J. Junga, T. Reponena *et al.*, *Environ. Res.*, **109**, 215-224 (2009)

第2章 トキシノメーターを用いたβグルカンの測定

角田恭一*

1 はじめに

カブトガニ血球抽出物（Limulus Amebocyte Lysate, LAL）は高感度に（$1 \rightarrow 3$）-β-D-グルカン（BDG）に反応する。BDGをpg/mLオーダーの感度で定量する方法は，現在LAL試薬を用いる方法以外には見当たらない。本稿ではLAL試薬の自動測定装置であるトキシノメーターとLAL試薬を用いたBDG測定方法について述べる。

2 LAL試薬

LAL試薬はエンドトキシン（ETX）の高感度検出試薬として開発され，注射用医薬品や人工透析液，医療器具などのエンドトキシン試験に広く用いられている[1,2]。LAL試薬とは，Limulus＝原料であるアメリカカブトガニの属名，Amebocyte＝アメーバ様細胞（カブトガニ血液中に存在する主要な血球細胞），Lysate＝溶解産物の名前のとおり，カブトガニの血球細胞抽出物から調製したものである。

カブトガニの血液凝固系を図1に示す。LevinとBangがカブトガニの血液凝固がETXにより惹起されることを発見しこれを契機としてETXの高感度検出試薬としてのLAL試薬が開発された[3]。LAL試薬はETXに特異的であると考えられていたが，ETXのみならずBDGにも反応することがKakinumaらにより発見され，MoritaらによりETXとBDGが異なるトリガーにより反応開始されることが明らかにされた[4,5]。また，九州大学の岩永貞明教授らにより図1の分子機構が解明された[6~8]。その後，世界に先駆けて本邦でETXあるいはBDGを各々特異的に測定するLAL試薬が実用化された。LAL試薬は現在，医薬品工業や臨床検査などの分野で世界中で広く利用されている。その感度はETXに対してはfg/mL～pg/mLのオーダー，BDGに対してはpg/mLのオーダーと非常に高感度である。

LAL試薬はETXおよびBDGに対して非常に高感度に反応するため，試験に用いるピペットや反応容器などの消耗品，環境中の浮遊塵などにに由来する汚染に対する配慮が必要である。ガラスや金属製のものは250℃で2時間以上の乾熱滅菌を行う，プラスチック製消耗品はETXおよびBDG汚染がないことが確認された，使用実績のあるものを使用することが最低限必要である。

---

* Kyoichi Sumida 富士フイルム和光純薬㈱ 臨床検査薬研究所 主席研究員

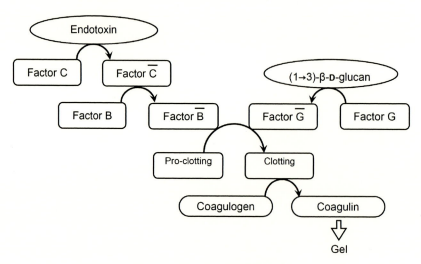

図1　カブトガニの血液凝固機構

3　LAL 試薬とトキシノメーター

　LAL 試薬は図1の反応の最終産物であるコアギュリンによるゲル形成を，試験管を静かに180度転倒させた際に崩れるかどうかで判定するゲル化転倒法で実施されていた。測定に特殊な装置を必要とせず恒温槽のみで実施可能というメリットはあるものの，判定が難しい，半定量の限度試験であるなどのデメリットもある。ゲル化転倒法のデメリットを補いつつ，従来のゲル化転倒法も同時に実施できるのがトキシノメーター用いた比濁時間分析法である。トキシノメーターにより広濃度範囲の定量測定，自動測定，短時間測定という多くのメリットが得られた。比濁時間分析法用の専用装置である「トキシノメーターET-201」を1985年に上市し，その後改良された後継機を発売している[9]。トキシノメーターによる測定原理を図2に示す。各反応試験管毎に発光ダイオード光源と受光部を備えており，多数検体の並列測定が可能である。試料中のETX あるいは BDG と LAL 試薬の反応により LAL 試薬はゲルを形成する。このゲル形成に伴う透過光量の減少を捉え，透過光量比（$R(t)$）が定められた閾値に達するまでの時間をゲル化時間（Tg）として算出する。ゲル化時間と ETX あるいは BDG 濃度から検量線を作成し試料中の ETX あるいは BDG 濃度を算出する。LAL 試薬と試料を混合したものをトキシノメーターにセットすれば自動的に測定が開始され結果の出力までが自動的に行われる。ゲル化転倒法で定められたサイズの試験管を使用するため，ゲル化転倒法による結果判定を併用することも可能である。

第2章　トキシノメーターを用いたβグルカンの測定

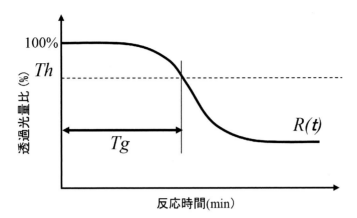

Th：ゲル化を判定する光量のしきい値
Tg：ゲル化判定時間
R(t)：時間 *t* での反応液の透過光量比
　　$R(t) = I(t)/I(0) \times 100$
　　I(*t*)：時間 *t* での透過光量
　　I(0)：透過光量の初期値

図2　トキシノメーターの測定原理

4　LAL試薬を用いた血中BDG測定

　LAL試薬を用いた高感度BDG測定として現在最も広く行われているのは，深在性真菌症の診断を目的とした血中BDG測定であろう。深在性真菌症とは免疫不全状態で発症する真菌による日和見感染症である。診断が困難であること，予後が不良である場合が多いことから簡便で短時間で結果が得られる補助診断方法が模索され，LALを応用したBDG測定による体外診断用医薬品が本邦において開発された[10,11]。多種の病原真菌に共通する細胞壁構成成分であるBDGを測定対象とするため菌種の特定はできないが，簡便な補助診断法として本邦では広く行われている。

　定量試薬，ETXの影響を受けない，簡便な操作性，操作中の汚染確率が低い，ETX測定と同様の操作で測定可能をコンセプトとした血中BDG測定試薬「β-グルカンテストワコー」を開発し体外診断用医薬品の承認を取得した[11]。このコンセプトは，比濁時間分析法の採用，血中のETXと反応干渉成分を同時に不活化できる前処理法の開発，試薬調製の不要な一検体用のシングルテスト試薬形態，ETXおよびBDGフリーの消耗品（真空採血管，ピペットチップ，アルミキャップ）供給などにより実現されている。

　本品の測定原理を図3に示す。上述のとおりLAL試薬の反応はヒト血液凝固反応に類似したカブトガニ体液凝固反応を応用したものであるので，検体として血漿や血清を用いる場合にはそこに含まれる凝固因子や凝固阻害因子が反応に干渉する。そのために何らかの検体前処理による

βグルカンの基礎研究と応用・利用の動向

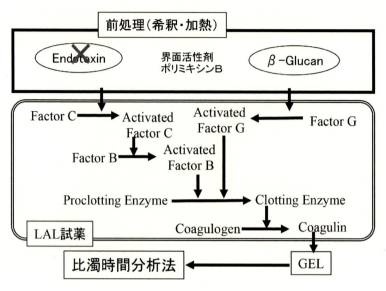

図3　β-グルカンテストワコーの測定原理

これら干渉成分の不活化が必須である。β-グルカンテストワコーでは干渉成分不活化を希釈加熱処理により行っているが，この際に界面活性剤とETX中和能のあるポリミキシンBを共存させることによって血漿あるいは血清検体中のETXの選択的不活化と血中の反応干渉成分不活化を同時に達成している。また，精度管理用試料「LALコントロールワコー」を用いた精度管理を採用することにより，検量線を作成することなく試薬に添付の検量線データシートによる保存検量線の使用が可能である。

具体的な操作方法は図4に示したとおりで検体の前処理とLAL反応の2ステップからなる。ヘパリン加血漿または血清0.1 mLをβ-グルカン検体前処理液一本（0.9 mL）に添加，アルミキャップをして70℃10分間加熱，加熱後直ちに氷冷する。この前処理済み検体0.2 mLを採取しβ-グルカンテストワコーのリムルス試薬（凍結乾燥品）に添加，撹拌して均一に溶解した後，トキシノメーターMTシリーズにセットし90分間測定を行う。

本品の臨床性能は多数報告されている[11～17]。*Candida*症，侵襲性*Aspergillus*症，*Pneumocystis*肺炎ではどの評価でもおおむね良好な成績が得られている。深在性真菌症において，カットオフ値を11 pg/mLとした場合，感度83.3 %，特異度86.3 %との報告[15]があるように，診断効率の高い臨床検査薬として評価されている。なお，ガイドライン[18]にも記載のとおり，メーカー毎に，カットオフ値が異なっており，感度，特異度も異なることからご使用の際にはその点にご留意いただきたい。また，診断の際には表1のような測定結果に影響を及ぼす因子もあるので，併せて注意が必要である。一方，*Cryptococcus*症，アスペルギローマでは血中BDG濃度が上昇しない例も認められる。現在，深在性真菌症の血清学的診断方法には各菌種に特異的な細胞壁抗原の検出，各菌種に対する抗体の検出などさまざまなものがある。

第2章　トキシノメーターを用いたβグルカンの測定

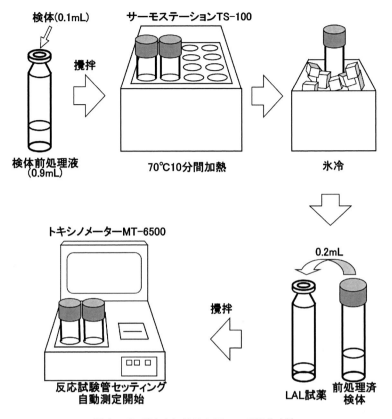

図4　β-グルカンテストワコーの操作方法

表1　β-D-グルカン測定法に影響を及ぼす因子

血清診断法	偽陽性
β-D-グルカン測定法	セルロース素材の透析膜を用いた血液透析
	血液製剤（アルブミン製剤、グロブリン製剤など）の使用
	環境中のβ-D-グルカン汚染
	β-D-グルカン製剤の使用
	Alcaligenes faecalis による敗血症患者
	非特異反応（高グロブリン血漿など）の出現（ペニシリンGなど）
	外科手術（CABG後）

Pneumocystis 肺炎においては，カットオフ値 31.1 pg/mL のとき，感度 92.3 ％，特異度 86.1 ％と報告[17] されている。LAL 試薬が *Pneumocystis* 肺炎に対する感度が高いことから，近年，リウマチ学会の生物学的製剤（抗リウマチ薬）の使用ガイドラインにも β-グルカンの測定が記載され，生物学的製剤投与の可否判断，副作用の原因判別の材料として BDG 測定が利用されるようになってきている。つまり，生物学的製剤の使用によって感染症に対し防御的に働く免疫が抑制され，結核や *Pneumocystis* 肺炎など健常者では発症しにくい感染症の発症リスクが上がるため，そのリスク回避として血中 β-グルカン測定が利用されている。BDG 測定は原因菌種の特定は不可能であるが，広範囲の真菌に反応する優れたスクリーニング検査として広く使われている。

本品は血漿または血清中の BDG 濃度測定に特化したキットであり，これら検体を対象として検体前処理方法や試薬組成を最適化している。他の検体へこの前処理を応用した際の ETX 中和能や BDG への影響は基本的には考慮されていない。また，LAL 試薬そのものは ETX にも反応することに留意いただきたい。また，β-グルカンテストワコーは赤色発光ダイオード光源のトキシノメーター MT シリーズ専用であり，後述の青色発光ダイオード光源のトキシノメーター ET シリーズ*には対応していないのでご注意いただきたい。

5 病院検査室における BDG 測定の精度管理

年々，国内の病院検査室において臨床検査室の認定（ISO15189）を受ける施設が増加している。当規格の中で，検査結果の品質の確保が求められている。当社では 2010 年より，独自にWako サーベイを実施し，病院検査室の精度管理のサポートを行っている。当測定法は用手法であることから，手技的な要因で正しい測定値が得られない場合が想定される。そのような状況を低減するため，年 1 回の自社サーベイにより平均値±2 SD を超えた施設に対し，手技の確認などを行っている。現在までに合計 8 回のサーベイを実施しているが，ほとんどの施設で 2 SD の範囲内に収まっており，精度管理はできていると考えている。

---

* 青色光源トキシノメーター

トキシノメーターは当初は中心波長 660 nm の赤色発光ダイオードを光源として開発された。その後の青色発光ダイオードの実用化に伴い，中心波長 430 nm の青色発光ダイオードを光源とする機種も開発された。光源を短波長の青色発光ダイオードとすることにより，LAL 試薬のゲル形成に伴う濁度変化をより高感度に検出できるようになり赤色光源の装置よりも測定に要する時間が短縮された。また，380 nm 付近に最大吸収波長を有するパラニトロアニリン合成基質を用いた比色時間分析法での測定が可能となった。

第 2 章　トキシノメーターを用いた β グルカンの測定

6　おわりに

　LAL 試薬とトキシノメーターを用いた BDG 測定方法について述べた。BDG 測定に関して少なくとも現時点では LAL 試薬を用いる方法以上の高感度な方法はない。LAL 試薬は「生きている化石」と呼ばれるカブトガニの血液を利用したものであるが，カブトガニから血液のみを採取し採血後は生きたまま再放流している。今後も LAL 試薬が継続して利用できるように，貴重な生物資源であるカブトガニの資源保護に努めつつ，より効率的な活用を進めてゆきたい。

文　　　　献

1)　第十七改正日本薬局方 一般試験法 4.01 シン試験法
2)　United States Pharmacopeia 41 F36 Bacterial Endotoxins Test 〈85〉
3)　Levin J, Bang FB, *Bull. Johns Hopkins Hosp.*, **115**, 265（1964）
4)　Kakinuma A, *et al., Biochem. Biophys Res. Commun.*, **101**, 434（1981）
5)　Morita T, *et al., FEBS lett.*, **129**, 318（1981）
6)　Iwanaga S, *et al., J. Biochem.*（*Tokyo*）, **123**, 1（1998）
7)　Iwanaga S, *et al., Curr. Opin. Immunol.*, **14**, 87（2002）
8)　Iwanaga S, *et al., J. Biochem. Molecular Biology,* **38**, 128（2005）
9)　大石晴樹ほか, 薬学雑誌, **105**, 300（1985）
10)　Obayashi T, *et al., Lancet*, **345**, 17（1995）
11)　Mori T, *et al., Eur. J. Clin. Chem. Clin. Biochem.*, **35**, 553（1997）
12)　森健ほか, 日本医真菌学会雑誌, **40**, 223（1999）
13)　森健ほか, 日本医真菌学会雑誌, **41**, 169（2000）
14)　Kawazu M, *et al., J. Clin. Microbiol.*, **42**, 2733（2004）
15)　茂呂寛ほか, 感染症学雑誌, **77**, 227（2003）
16)　藤木早紀子ほか, 日本集中治療医学会雑誌, **17**, 33（2010）
17)　Tasaka S, *et al., Chest*, **131**, 1173（2007）
18)　深在性真菌症の診断・治療ガイドライン 2014

第3章　大麦βグルカンの健康機能性と
その応用について

久下高生[*1]，椿　和文[*2]

1　はじめに

　大麦βグルカンは，イネ科オオムギ属である大麦（学名 *Hordeum vulgare*）の種子の細胞壁に多く存在する多糖成分である。大麦は穀類の中でも水溶性食物繊維含有量が比較的高いことが特徴であり，その主な成分がβグルカンである。大麦にβグルカンが存在することが他の穀類（米，小麦，トウモロコシ）にはない大きな特徴となっている。

　世界的にみると，大麦の生産量は，米・小麦・トウモロコシに次ぐ4番目の規模にあり，そのほとんどは北半球（ロシア，EU諸国，カナダ，米国）で栽培され，ビールや蒸留酒・ウイスキーなど醸造原料および飼料として世界中で利用されている。一方，我が国において大麦は，3世紀ごろ朝鮮半島を経て伝来し，奈良時代にはすでにコメに次いで広く栽培され，以来，長く主食として食されてきた。この他，味噌・醤油・焼酎・麦茶など，幅広く利用されており，日本人にとって大麦は，なじみの深い食品と位置づけることができる。従って，日本では大麦βグルカンの摂取にも長い歴史があり，大麦βグルカンは日本人に食経験のある安全・安心な食品成分といえるのである。

　本稿では，水溶性食物繊維としてβグルカンを多く含む大麦と大麦から抽出・精製したβグルカンの特徴，機能性を概説する。

2　大麦の健康機能性に関する健康強調表示

　最近になって欧米を中心に大麦のもつ健康機能に対する関心が高まってきた。特に水溶性食物繊維であるβグルカンの働きが注目されており，冠状動脈心疾患や糖尿病の予防との関連を検討した生理機能研究や臨床研究が相次いで報告されている。大麦および大麦に含まれるβグルカンの健康機能に関する知見に基づき，2006年5月，米国食品医薬品局（FDA）はβグルカンを含む大麦繊維を0.75g以上含む食品は，「冠状動脈心疾患のリスク低減に役立つ」との健康強調表示を認めている[1)]。これに引き続き欧州食品安全機関（EFSA）において，2009年10月に大麦由来のβグルカンを含む製品に対して「正常な血中コレステロールの維持に役立つ」との健康強調表示が認可され[2)]，その後，カナダ，オーストラリアやニュージーランドでも同様の表示が可

　＊1　Takao Kuge　㈱ADEKA　ライフサイエンス材料研究所　ライフサイエンス開発室
　＊2　Kazufumi Tsubaki　㈱ADEKA　研究企画部

第3章　大麦βグルカンの健康機能性とその応用について

能となり，現在のところ，欧米においては大麦βグルカンの健康機能について認知が進んでいるといえる。諸外国における大麦の健康強調表示について荒木らが詳細をまとめている[3]。

一方，日本では，これまでのところβグルカンを関与成分とした製品の特定保健用食品の許可例はない状況であるが，2015年に始まった機能性表示食品制度により，大麦に含まれるβグルカンを関与成分とし，「糖質の吸収を抑える」，「血中コレステロールが高めの方の血中コレステロールを低下させる」，「おなかの調子を整える」などの機能を表示した製品が届出されている（2018年3月31日時点）。

我が国では食物繊維摂取量が年々減少傾向にあり，特に穀物由来の繊維摂取量の減少は顕著である[4]。日本人の食物繊維摂取量は摂取目標値の7割とされ，大麦やその成分であるβグルカンの利用は日本人の食物繊維摂取量の改善に役立つ可能性があり利用促進が望まれている。また，生活習慣病であるメタボリックシンドロームの改善や予防にも有用であると期待は高まりつつある。

3　大麦に含まれるβグルカン（大麦βグルカン）の特徴

3.1　構造と大麦品種

大麦βグルカンは，ブドウ糖がβ結合によって数百から数千連なった直鎖状の多糖体（グルコースポリマー）であり分子内にβ-1,3結合とβ-1,4結合を含み，β-1,3-1,4-D-グルカンと呼ばれている。大麦βグルカン分子のモデル構造を図1に示した。その構造はβ-1,4結合が1単位あるいは2単位毎にβ-1,3結合を1単位の割合で含み，β-1,3結合が連続しない構造の繰り返しを有すると解析されている[5]。ブドウ糖分子が1,4位のみでβ結合したセルロースは分子同士が会合・結晶化してその多くは水不溶性を示す。この構造に一定間隔で1,3位の結合が入ることだけで水溶性が増し，同分子を含む水溶液は高粘性を示すようになる。大麦βグルカン

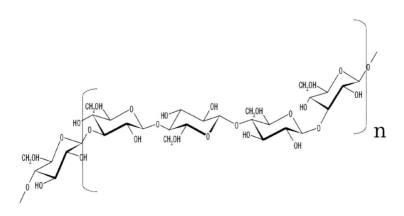

図1　大麦βグルカン分子のモデル構造

は，分子の広がりや立体構造においてセルロース分子とは全く異なっており，このことが多くの生理機能性を示す構造上の特性と考えられる[6]。大麦の品種は，実のなる穂の形によって粒が大きい二条種と粒が小さい六条種とに大別され，それぞれに外皮が剥がれやすく，粒が裸になる「はだか麦」，離れない「皮麦」がある。また，コメと同様に種子に含まれる澱粉の性質から，うるち性とモチ性の品種がある。六条大麦は麦茶や麦飯用に利用されている。ビールなど醸造用には主として二条大麦が使用されている。これらいずれの大麦品種にもβグルカンは存在しており，一般品種では栽培条件（土壌，施肥条件）や天候によりβグルカン含有量は同一の品種であっても大きく変動する場合もあるが，おおむね含有量は3〜6％の範囲にある。ビール醸造ではβグルカンが濾過つまりの原因となるとの理由からβグルカン含有量をより低減した改良品種（3％以下）が好まれて利用されている。また，うるち性の品種に比較してモチ性の大麦品種にはβグルカンが比較的高く存在すると報告がある[7]。

βグルカンの分子量は，細胞壁中で百万〜数十万と幅広く分布している。従って，大麦粒，大麦粉あるいは大麦の細胞壁成分を濃縮した分級大麦粉は分子量百万〜数十万の比較的大きい分子量のβグルカンが中心に含まれている。大麦から抽出されるβグルカンは分子量数十万〜数万であり，比較的低分子量のβグルカンが中心となる。

なお，大麦βグルカンと構造上類似のβグルカンはオーツ麦にも含まれており，欧米では機能性研究が進んでいる[8]。

3.2 分析方法

大麦βグルカンの測定は，β-1, 3-1, 4-D-グルカンの定量に優れたMcCleary法（酵素法）を利用して定量分析することができる。本測定法は，大麦粒をはじめオーツ麦，麦汁などのβグルカン量を測定するため，食品産業において世界的標準法として幅広く利用されており分析キットも市販されている。測定原理は，サンプルを緩衝液で懸濁・水和させ，β-1, 3-1, 4-D-グルカンを特異的に加水分解する酵素であるリケナーゼをこれに反応させて大麦βグルカンをβ-グルコオリゴ糖に分解し，次にβ-グルコシダーゼを反応させてグルコースに分解する。生成グルコースは，グルコースオキシダーゼ／ペルオキシダーゼ試薬を用いて定量する[9]。

3.3 機能性

大麦βグルカンは水溶性食物繊維に共通の一般的な機能性以外にも多彩な生理作用が報告されている。論文や学会で報告されている主な機能性を図2にまとめて示した。大麦βグルカンは，消化管（小腸）で酵素の作用を受けず，水溶液の状態では高粘性を有することから，胃粘膜の保護作用，腸内を通過する際に糖質や脂質などの栄養素を抱き込むことで栄養素の消化吸収を遅延させる作用，有害物質を吸着して対外へ排出促進する作用が知られている[10]。腸内での滞留時間が長くなることは，満腹感の持続およびインスリン分泌の低減に役立ち，その結果，食事量の低減や肥満抑制に役立つようである。また，大腸では腸内細菌によってβグルカンの一部が発酵

第3章 大麦βグルカンの健康機能性とその応用について

【大麦β-グルカンの生理機能性】

① 心臓の健康維持
血中コレステロール低下、血圧上昇抑制作用、脂質吸収の抑制作用

② 血糖値の維持
血糖値上昇の抑制作用、血中インスリン濃度の調節作用、糖尿病予防効果

③ 体重のコントロール
体重増加率の低減作用、満腹感の持続作用

④ 整腸作用、粘膜保護効果
プレバイオティクス効果、腸内細菌による発酵促進、胃粘膜保護作用

⑤ 免疫機能の調節作用
腸管免疫の賦活作用、感染防御作用、抗ガン剤の副作用軽減作用
抗アレルギー効果

図2 大麦βグルカンの主な生理機能性

を受け短鎖脂肪酸（酢酸・プロピオン酸・酪酸）が産生され，整腸作用に寄与すると報告がある[11]。近年，大麦βグルカンはキノコや微生物由来のβ-1, 3-1,6-D-グルカンに匹敵する免疫賦活活性があることも判ってきた[12]。

3.3.1 心臓の健康維持

大麦および大麦βグルカンの健康機能性として，血中コレステロール値の低下作用は，報告例が多く，ヒト試験の結果も多数報告され広く認知が進んでいる。

大麦を用いた数多くのヒト試験の結果より，大麦の摂取は血中の総コレステロール，LDL-コレステロール，トリグリセライド濃度を有意に低下させ，HDL-コレステロール値へは影響が小さいこと，また，これらに対する寄与成分は大麦βグルカンであるとのコンセンサスが得られている[13]。

大麦βグルカン抽出物を用いたヒト試験の結果を紹介する。大麦由来の水溶性食物繊維6 g/日を5週間摂取させたところ，摂取前に比較して総コレステロール，LDL-コレステロールの低下を認めた例（対象：高コレステロール血症の男性18名）[14]，大麦βグルカン3 g/日あるいは6 g/日の摂取でβグルカンを摂取しない群に比較して5週間後の総コレステロール，LDL-コレステロールの低下を投与量依存的に認めた例（対象：総コレステロール値が200～240 mg/dLにある高コレステロール血症の男女25名）がある[15]。さらに総コレステロール値が235 mg/dLの高コレステロール血症の男女155名の試験では，3 g～5 g/日の6週間摂取によって総コレステロール，LDL-コレステロール値は10％程度有意に低下したとの報告もある[16]。米国において血清コレステロール値が1％低下することで心臓病による死亡率は2％低下すると発表されている[17]。大麦βグルカンの摂取は心疾患の予防に役立つとの考えから，FDA（米国）は大麦βグルカンを含む製品に健康強調表示を認可した。ラット[18]，ハムスター[19, 20]，糖尿病モデルラット[21]を用いた多くの動物試験の結果から，大麦による血中コレステロール低下に対して大麦に

含まれるβグルカンの寄与度が大きいと分析されている。

作用機作は，胆汁酸ミセルの破壊による胆汁酸（コレステロール）の再吸収阻害，胆汁酸の吸着排出促進，あるいは大腸で腸内細菌により代謝された短鎖脂肪酸による肝臓でのコレステロール合成関連酵素の抑制[22]，インスリン分泌の減少によるコレステロール代謝の変化，胆汁酸の排出促進に起因した肝臓コレステロール7α-ヒドロキシラーゼ（CYP7 A1）活性の増大による体内コレステロールの異化促進[23]，これらの作用によって血中コレステロール値が低下すると推定されている。

大麦βグルカンの血圧低下への関与を示す報告例は少ないが，コレステロール血症の患者において大麦摂取が拡張期の血圧を低下させること[24]，オーツ麦βグルカンの12 w投与で，73％が抗圧薬剤の減量に成功，その他の患者でも血圧低下効果が認められたとの報告がある[25]。

3.3.2　血糖値の維持

大麦は他の穀類（米・小麦）に比較して血糖値が上昇しにくいことから糖尿病患者に対する有効性が示唆されている。血糖値上昇抑制の指標として用いられるGlycemic Indexにおける大麦のそれはJenkinsによれば31と算出され，報告された食品中で最も低値を示した[26]。佐藤らは，糖尿病患者に大麦を負荷することで白米摂取に比較して有意な血糖値上昇抑制を見出し，糖尿病患者における大麦を主体とした食事の有用性を示唆した[27]。一方，中村らは血糖値上昇抑制を示す成分が大麦の可溶性食物繊維であることをラットで実証している[28]。また，2型糖尿病の109人の男性囚人を追跡調査した結果，規則正しい生活や運動と麦飯の継続摂取が糖尿病の改善に有効であったとの報告もある[29]。大麦βグルカンを添加した食品の血糖値上昇抑制に関する研究では，血糖値上昇抑制に有効な大麦βグルカン添加量はクッキーの場合3.5 g/食[30]，パスタの場合5 g/食[31]，うどんの場合2.5 g/食[32]，シリアルで2 g/食[33]であるとの報告がある。50 gのグルコース負荷で上昇する血糖値を0.5 gの大麦βグルカンが抑制するとの報告もある[28]。近年，低用量での効果の検証が日本でもなされており，青江らは1 g/食のクラッカー[34]，中尾らは1 g/食のサプリ[35]，笹岡らは1.8 g/食のホットケーキなど[36]，1～2 gでの血糖値上昇抑制効果についての報告がなされている。

血糖値上昇の抑制作用機作は，高粘性を有するβグルカンが糖質を吸着することで消化を抑制し，糖質の消化管内での滞留時間を延長し，吸収を遅延する作用によるものと考えられている[37]。また，青江らはC57 BL/6 Jマウスを用いた大麦摂取の糖代謝に及ぼす影響に関する実験において，大麦βグルカンが消化管ホルモンの分泌に直接的あるいは間接的に関与し，インクレチン（GIP，GLP-1など）の分泌を促進，結果としてインスリンやグルカゴンの分泌に影響を与え，肥満モデルマウスにおいて耐糖能を改善する可能性があると考察している[38]。

3.3.3　体重のコントロール機能・満腹感の持続効果

大麦βグルカンは粘性，保水性，吸着性を有するため，その摂取により消化管内で膨潤するとともに比較的長期間滞留する。その結果，満腹感が持続することになりその後の食事量の減少が期待できるとともに，同時に摂取した栄養素の消化吸収率も低下することから体重のコントロー

第 3 章　大麦 β グルカンの健康機能性とその応用について

ルや肥満防止効果が期待される。糖尿病モデルマウスでの実験の結果，大麦 β グルカン投与により非投与群に比較して体重増加率が 5〜7 ％抑制されるとの報告や[39]，高脂肪食を投与したマウスにおいて，β グルカン濃度依存的に体重増加が抑制されるとの報告[40]がある。ヒトにおける臨床試験では，満腹感の持続に関する報告が複数なされており，メカニズムとしては GLP-1，PYY やグレリン，レプチンなどの食欲に関連するホルモンの関与が示唆されている[41~45]。

3.3.4　整腸作用・粘膜保護効果

大麦 β グルカンは大腸に到達後，その一部が乳酸菌，酪酸生産菌など腸内のいわゆる善玉菌によって資化され有機酸（短鎖脂肪酸）を産生する[11]とともに善玉菌の増加が悪玉菌を減少させ腸内菌叢を改善し，腸管細胞の活性化を含め腸の健康維持に働いているとされる。実際に大麦 β グルカンの投与により酪酸生産菌[46]や乳酸菌 *Lactobacillus* 属が増加するとの報告がある[47]。また，ヒト臨床試験でも呼気中の水素濃度が上昇するとの報告がある[48, 49]。

中村らはラット水浸ストレス潰瘍への大麦 β グルカンの作用を検討し，ラットに大麦 β グルカンを添加した飼料で 14 日間飼育後，21 時間の水浸ストレスを与え，非添加飼料で飼育したコントロール群に比較して有意な潰瘍抑制を認めている。β グルカンが胃表層粘膜細胞の増殖と粘液分泌の促進作用を示しストレス性潰瘍を抑制したと考察している[50]。

3.3.5　免疫機能の調節作用

免疫細胞を刺激して生体防御機能を増強，あるいは，亢進した免疫系を抑制するなどの免疫調節作用を示す物質は BRM（Biological Response Modifier）と呼ばれる[51]。キノコや微生物由来の β グルカン（β 1-3-D-グルカン，β-1-3, 1-6-D-グルカン）とともに大麦やオーツ麦由来の β グルカンにも BRM 活性が認められ，大麦 β グルカンの経口投与はマクロファージによる癌細胞障害活性を促進する効果が知られている[52]。ヒトの肺ガン細胞 BT474 株を異種移植したヌードマウスに，大麦 β グルカンを 400 μg/day で経口投与しながら抗腫瘍剤（Herceptin：anti-HER2）を 1 週間毎に 10 μg/mouse で 3 回投与したところ腫瘍の増殖抑制効果を認めている。大麦 β グルカンはマクロファージを活性化し，サイトカイン産生能を高めることで免疫調節作用を発揮すると報告がある[53]。

3.4　大麦 β グルカンの応用

3.4.1　大麦 β グルカンを含む機能性食品

表 1 に機能表示食品の届け出受理された一覧を示した。大麦および大麦粉を加工食品に配合することにより，一定量の大麦 β グルカンを含む食品が開発されている。

3.4.2　大麦 β グルカンの抽出・精製と高純度化 β-グルカンの特徴

筆者らは，β グルカンを大麦から抽出・精製し，大麦 β グルカンの物性や機能を調べており，概略を述べる。

表1 届け出受理された機能表示食品の一覧

届出番号	届出日	届出者名	商品名	食品の区分
A49	2015/5/28	大塚製薬株式会社	大麦生活 大麦ごはん	加工食品（その他）
A50	2015/5/28	大塚製薬株式会社	大麦生活 大麦ごはん 和風だし仕立て	加工食品（その他）
A100	2015/8/24	株式会社はくばく	大麦効果	加工食品（その他）
A302	2016/3/30	株式会社マルヤナギ小倉屋	おいしい雑穀 蒸し大麦	加工食品（その他）
B22	2016/5/11	株式会社はくばく	もち麦ごはん	加工食品（その他）
B125	2016/7/25	豊橋糧食工業株式会社	大麦シリアル5.5	加工食品（その他）
B192	2016/9/13	株式会社栗山米菓	大麦のチカラ まろやか塩味	加工食品（その他）
B193	2016/9/13	株式会社栗山米菓	大麦のチカラ まろやか醤油味	加工食品（その他）
B201	2016/9/21	昭和産業株式会社	大麦粉のホットケーキミックス	加工食品（その他）
B483	2017/1/30	永倉精麦株式会社	もち麦（丸麦）国内産もち大麦	加工食品（その他）

2018年4月27日調べ，消費者庁HPより（https://www.fld.caa.go.jp/caaks/cssc01/）

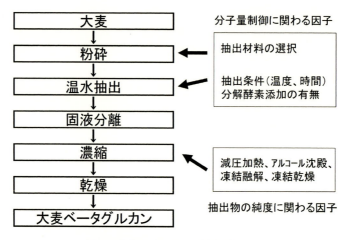

図3 大麦βグルカンの抽出プロセス

① 大麦βグルカンの抽出・精製方法

大麦βグルカンは水溶性の多糖であり，基本的には水を溶媒として大麦粉砕物から抽出操作によって得ることができる。一般的な製法を図3に示した。βグルカンは胚乳細胞に多く存在するので栽培・収穫した大麦粒の外皮を除去後，粉砕して得た大麦粉が原料として用いられる。大麦βグルカン抽出液を得る際にβグルカンの分離と抽出を促進するため，食品用の酵素製剤（セルラーゼ，プロテアーゼ，αアミラーゼ）を添加する方法もある[54]。抽出後に加熱処理して殺菌

第3章　大麦βグルカンの健康機能性とその応用について

および酵素を失活させ，固液分離操作によって大麦βグルカン抽出液を得る。得られた抽出液は，凍結融解法[55]やエタノール精製法により濃縮，乾燥して大麦βグルカン抽出物を得る。抽出条件により分子量十万〜数千の異なる分子量を有する大麦βグルカン抽出物が調製可能である。また，濃縮法を適宜選択することによって，抽出物のβグルカン純度をコントロールすることができる。

抽出以外の製法としては，大麦粉を篩いなどにより分級し，デンプン粒を分離除去し大麦βグルカンを含む細胞壁画分を濃縮する方法[56]，大麦粉にβグルカン抽出物を添加しβグルカン量を一定になるよう調整する方法などがある[57]。

② 抽出された大麦βグルカンの分子量と特性について

大麦粒では大麦βグルカンの分子量は数100万と考えられているが，抽出βグルカンは，分子量数100,000以下の分子であり，抽出時にセルラーゼやβ-1,3-1,4グルカナーゼを作用させると分子量数千の低分子化したβグルカンを得ることができる。平均重量分子量の異なる大麦βグルカンを調製し，70℃にて完全に溶解させた3％水溶液を4℃および-30℃に2日間放置し，室温に戻してから溶液の濁度を測定し，安定性を評価した（図4）。その結果，分子量10,000以下に低分子化された大麦βグルカン分子は冷凍・冷蔵後も沈殿を認めず濁度は低く安定で高水溶性を示した。一方，分子量数万以上のβグルカン分子は，水溶液の濁度は高く，冷凍—解凍することによって沈殿が認められた。ひずみ制御方式の回転粘度計による分子量100,000の大麦抽出βグルカンの3％溶液の粘度（40℃測定）は33 mPa·sを示すのに対し，分子量3,000の大麦βグルカン分子のそれは，0.86 mPa·s，水溶液濃度10％においても1.2 mPa·sであり，大麦βグルカンの粘性は分子量に大きく依存し，分子量10,000以下に低分子化することによって粘性や溶解性などの物性が著しく変化する。

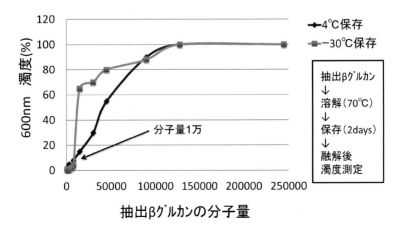

図4　抽出βグルカンの安定性

③ 大麦βグルカンの高純度化と特徴

製造方法：粉砕した大麦に温水を添加後，撹拌抽出を行い，固液分離後の上清を得て，これを濃縮，乾燥させることで，大麦βグルカンを70％含む粉末が得られる。

性状：白〜クリーム色の粉末で，大麦βグルカン含量は，原料大麦の10倍以上に濃縮される（表2）。消化性の炭水化物（糖質）が低減されて，脂質はほとんど含有しない。βグルカンの平均重量分子量は10〜8万，70℃以上の温水に可溶性で濃度とともに粘度が増加し，5％以上の水溶液は冷却すると特有のゲルを形成する[58]。

この粉末を3％となるように水およびクエン酸溶液に溶解させ，加熱後HPLCにて面積値を測定することで安定性を評価した。図5に示したように加熱による変性はほとんどなかった。粘度についてもほとんど変化を認めず安定である。

表2 大麦βグルカン製品の栄養成分組成

		大麦βグルカン 高濃度品（70％品）	大麦βグルカン 中濃度品（30％品）	大麦（押し麦）
水分	g	4.2	1.6	14
たんぱく質	g	5.4	6.5	6.2
脂質	g	1.3	2.7	1.3
糖質	g	12.5	46.5	68.2
灰分	g	2.2	105	0.7
ナトリウム	mg	10	4	2
エネルギー	kcal	252	330	340
β-1,3-1,4-グルカン	g	72.2	31.5	5〜6
総食物繊維	g	73.4	41.2	9.6

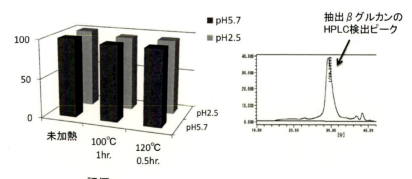

評価：
《pH》① pH5.7（水）、② pH2.5（クエン酸で調整）
《加熱条件》 100℃、1.0h　120℃、0.5h
《測定》 HPLCによるβグルカンピーク面積値

図5 大麦βグルカンの安定性評価（分子量10万）

第3章　大麦βグルカンの健康機能性とその応用について

安全性：高純度大麦βグルカン（βグルカン70％含有）は，ラットを用いた2,000 mg/kgの単回投与試験，マウスを用いた6ヶ月間の飼育試験（2.5％添加飼料の自由摂取）で特に異常を認めなかった。この他，大麦βグルカン抽出物の28日間連続投与試験の結果，安全性に問題はなかったとの報告もある[59]。

免疫調節機能：

(A) 腹腔内投与によるマクロファージの活性化

大麦βグルカンを腹腔内へ投与しBRM活性を評価した。投与5時間後に得た腹腔内滲出細胞（PEC：Peritoneal Exudate Cells）を分析の結果，投与量依存的に顕著な好中球の集積が認められた[60]。投与96時間後にPECを解析すると，そのほとんどはマクロファージであり，細胞数の増加および活性化が認められた（図6）。この細胞群を24時間培養した上清のサイトカイン産生量を測定の結果，インターロイキン12（IL-12），インターフェロンガンマ（IFN-γ）の有意な産生増強が認められ（表3），このことは大麦β-グルカンのマクロファージおよびリンパ球（LC：Lymphocyte）の活性化能を裏付ける結果と考えられる[41]。

(B) 大麦βグルカンのマウスへの経口投与

大麦βグルカンを2.5％添加した飼料を調製し，Balb/cマウス（6週齢）に2週間自由摂取させてから，腸管イムノグロブリンA抗体（IgA抗体）の産生量，脾臓細胞および腹腔内細胞中のTNF-α，IL-12，IFN-γの産生促進，消化管パイエル板細胞からのインターロイキン6（IL-6），IgA抗体の産生増強を評価した。その結果，大麦βグルカン摂取群にて腸管内のIgA抗体量，脾臓細胞からIL-12，INF-γの産生増強，パイエル板細胞からのIL-6およびIgA抗体の産

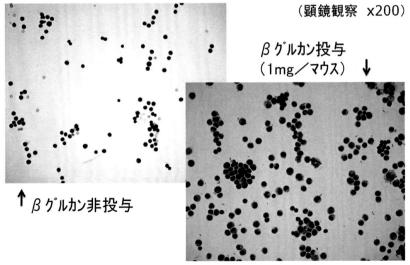

図6　大麦抽出βグルカン投与によるマクロファージ活性化

表3　大麦βグルカンの腹腔投与によるからのサイトカイン産生能

	非投与群	大麦抽出βグルカン投与群
TNF-α	125±85	289±157
IL-12	936±240	2714±485*
IFN-γ	626±339	1683±93.4*

*p<0.05（非投与群と大麦βグルカン抽出物投与群間の有意差）
単位：サイトカイン産生量　pg/ml

表4　大麦βグルカンの経口投与によるIgA抗体およびサイトカイン産生

	非投与群	大麦抽出βグルカン投与群
腸管内のIgA抗体量	1.92±0.15	3.11±0.11**
パイエル板培養細胞からのIL6産生	4.6±6.2	17.3±12.4*
パイエル板培養細胞からのIgA抗体の産生	203±25	415±174*
脾臓からのTNF-α産生	36.8±10.9	21.5±13.9
脾臓からのIL-12産生	2090±633	6260±1736**
脾臓からのIFN-γ産生	（－）	683±193**

**p<0.05　（非投与群と大麦βグルカン抽出物投与群間の有意差）
*　p<0.1　（非投与群と大麦βグルカン抽出物投与群間の有意差）
単位：腸管IgA抗体mg/腸管1g，培養上清中のIgA抗体ng/ml，
　　　サイトカインpg/ml，（－）検出限界以下

生増強が認められた（表4）。一方，腹腔細胞からのサイトカイン産生は増強されなかった。経口投与した大麦βグルカンは腸管細胞および腸管免疫細胞を活性化し，脾臓中の細胞活性に作用すると考えられる[52]。

(C)　食物アレルギーモデルマウスを用いた大麦βグルカン抽出物の評価

　卵白アルブミン（OVA）の経口投与とOVA-Alum（水酸化アルミニウム）の腹腔投与でOVA特異IgE抗体価が上昇したモデルマウスを作成し，大麦βグルカン抽出物の抗アレルギー評価を行った。大麦βグルカン抽出物5％添加飼料と非添加飼料を2週間，自由摂取させた。4週後，OVAを経口投与して，3時間後にマウスを屠殺して臓器を摘出した。肝臓は，還流操作を行い，固定後パラフィン包埋し，4μmの薄切切片を作製した。大麦βグルカン抽出物の2週間の経口投与は，非投与群に比較して血中総IgE抗体値，OVA特異IgE値に有意な差を与えなかったが，肝臓組織の観察から同マウスで観察される肝臓組織障害の軽減を認めた[60]。また，LAB-SA法（Labeled-streptAvidin-Biotin：Zymed, Histomouse-plus）にて，免疫組織化学的にIL-4，TNF-α，CCR4，CCR5（CK-5）陽性数を検討の結果，大麦βグルカンの経口投与群

第3章　大麦βグルカンの健康機能性とその応用について

では，非投与群に比較して免疫組織染色によりIL-4陽性細胞数の低下，CCR5（ケモカインレセプター5）陽性細胞数の上昇傾向が認められた（図7）。大麦βグルカン抽出物の投与はアレルギーの炎症反応を抑制する可能性が示唆される。

(D) 大麦βグルカンの免疫細胞活性化の作用機序

大麦βグルカンの免疫活性化機序は，完全には明らかとなっていないが，少なくともβ-1, 3-グルカンと同様にdectin-1を介した機構が働いていることが明らかとなってきた。マクロファージの細胞表面に発現しているβ-1-3-グルカン受容体（dectin-1）に対する大麦βグルカンの結合性をELISA法（Enzyme-Linked Immunosorbent Assay；酵素結合免疫測定法）で解析した。精製したβグルカンを固相化したプレートに対する標識dectin-1の結合性は，β-1, 3-1, 6-グルカンであるソニフィラン（SPG）やβ-1, 3-グルカンであるラミナランよりも，大麦βグルカンは約2倍高い結合性を示す結果であった（図8）。また，大麦βグルカンがdectin-1に結合した後，その情報はプロテインカイネースを介してシグナル伝達されNF-κBの活性化を引き起こすことも明らかになっている[61, 62]。大麦βグルカンによるマクロファージや樹状細胞の活性化の一部は，dectin-1を介した結合刺激が細胞内にシグナル伝達され，細胞の活性化，増殖，サイトカイン産生などを誘導することによるものと考えられる。

3.4.3 大麦βグルカンの抽出・精製技術の応用

① 大麦食品への利用

高純度大麦βグルカンは，大麦または大麦粉に加えることにより，食品の摂取量を抑えつつ機能発揮に必要な大麦βグルカン量を摂取可能な食品製造の可能性がある。そこで通常の大麦粉に含まれるβグルカン量の5〜6倍に相当する30％大麦βグルカンを含有する食品を調製し，そ

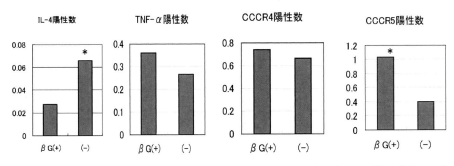

図7　大麦βグルカン投与による食物アレルギーモデルマウスにおける肝臓障害の軽減作用の解析結果

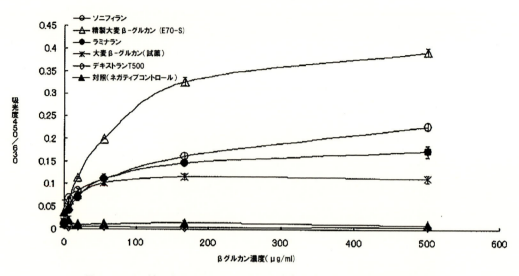
図8　ELISA法によるdectin-1分子への大麦βグルカン結合性の評価結果

の機能を調べた。
製造方法：大麦粉に高純度大麦βグルカンを添加後，加熱加工して大麦βグルカンを30％含む大麦加工食品を得た[56]。また賦形剤（エリスリトール，プルラン）を少量添加して造粒した顆粒品を得た。
性状：白～クリーム色の粉末で，栄養成分組成の分析値を表2に示した。顆粒品は，一包3.3gあたり大麦βグルカンを1,000mg含有する。
安全性：顆粒品を用いたヒト摂取試験（単回摂取試験，3,000mg過剰摂取試験，90日間連続摂取試験）にて特に異常を認めなかった。
血糖値上昇抑制評価：
　(A)　血糖値上昇抑制効果（正常マウス実験）
　6週齢のBalb/cマウス（雌性，1群10匹，日本クレア社製）を用いて顆粒品（400mg/kg）および難消化デキストリン（400mg/kg）を負荷糖（2,000mg/kg）に混合して生理食塩水に溶解させ，マウスに投与し，血糖値上昇抑制効果を調べた。その結果，大麦βグルカン投与群は，グルコース，シュークロース，デンプン，マルトースの4種類の負荷糖で有意な血糖値の上昇抑制効果を認め，マルトースおよびグルコースを負荷糖とした場合，難消化デキストリンよりも強い血糖値上昇抑制効果を示した（図9）。
　(B)　糖尿病自然発症マウスを用いた抗糖尿病効果[38]
　5週齢のKKAy/Taマウス（雌性，1群10匹，日本クレア社製）に顆粒品を1週間あたり400mg/kgとなるよう週2回にわけ，ゾンデを用いて経口投与を9週間にわたり実施した。コントロール群は蒸留水のみ経口投与とした。実験期間中，水と餌は自由摂取とした。9週間の飼育後の体重増加量を比較したところ，大麦βグルカン投与群はコントロール群と比較して体重の

第3章　大麦βグルカンの健康機能性とその応用について

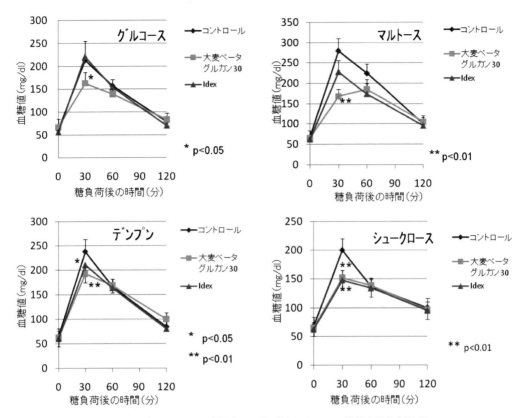

図9　大麦βグルカン中濃度品の各種糖負荷での血糖値上昇抑制効果

有意な増加抑制が試験開始後1週目より観察され（p<0.01），これは試験期間終了時まで継続して観察された。なお，すべてのマウスにおいて試験開始時に比較して終了時には体重は増加していた。体重増加抑制の程度は，コントロール群と比較して平均して約7～8％の低体重にて推移していた（図10）。非絶食時の血糖値は，試験期間中200 mg/dL程度であり期間中血糖値の上昇は認められなかった。コントロール群では2週目以降から300 mg/dL以上で推移し，βグルカン摂取群に有意な血糖値上昇抑制作用を認め（p<0.05），大麦βグルカンの摂取は糖尿病の発症を遅延あるいは予防する効果がある可能性が示唆された。

(C)　食後血糖値の上昇抑制効果（ヒト試験）

20歳以上70歳未満の一般成人を対象に，顆粒品をβグルカンとして1 g，あるいは0.33 gを摂取し，食後血糖値の抑制効果を評価した。試験は大麦粉（0.11 gのβグルカンを含む）を対照食とした二重盲検単回摂取クロスオーバー試験として，無作為に6群に層別化し，2週間ごとに米飯負荷試験を3回繰り返し実施した。その結果，全体では有意差が見られなかったが，血糖値がやや高めの男性15名についての層別解析では，60分後において，βグルカンの1 g摂取群は対象食に比較して有意な食後血糖値の上昇抑制効果を示した[34]。0.33 g投与群に有意差はなかっ

たが投与量依存的な食後血糖値の上昇抑制が観察された（図11）。大麦βグルカンの摂取は食後血糖値の上昇抑制に役立つことが示唆された。

② 大麦βグルカン抽出・精製技術の応用

近年，大麦βグルカンの機能性が注目されるに伴い，βグルカン含量が高い大麦品種も栽培されるようになっている。原料の大麦を選別し，βグルカンの抽出技術を組み合わせることにより，βグルカンを30～40％含む易溶性の水溶液や粉末がより安価に製造できるようになっている。水溶性の高い大麦βグルカンは，従来，応用が難しかった飲料などへの応用の他，食品加工時の物性改良効果や生体内での機能性の発揮も期待される。

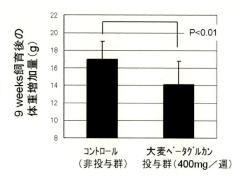

図10　大麦βグルカン中濃度品の体重増加の抑制効果

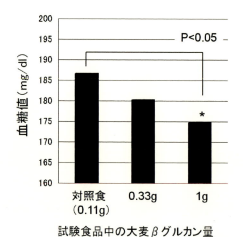

図11　大麦グルカン中濃度品の食後血糖値抑制効果

第3章　大麦βグルカンの健康機能性とその応用について

4　おわりに

　大麦βグルカンの健康機能性として，コレステロール低下作用，血圧抑制作用，血糖値の上昇抑制作用，肥満防止効果，整腸作用，粘膜保護作用，免疫調節作用について概説するとともに大麦βグルカン製品の健康機能性について紹介した。大麦βグルカンに関する健康機能性をまとめるにあたり，筆者自身，大麦βグルカンのもつ幅広く多彩な生理機能性を再認識した次第である。大麦あるいは大麦βグルカンの摂取を日常生活に取り入れ継続摂取することが現代人の健康維持に役立つことは，欧米を中心とした多くの報告例から明らかになりつつあることがお判りいただけたと思われる。

　大麦βグルカンは，日本では伝統的な食品素材である「大麦」に含まれ日常的に摂取されている天然の食物繊維であり，安全性が高い成分である。農林水産省の作物統計によれば，昭和30年の我が国の大麦生産量は240万トン，その平均摂取量は24 kg/人/年と算出される。βグルカンの含有量を4％とすると1日あたり2.6 gのβグルカンを日常摂取していたと推定することができる。しかしながら，食味，嗜好性，生産性において米や小麦にはかなわず，高度経済成長とともにその消費量は年々減少し，現在では国内で生産される主食用の大麦は20万トン前後と低迷している。大麦の健康機能性が見直され麦ご飯として消費量は増加に転じたと報じられているが，消費拡大には，大麦加工食品の開発や大麦の特性を生かした調理方法の開発など新しい工夫が今後さらに必要と思われ，この分野に興味を持つ食品研究者や食品加工者が増えることを期待したい。特に継続して摂取できるおいしさを有することも必要条件であり，健康食品との組み合わせ，菓子，スープ，米・小麦加工食品などの日常的に摂取しやすい食品への添加などの利用研究が今後いっそう進むことが望ましい[63]。

　大麦βグルカン抽出物は比較的高純度な大麦βグルカンを含む材料でありサプリメントでの使用に適している。またβグルカンを通常品種よりも2倍以上含有する高βグルカン大麦品種「ビューファイバー」の開発も農研機構　次世代作物開発研究センターを中心に進んでおり[64]，これらβグルカン高含有大麦を利用した食品開発も大麦βグルカンの摂取拡大，そして国民の健康維持に役立つものと期待されている。特定健診制度の開始によりメタボリックシンドロームへの意識が高まり関連分野である「血糖値上昇緩和」「コレステロール調節」「血圧調節」「中性脂肪抑制」への対応やメタボリックシンドロームの予防は社会的な課題である。大麦や大麦βグルカンの継続摂取は，その解決に大きな役割を果たす可能性を秘めているといえる。

文　　　献

1)　US Food and Drug Administration, Federal Register, **71**(98), 29248（2006）

2) *EFSA Journal*, **7**(10), 1254 (2009)

3) 荒木ほか，栄養学雑誌，**67**(5)，235 (2009)

4) 大麦食品推進協議会のホームページ，http://www.oh-mugi.com/ohmugi/ohmugi07.html

5) Mugford D. C. *et al., Cereal Chem.,* **81**(1), 115 (2004)

6) Rosemary K. N. *et al., Cereal Foods World,* **34**(10), 883 (1989)

7) 北陸作物学会報（The Hokuriku Crop Science），**52**, 40-44 (2017)

8) 山口典男，機能性糖質素材の開発と食品への応用，シーエムシー出版 (2005)

9) McClearyD. V. *et al., J. Sci. Food and Agric.,* **55**, 303 (1991)

10) Lia A. *et al., Am. J. Clin. Nutri.,* **62**, 1245 (1995)

11) Gerhard *et al., J. Nutri.,* **132**, 3704 (2002)

12) 椿和文ほか，アレルギーの臨床，**23**, 41 (2003)

13) Talati R. *et al., Ann. Fam. Med.,* **7**, 157 (2009)

14) Behall K. M. *et al., J. Am. Coll. Nutri.,* **23**, 55 (2004)

15) Behall K. M. *et al., Am. J. Clin. Nutri.,* **80**, 1185 (2004)

16) Keenan J. K. *et al., Br. J. Nutri.,* **97**, 1162 (2007)

17) Lipid Research Clinics Program, *J. Am. Med. Assoc.,* **251**, 351 (1984)

18) Oda T. *et al., J. Nutri. Sci. Vitaminol.,* **40**, 213 (1994)

19) Kahlon T.S. *et al., Cereal Chem.,* **70**, 435 (1993)

20) Wilson T.A. *et al., J. Nutri.,* **134**, 2617 (2004)

21) Li J. *et al., Metabolism,* **52**, 1206 (2003)

22) Bird A. R. *et al., Br. J. Ntri.,* **92**, 607 (2004)

23) Yang J. L. *et al., J. Nutri. Sci. Vitaminol.,* **49**, 381 (2003)

24) Hallifisch J. G. *et al., Nutri. Research,* **23**, 1631 (2003)

25) Joel J. *et al., J. Family Practice,* **51**, 353 (2002)

26) Jenkins D. *et al., Proc. Nutri. Soc.,* **40**, 227 (1981)

27) 佐藤寿一ほか，総合保健体育科学，**13**(1)，75 (1990)

28) 中村カホルほか，東邦医会誌，**43**，159 (1996)

29) Hinata M. *et al., Diabetes Res. Clin. Pract.,* **77**, 327 (2007)

30) Casiraghi M. C. *et al., J. Am. Coll Nutri.,* **25**, 1 (2006)

31) Bourdon I. *et al., Am. J. Clin. Nutri.,* **69**, 55 (1999)

32) 小林敏樹，ルミナコイドの保健機能と応用，**43**，シーエムシー出版 (2009)

33) Kim H. *et al., Cereal Foods World,* **51**, 29 (2006)

34) 青江誠一郎ほか，薬理と治療，**42**(9)，687-693 (2014)

35) 中尾隆文ほか，薬理と治療，**38**(10)，907-914 (2010)

36) 笹岡歩ほか，栄養学雑誌，**73**(6)，253-258 (2015)

37) 印南敏ほか，食物繊維，第一出版 (1995)

38) 青江誠一郎ほか，日本食物繊維学会誌，**14**(1)，55 (2010)

39) 熊谷光倫ほか，健康・栄養食品研究，**12**(4)，1 (2009)

40) 加藤美智子ほか，栄養学雑誌，**74**(3)，60-68 (2016)

41) Aoe S. *et al., Plant Foods Hum. Nutri.,* **69**, 325 (2014)

42) Barone L. R. *et al., Food Funct.,* **3**, 67 (2012)

第3章　大麦βグルカンの健康機能性とその応用について

43) Vitaglione P. *et al., J. Am. Coll. Nutri.,* **29**, 113 （2010）

44) Vitaglione P. *et al., Appetite,* **53**, 338 （2009）

45) Nilsson A. C. *et al., J. Nutri.,* **138**, 732 （2008）

46) Pieper R. *et al., FEMS Microbiol. Ecol.,* **66**, 556 （2008）

47) Dongowski G. *et al., J. Nutri.,* **132**, 3704 （2002）

48) Nilsson A. *et al., Am. J. Clin. Nutri.,* **87**, 645-54 （2008）

49) Lifschits C. H. *et al., J. Nutri.,* **132**, 2593-6 （2002）

50) 中村尚夫ほか，日本栄養食糧学会誌，**40**，61 （1987）

51) 山崎正利，食品と開発，**35**，5-7 （2000）

52) Nai-Kong V. *et al., Cancer Immunol Immunother,* **51**, 557 （2002）

53) Tsubaki K. *et al., Bromacology,* Pharmacology of Foods and Their Components, **147**, Research Signpost （2008）

54) 公開特許公報，WO2002 /002645

55) 公開特許公報，WO1998 /013056

56) 公開特許公報，2007-204699

57) 公開特許公報，2009-039043

58) 石川京子ほか，食品と科学，**48**(3)，2 （2006）

59) Delaney B. *et al., Food and Chemical Toxicology,* **41**, 477 （2003）

60) 椿和文ほか，アレルギーの臨床，**25**(12)，1052 （2005）

61) Tada R. *et al., J.Agric.Food Chem.,* **56**, 1442 （2008）

62) Tada R. *et al., Immunolgy Letters,* **123**, 144 （2009）

63) 瀬尾弘子ほか，調理科学会誌，**37**(2)，58 （2004）

64) 農研機構プレスリリース，2010年9月16日 （木曜日），http://www.naro.affrc.go.jp/ publicity_report/press/laboratory/nics/012883 .html

第4章 飲料に適した大麦 β-グルカン素材 「大麦 β-グルカンシロップ」

鎌田　直[*]

1 はじめに

　群栄化学工業㈱は，穀物を直接糖化した穀物シロップを製造しており，小麦，米，サツマイモ等幅広い穀物・イモ原料を水溶化する技術を確立している。糖化とは，原料に含まれる澱粉を酵素反応により少糖類に変換することを意味する。我々は糖化技術を駆使することで，大麦の機能性成分 β-グルカンを含有した β-グルカン食品素材「大麦 β-グルカンシロップ」を開発した。

2 大麦の機能性と課題

2.1 大麦の機能性

　大麦は近年国内外でその健康増進効果が注目され，学校給食で米麦飯が取り入れられる等普及に向けた取り組みが進められている。大麦に含まれる機能性成分で特に注目を集めているのが，β-グルカンである。大麦 β-グルカンは，ブドウ糖が β-1, 3 位，β-1, 4 位で結合して直鎖状に連なった構造をしている[1]。その機能として，血液中のコレステロールを正常化する機能[2]や血糖値上昇を抑制する機能[3]が報告されており，米国では 2006 年に FDA（食品医薬品局）により，「大麦 β-グルカンを 1 食あたり 0.75 g 摂取することにより，血中 LDL-コレステロールが有意に減少し，冠状心疾患（心筋梗塞，狭心症）のリスクを低減する」という健康表示が認可された。その後 EU の EFSA（欧州食品安全機関）においても 2009 年にほぼ同様な表示が認められている。

　近年日本では機能性表示食品制度に則り，コレステロール正常化や血糖値上昇抑制等の機能を謳った大麦ご飯等商品がいくつか販売されている。機能性表示食品制度とは，2015 年 4 月より開始された特定保健用食品に続く，食品の機能性を表示できる新しい制度である。本制度は，機能性関与成分に関する研究レビュー等により機能性の根拠と摂取目安量を明示し，その他製品情報，安全性，表示事項等に関する書類を消費者庁に届出し，受理されることにより機能性を表示できる制度である。大麦 β-グルカンを機能成分とする機能性表示食品がいくつか上市されているが，これらはいずれも 1 日摂取目安量を 3 g としている。

---

[*]　Naoshi Kamata　郡栄化学工業㈱　開発本部　開発部　食品材料開発課　課長

第4章 飲料に適した大麦β-グルカン素材「大麦β-グルカンシロップ」

2.2 大麦機能性における課題と解決策

しかしながら，食品の設計として大麦β-グルカン3gを含有させることは容易ではない。例えば，大麦ご飯の場合，大麦β-グルカン3gを摂取するには炊飯した大麦160g程度摂取が必要となる計算となり，一般に販売されているパックご飯が150，200，300gで設計されていることから考えると，少なくとも半量近くを大麦（残りをうるち米）としなければいけない。通常，大麦ご飯は10～30％配合程度で食べられることが多いことを考えると，1食のみでは製品設計が困難である。

また，大麦ご飯には，炊いた時のぱさつき感，臭い，黄味がかった色あい等の問題があるため，日常的に摂取して健康増進に役立てるには，適切な加工法の開発が必要である。微粒子化する等大麦の素材化技術が考案されているものの[4]，水に不溶で使用範囲が限定されてしまうため，普及拡大にはつながっていない。また，大麦β-グルカンは冷水・有機溶媒に難溶なため，一般的に熱水抽出されたものが製品化されているが，歩留まりが悪い等の理由により非常に高価な製品となってしまう。このため，大麦β-グルカンは健康食品やサプリメントの使用に限定され，一般食品に利用されることはほとんどなかった。

我々は，β-グルカンの機能を残しながら大麦を水溶化することができれば，飲料を始めとする多くの一般食品に適した利便性と機能性を兼ね備えた食品素材になると考えた。そこで発想を180°転換し，大麦からβ-グルカンを抽出するのではなく，穀物シロップ製造技術を大麦に応用し，β-グルカンの周囲に存在する成分（主に澱粉やタンパク質）を分解すれば，β-グルカンを高含有した食品素材を作り出せると考えた。その概念図を図1に示す。この方法ならば，原理的にβ-グルカンの歩留まりは100％で，しかも廃棄する部分が少なく，大幅なコストダウンが期

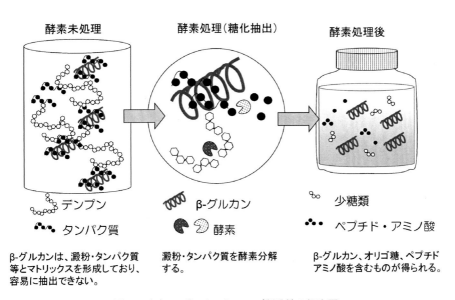

図1　大麦β-グルカンシロップ製造法の概念図

待できる。こうした思想のもと「大麦β-グルカンシロップ」を開発した。

3 大麦β-グルカンシロップの特徴

3.1 開発経緯

　上記考えのもと検討を重ねて，まず「β-グルカンオリゴ」を開発した。本品は，水溶性の粉末で，ほのかな甘みと麦茶に似た香りを持つ食品素材である。本品は，LDL-コレステロール正常化について動物試験，ヒト試験で確認し，応用例として乳清飲料，果実飲料，ジャムの甘味料等試作品を作製し，食品メーカーに紹介した。しかしながら，ユーザー開拓は芳しいものではなかった。

　この結果は，①粉末のため，飲料等に使用するには溶解する手間がかかり，使い勝手がよくない，②スプレードライヤーにより粉末化を行ったが，粉末化コストがネックとなり，飲料に使用できる価格で提供できない，③LDL-コレステロール低下の機能性を確認したものの，最終製品に機能性を表示することができなかった，ためと考え，製品設計をいちから練り直すこととした。

　その結果，①シロップ状の形態とすることにより，製造コストを下げ，かつローリー等によるデリバリーを可能にする，②日本人には高血糖体質が多いことに着眼し，血糖値上昇抑制機能をターゲットとする，③新たに立ち上がった機能性表示食品制度に基づき，機能性表示できる素材とする，の3点に合致した素材を開発することとした。

3.2 大麦β-グルカンシロップの特徴

　大麦β-グルカンを飲料等に使用する上で問題となるのが粘度である。大麦β-グルカンは分子量100万Da以上の高分子であるため，少量の添加で粘度が上昇し，ハンドリング等が困難のため，飲料に適さない。そこで，β-グルカナーゼによりβ-グルカンの分子量を最適化することにより，飲料に使用しやすい低粘度とした。栄養成分表示を表1に，本品のスペック例を表2に記す。本品は，機能性成分である大麦β-グルカンを固形分あたり4%（大麦と同レベル）含有するシロップである。ほのかな甘みと麦茶に似た香りを持ち，この香りは牛乳にマッチする。さらに，β-グルカン1gを配合した果汁系飲料（100mL入り）を試作しているが，本飲料において特に香りはほとんど気にならない。なお，現在のスペックでは，甘味度の観点からグルコースとマルトースを主成分とする糖組成としたが，健康機能の観点からイソマルトオリゴ糖を主成分とする等糖組成をカスタマイズすることも可能である。

　大麦β-グルカンシロップは，群栄化学工業㈱の穀物シロップ専用工場で製造される。穀物を原料とする場合，穀物に含まれる微生物の制御がカギとなるが，本工場はこの点について検討を重ねて完成させた国内でも珍しい穀物シロップ専用工場である。一般に上市されている穀物シロップは主に米飴に代表されるバッチ式少量生産であるが，本工場は独自の技術開発により連

第4章　飲料に適した大麦β-グルカン素材「大麦β-グルカンシロップ」

表1　大麦β-グルカンシロップの栄養成分（100 g当り）

項目	成分量
熱量（kcal）	252
水分（g）	30.0
タンパク質（g）	2.6
脂質（g）	0.1
糖類（g）	61.5
食物繊維（g）	6.7
ナトリウム（mg）	55
β-グルカン（mg）	3,000

表2　大麦β-グルカンシロップの特性値（例）

項目		測定値
形状		黄褐色液状
固形分		70%以上
pH（30%溶液）		5.5
糖組成	単糖類（グルコース）	44%
	二糖類（マルトース）	42%
	三糖類	2%
	四糖類以上	12%
β-グルカン		4%（固形分換算）

続・大量生産を可能としたものであり，この結果加工費を大幅に下げることができた。大麦β-グルカンシロップは本工場で生産するため，従来のβ-グルカン製品に比べ大幅な低価格を実現することができ，健康食品のみならず，食品素材としての活用が期待できる。

4　大麦β-グルカンシロップの安全性

4.1　大麦の喫食経験

　大麦は約9,000年前にイラク北部で栽培が開始され，エチオピアやチベットでは現在重要な主食となっている。日本においては，後期縄文時代に大陸より伝来されて栽培が始まり，古代より現代に至るまで米に次ぐ主食として広く喫食され続けてきた[5]。すなわち，大麦は日本や諸外国において広く喫食されているが，健康上の深刻な問題は報告されていない。

　具体的な日本人の喫食経験は，「食糧庁・農林水産省，食料需給表」に，日本における大麦（はだか麦を含む，はだか麦は大麦の1種）の消費量に関する公表資料[6]が記載されている。その内容によると，国内消費仕向量（純食料）における1人1日あたり供給量は，昭和26年度：58.6 g，昭和35年度：22.2 g，平成24年度：0.6 gである。すなわち，近年は消費量が大きく

157

減っているものの，昭和26年頃の成人の大麦β-グルカン摂食量は，1人1日あたり60g近く消費していたこと，大麦には大麦β-グルカンが4%程度含有されていること[7]，当時は1日摂食量が少ない0〜9歳児が25%占めている[8]等当時の人口構成を考慮して本供給量から概算すると，毎日大麦β-グルカンを3g程度摂取していたものと考えられる。

以上，大麦β-グルカンの安全性は，長い喫食経験により証明されていると言っても過言ではない。

次に，大麦β-グルカンシロップ中のβ-グルカンが大麦ごはん中のβ-グルカンと同等であることを説明する。大麦ご飯を食べると，体内酵素アミラーゼにより澱粉が糖類に，体内プロテアーゼ（ペプシン，キモトリプシン）によりたんぱく質がペプチドやアミノ酸に消化されて，体内に吸収される。一方，大麦β-グルカンシロップは，酵素を使用して水溶化しており，大麦を体内消化と同じメカニズムで分解し，吸収しやすくした食品と考えることができる。すなわち，摂食後消化され腸で吸収される段階では，大麦β-グルカンシロップ中のβ-グルカンは大麦ご飯のβ-グルカンと性状が同じである。

以上まとめると，大麦β-グルカンシロップは体内では大麦ご飯のβ-グルカンと同等であり，大麦β-グルカンシロップの安全性は大麦ご飯の長い喫食実績から，十分であると考えられる。

4.2　大麦β-グルカンシロップの安全性

大麦β-グルカンシロップは，外部機関において急性経口毒性試験と変異原性試験による安全性を確認している。

急性経口毒性試験は，雌マウスを使用し，試験群には5,000mg/kg・体重の大麦β-グルカンシロップを，対照群には注射用水を単回経口投与し，14日間観察することにより実施した。観察期間中に異常および死亡例は認められず，急性経口毒性がないと結論付けた。

変異原性試験は，労働省告示第77号（昭和63年9月1日）に準じ，*Salmonella typhimurium TA100*を用いて代謝活性化を含む復帰突然変異試験を大麦β-グルカンシロップ315〜5,000μg/プレートの用量で行った。いずれの場合においても復帰変異コロニー数の増加は認められず，突然変異誘起性は陰性と結論づけた。

5　ヒトに対するセカンドミール効果

5.1　セカンドミール効果について

セカンドミール効果とは，第一食に摂取することにより，第二食の血糖値に影響を与えることをいう。セカンドミール効果は1982年にJenkinsらより提唱された[9]。Jenkinsらの結果では，朝食にゆでたレンズマメを摂取すると，全粒パン摂取に比べ，昼食摂取後の血糖応答が有意に抑制された。食物繊維のセカンドミール効果については，Brighentiらにより報告されている[10]。しかしながら，セカンドミール効果を持つ飲料用素材の報告は少ない。D-プシコース[11]，イソ

第4章　飲料に適した大麦β-グルカン素材「大麦β-グルカンシロップ」

マルツロース[12] について，ラット等の動物試験において食餌中に高用量配合した試験例は報告されているが，ヒト試験でセカンドミール効果の報告は，L-アラビノースのみである[13]。しかも，そのメカニズムはショ糖を分解する小腸刷子縁膜酵素のスクラーゼ活性の阻害であり，メカニズムから考えると，砂糖を高含有含む例えば羊羹等のお菓子では効果があるものと考えられるが，白米等一般の食事の効果は，期待できない。

　大麦におけるセカンドミール効果は，福原らが大麦β-グルカン10％を含有する大麦と白米を1／1で混合した米飯とで確認しているが，本条件は一般大麦ごはんよりも大麦β-グルカン量が著しく高い。一般大麦の大麦β-グルカン含有量は4％であり，大麦配合割合は一般に10～30％である。

　以上，セカンドミール効果が実証された食品素材は意外に少ないことがわかる。そこで，大麦β-グルカンシロップを飲料に応用することにより手軽にセカンドミール効果等食後血糖値をコントロールできることができるか検証することとした。

5.2　ヒト試験[14]

　大麦β-グルカンシロップの血糖値上昇抑制効果を飲料で確認した。試験デザインは，無作為化二重盲検プラセボ対照クロスオーバー比較試験で行った。被検飲料は，大麦β-グルカンシロップ（Brix70）を紅茶飲料あたり10％添加することにより，350 mL あたりβ-グルカンが1 g入るよう設計した。プラセボは，大麦β-グルカンシロップの代わりに完全に大麦β-グルカンを分解した大麦シロップを用いてβ-グルカンが含まれない紅茶飲料とした。第2食（セカンドミール）は，パックご飯150 g とした。

　本試験の被験者は，18歳以上66歳未満の男女25名（男12，女13）を対象に，まず事前検査として早朝空腹時血糖値，HbA1c，75 g 傾向ブドウ糖負荷試験（OGTT）を測定し，糖尿病と診断された者，統計解析による血糖値等で2 SD の範囲を越えた者を除外した。その結果，最終的に残った25～60歳の男女11名（男5，女6）で本試験を実施した。

　本試験は，図2に示すプロトコールに則り実施した。すなわち，一晩絶食後9:00に第1食であるβ-グルカン入り飲料350 mL を摂取し，13:00に第2食（白米，糖質49.7 g）を摂取した。血液は，第1食摂取直前，摂取30，60，90，120分後，並びに第2食摂取直前，摂取30，60，90，120分後に各々7 mL ずつ摂取し，生化学分析装置AU480（ベックマンコールター社）を用いたヘキソキナーゼ法により血糖値の測定を行った。

　試験の結果，第1食においては，血糖値，IAUC において被験飲料と対照飲料間で平均値に差が見られなかったものの，第2食を摂取した後の，60分，90分，120分の⊿血糖値において，対照飲料摂取群に比べ有意に低値を示した。（$p < 0.05$）。また，⊿血糖値 IAUC は，被験飲料摂取群で $5,400 \pm 2,131$ mg・min・dL^{-1} であり，対照飲料摂取群の $6,581 \pm 2,402$ mg・min・dL^{-1} に比べ有意に低値を示した。結果を図3に示す。

　すなわち，β-グルカン1 g 含有する飲料において，第2食後の血糖値上昇を抑制するセカン

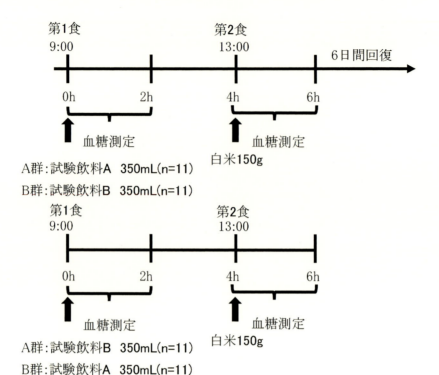

図2　クロスオーバー試験のプロトコール

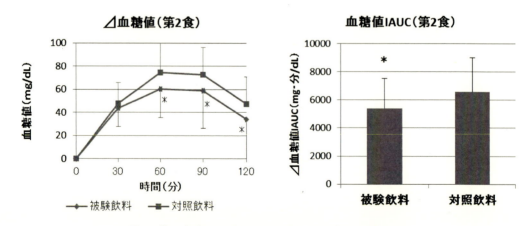

図3　第2食後の⊿血糖値の経時変化および⊿血糖値IAUC

ドミール効果が確認された。

5.3　セカンドミール効果のメカニズム

　大麦β-グルカンの血糖値上昇は，大麦β-グルカンを摂取することにより大腸内の腸内フロー

第4章　飲料に適した大麦β-グルカン素材「大麦β-グルカンシロップ」

ラにより短鎖脂肪酸が産生され，この短鎖脂肪酸が血糖値上昇を抑制することがメカニズムのひとつとして提唱されている。大麦β-グルカンシロップにおけるセカンドミール効果も同様のメカニズムであると考えられる。以下に詳細に説明する。

　大麦β-グルカンを摂取すると，大腸内の腸内フローラにより短鎖脂肪酸が産生される。*in vitro* 試験で，ヒト糞便に大麦β-グルカンを添加して発酵させたところ，*Bifidobacterium genus* 等が検出された群は短鎖脂肪酸比率が増加することが確認され[15]，腸内発酵により短鎖脂肪酸が増えることが示唆された。また，炊飯した大麦を摂取した2～4時間後の呼気中 H_2 排出量を測定したところ，高β-グルカン群（6.2 g）は低β-グルカン群（1.9 g）に比べて優位に高い報告があり[16]，上記腸内発酵が2～4時間程度の短時間で起こりうることを示している。さらに，健常者に大麦パン等を摂取させた試験により血糖値の時間曲線下面積（IAUC）と血中の短鎖脂肪酸（酢酸，酪酸）の間に相関がある報告がある[17]。以上の報告をまとめると，大麦β-グルカンにより腸内発酵が2～4時間程度で起こり，腸内発酵により短鎖脂肪酸が生成して，生成した短鎖脂肪酸により血糖値上昇を抑制するメカニズムが考えられる。また，大麦を強化したパンを摂取することにより白小麦パン摂取に比べて，第二食摂取後の血糖値の時間曲線下面積（IAUC）が優位に低く，呼気中 H_2 排出量が優位に高い報告があり，これも本メカニズムを裏付ける[18]。すなわち，大麦β-グルカンを朝摂取すると，4時間後に昼食を取った際に短鎖脂肪酸脂肪酸の働きにより昼食後の血糖値の上昇をおだやかにすることになる。

　大麦中の食物繊維5 g を含む大麦粥摂取により，朝食のみならず昼食においても GLP-1（ペプチド型ホルモンの一種）が有意に増加し，アディポネクチンが有意に減少する報告がある[10]。ここで，GLP-1 はインスリンを介して働くのに対しアディポネクチンはインスリンを介さずに働くこと，インスリンは GLP-1，アディプシン等多くのホルモンで制御されていることを考えると[19]，セカンドミール効果は上記以外の複数のメカニズムによる可能性があり，今後多くのメカニズムが見出されることが期待される。

6　おわりに

　以上，群栄化学工業㈱が開発した大麦由来のβ-グルカンを含有する食品素材「大麦β-グルカンシロップ」について紹介した。

　今回は大麦β-グルカンに関する研究成果を紹介したが，大麦にはアラビノキシラン，ポリフェノール，トコトリエノール等も含まれており，大麦β-グルカンシロップ中のこれらの含量，効能についても今後検討する予定である。近年，大麦β-グルカンがヒトの免疫に関連するレセプター－Dectin1 のみならず，ニワトリの免疫に関連するレセプター－CD69 への親和性があることも報告されており，ヒト，動物へのアレルギー関係への効果も期待できるものと考えている。

　なお，「大麦β-グルカンシロップ」は機能成分を高純度に抽出したものではなく，あくまで全粒大麦を丸ごと利用したものであることを強調したい。近年，機能成分を高純度に抽出したサプ

リメントが流行しているが，食品はあくまでバランスが大事であり，全粒大麦を加工した本品はバランスがよい天然由来の食品素材である。これらの製品を活用していただき，広く国民の健康増進に寄与できれば幸いである。

文　　献

1) J. R. Woodward, *et al., Carbohydr. Polym.,* **3**, 207-225 （1983）
2) S. Ikegami, *et al., Plant. Foods Hum. Nutr.,* **49**, 317-328 （1996）
3) K. M. Behall, *et al., Nutr. Res.,* **26**, 644-650 （2006）
4) 特開 2012-090581
5) 麦の自然史，佐藤洋一郎・加藤鎌司編著，北海道大学出版会 （2010）
6) 食糧庁・農林水産省，食料需給表
7) 加藤常夫ほか，育雑，**49**，471-177 （1995）
8) 厚生労働省，食料摂取基準
9) D. J. Jenkins, *et al., Am. J. Clin. Nutr.,* **35**, 1339-46 （1982）
10) E. V. Johansson, *et al., Nutr. J.,* **46**, 12 （2013）
11) 松尾達博ほか，香川大学農学部学術報告，**63**，73-76 （2011）
12) 笹川克己ほか，日本栄養・食糧学会大会講演要旨集，**64**，225 （2010）
13) K. Shibanuma, *et al., Eur. J. Nutr.,* **50**, 447-453 （2011）
14) 鎌田直ほか，薬理と治療，**44**，1581-1586 （2016）
15) S. A. Hughes, *et al., FEMS Microbiol. Ecol.,* **64**, 482-93 （2008）
16) C. H. Lifschitz, *et al., J. Nutr.,* **132**, 2593-96 （2002）
17) A. C. Nilsson, *et al., J. Nutr.,* **140**, 1932-36 （2010）
18) A. C. Nilsson, *et al., Am. J. Clin. Nutr.,* **87**, 645-54 （2008）
19) 糖尿病学，門脇孝ほか編，西村書店 （2015）

第5章　えん麦β-グルカンの健康機能とその利用

王堂　哲[*1], 馬　傑[*2], 高　虹[*3]

1　はじめに

難消化性の水溶性食物繊維である (1-3), (1-4)-β-グルカン（以下β-グルカンと記）は消化管を通過する過程で単回的に食後血糖値の急激な上昇を抑制したり，継続摂取により LDL コレステロール値を低減させたりする効果を有することが知られている。えん麦は大麦とともに人類の長い食経験を経た代表的な水溶性β-グルカン含有穀類である。本稿ではえん麦β-グルカンについて最近の代表的な研究事例を踏まえながら，その健康機能や利用の実際，開発における今後の課題などについて概説したい。

2　えん麦について

2.1　植物分類上の位置付け

えん麦（オーツ麦, Oats）はアジアを原産とするイネ科，カラスムギ属に属する一年生植物であり，寒冷で高湿な気候地域を中心に分布している。表1に分類学上の位置付けを示す。

表1　えん麦の分類学上の位置[25]

学名（Scientific name）	*Avena sativa*
界（Kingdom）	植物（Plantae）
亜界（Subkingdom）	維管束植物（Tracheobionta）
上門（Superdivision）	種子植物（Spematophyta）
門（Division）	頭花植物（Magoliophyta）
綱（Class）	単子葉植物（Liliopsida）
亜綱（Subclass）	ツユクサ類（*Commelinidae*）
目（Order）	カヤツリグサ目（*Cyperales*）
科（Family）	イネ科（*Poaceae*）
属（Genus）	カラスムギ属（*Avena*：oat）
種（Spicies）	エンバク（*A. sativa*：, *A byzantine, A. fatua, A. diffusa, A. orientalis*）

＊1　Satoshi Odo　㈱えんばく生活　学術顧問

＊2　Ma Jie　㈱えんばく生活　研究開発部長

＊3　Niji Taka　㈱えんばく生活　代表取締役社長

えん麦は生育に際して小麦やトウモロコシなどの穀物よりもナトリウムやリン，窒素などの栄養要求量が少ないといわれる[1]。主として米国，欧州，ロシア，カナダ，中国などで生育しているものが利用されている。

2.2　食経験

ヒトの食料としてのみならず古くから家畜にも供されてきたえん麦は現在でもサラブレッドの飼養などにおいて消化器官の健康を保つために必要不可欠な飼料素材として用いられている。しかしながら1970〜80年代以降，生活習慣病関連分野でこの作物の有効性が次々に見いだされ研究が進むにつれて動物飼料としてよりもむしろヒト向けの機能性食材としての利用関心が格段に高まるようになった。現在ではドイツ，アイルランド，スコットランドやスカンジナビア諸国などで特によく普及している。

日本では昭和天皇が皇室用に調製されたヨーグルト（カルグルト）とともにオートミールを朝食メニューに取り入れておられたことが知られている。またかねてよりホテルのバイキング式朝食でえん麦がオートミール粥として供されることが一般化しているほか，最近ではえん麦ふすま（オートブラン）を主原料としたグラノーラなどの形で利用が進んできている。㈱えんばく生活からは一般消費者に向けたえん麦ふすま末製品『えん麦のちから』の製造販売を2013年より開始している。

3　えん麦 β-グルカンの特徴

えん麦に含有される食物繊維には，水に不溶性のものと水溶性のものがある。水溶性食物繊維のうちおよそ77％が β-グルカンとされる[2]。この含量は大麦（74％）と並んで穀物の中でも特に高い。β-グルカンの構造はグルコースユニットが β-（1→3）結合として三糖，β-（1→4）結合として四糖が直鎖状に連なっている（図1）。

三糖：四糖の比率は大麦が3：1であるのに対しえん麦では2：1でありこの点が異なっている[3]が，水溶性食物繊維としての栄養学的観点からこの両者はしばしば区別なく取り扱われている[4~7]。えん麦の β-グルカンは主として内胚乳（endosperm）の細胞壁中および外皮に相当するふすま（bran）部に局在しているのが特徴である。したがって，えん麦をふすま画分主体に製粉化することによって単位可食部当たりの水溶性食物繊維の含有比率を高めることができる。表2に日本の食生活で用いられる主要な穀類食材における水溶性食物繊維と不溶性食物繊維の含有量を示す。表中の『えん麦のちから』は㈱えんばく生活が製造販売しているえん麦ふすま製品である。同製品30ｇを喫食することにより3.3ｇ相当の水溶性 β-グルカンを摂取することができる。なお総コレステロール値の適正化管理に好適とされる水溶性食物繊維と不溶性食物繊維の混合比率は1：2であると言われる[8]が，オートミールやえん麦ふすま製品では当該の存在比はおよそ1：2に構成されておりその点も機能性食品としての特長の一つとなっている。

第5章　えん麦β-グルカンの健康機能とその利用

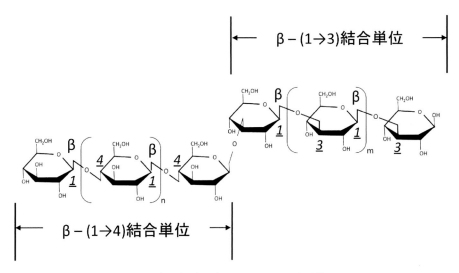

図1　(1-3),(1-4)-β-グルカンの直鎖構造

表2　種々の穀類食品に含有される食物繊維

(可食部100 gあたり)

	利用可能炭水化物（単糖当量）(g)	水溶性食物繊維 (g)	不溶性食物繊維 (g)	総量 (g)
オートミール	63.1	3.2	6.2	9.4
『えん麦のちから』*	62.5	9	16.9	25.9
押し麦	71.2	6.0	3.6	9.6
精白米・うるち米（水稲めし）	38.1	0	0.3	0.3
玄米（水稲めし）	35.1	0.2	1.2	1.4
食パン	49.1	0.4	1.9	2.3

＊ ㈱えんばく生活：えん麦ふすま製品
その他のデータは文部科学省，科学・技術審議会　資源調査分科会「日本食品標準成分表2015年版（七訂）」(全国官報販売協同組合刊) より引用

4　機能性食品素材としてのえん麦β-グルカン

　前述のように古来からえん麦はヒトや家畜の食糧源として用いられてきたが，その健康機能に関する研究の歴史は比較的新しい。1963年にDe Grootら[9]が圧延えん麦の総コレステロール低減作用に関するヒト試験について報告しているものが最初期の研究事例である。その後研究の本格化をみたのは1970年～80年代に入ってからと考えられる（図2）。

　これまでのところ日本でのえん麦の健康機能に関する研究論文は希少であるが，後述するようにえん麦含有クッキーやオートミール粥を用いたヒト試験については一連の報告がある[10~12]。

βグルカンの基礎研究と応用・利用の動向

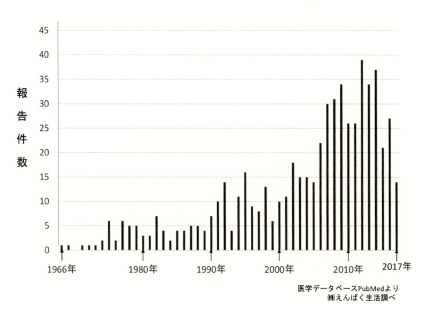

図2　えん麦の臨床試験に関する発表論文数の推移

4.1　諸外国でのヘルスクレームの現況

　米国FDA（米国食品医薬品局）[5]やEFSA（欧州食品安全機関）[4]などではβ-グルカンについて正常な血中コレステロールの維持およびそれを通じての冠状動脈心疾患のリスク低減に関する健康機能の強調表示（ヘルスクレーム）を認めている。また，食後血糖値の上昇抑制作用についてもEFSAのほかカナダ保健省（Health Canada）はヘルスクレームに関するガイドラインを提示している[13]。

4.2　心疾患リスク低減，脂質代謝に及ぼす影響

　えん麦および大麦β-グルカンが血中脂質特に高めのLDLコレステロール値を低減させる効果については多数報告されており，それらを統合したメタアナリシスも近年複数行われている[13,14]。そのうちTiwariらによる代表的な結果を図3(a)〜(c)に示す。ここでは一日当たり3gのβ-グルカンを3〜12週間摂取することによって軽症域・境界域にある被験者の総コレステロール値およびLDLコレステロール値が各々 −0.60 mmol/L，−0.66 mmol/L 変化したことが示されている。一方HDLおよび中性脂肪については有意な変化は認められなかった。
　海外研究ではLDLコレステロール値の適正化（およびそれを通じての）心疾患リスクの低減に必要な摂取目安量としては一食当たり0.75 g以上もしくは3 g/日とされ，特に後者の一日当たり摂取量に関しては豊富なエビデンスをもとに相当普遍的なコンセンサスが得られている[4,6,13,14]。
　日本人被験者を対象とした研究については血中コレステロール値に対するえん麦食品の摂取効

第5章 えん麦β-グルカンの健康機能とその利用

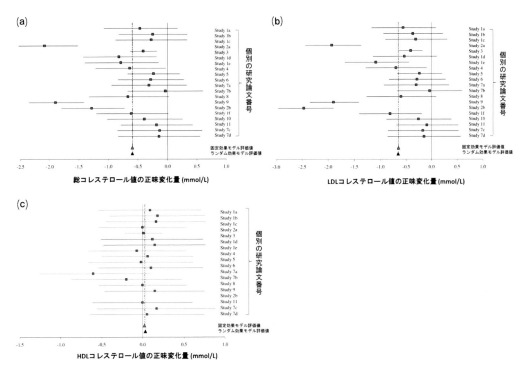

図3 えん麦β-グルカンの摂取が総コレステロール値に及ぼす影響[6]
95%信頼区間プロットによるメタアナリシス(重みづけ平均による評価)

果として青江,鳥羽らによる3報からなる一連の論文がある[10~12]。第1報では血中総コレステロール値が180 mg/dL以上の被験者をプラセボ群(β-グルカンを含まない),オートミール30 g配合群(β-グルカンとして1.0 g),オートミール45 g配合群(β-グルカンとして1.6 g)に区分けした試験が実施された(n=48)。被験食は12週間にわたりクッキーの形態で与えられた。得られた結果をもとに境界域者(総コレステロール値180~219 mg/dL)と軽症域者(220~260 mg/dL)に区分けした層別解析が行われた。β-グルカン1.6 g相当を摂取した境界域者群においてはベースライン値である206 mg/dLから186 mg/dLに変化しプラセボ群との間に有意な差が認められた($p<0.05$)(図4)。一方軽症域者においては有意な変動は認められなかった。第2報では好みに応じた味付けが可能なオートミール粥(プラセボ食はセルロースを配合して食物繊維量をそろえた白米レトルト粥)を用い12週間摂取試験が行われた。試験デザインは血中総コレステロール値が177~263 mg/dLの男性被験者36名を2群に分割し,二重盲検試験として実施された。その結果摂取期間中を通じてβ-グルカン1.6 g摂取群はプラセボ摂取群に対して有意に低値を示した($p<0.05$)。第3報では再びオートミール粥を用い,β-グルカン摂取量を2.1 gに増量設定した二重盲検試験が行われた(20~64才の男性被験者74名,女性19名:総コレステロール値が200 mg/dL以上260 mg/dL未満かつLDLコレステロール値が120 mg/dL以上180 mg/dL未満)。その結果オートミール粥摂取群ではプラセボ群に対し摂取期間を通じて有

βグルカンの基礎研究と応用・利用の動向

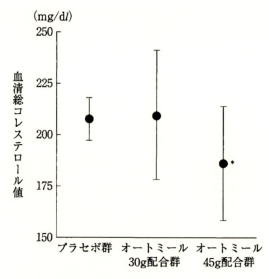

図4 摂取12週間後の境界域層の血清総コレステロール値[10] ※
エラーバーは標準偏差を表す。
*プラセボ群と比べて有意差あり（p＜0.05）
※本図は引用文献（10）を含む研究についてまとめられた同著者
　による総説（栄養学雑誌, **66**(6), 311-319（2008））より転載

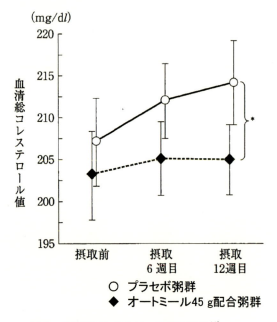

図5 血清総コレステロール値の推移[11]
エラーバーは標準偏差を表す。
*プラセボ粥群と比べて摂取期間中有意差あり
（反復測定データ解析；p＜0.05）

第5章　えん麦β-グルカンの健康機能とその利用

意に低い血中総コレステロール値を示した（p＝0.035）。またベースラインとの比較ではβ-グルカン摂取群においてのみ4週目と12週目で有意な低下（図5），8週目では低下の傾向（p＝0.065）が示された。これらは目下のところ日本人被験者を対象としたえん麦β-グルカンの血中脂質に対する影響を厳密に調べたほぼ唯一の試験と目されるが，β-グルカンの一日当たりの摂取量については海外の臨床試験で提示されている摂取量（3g）よりもさらに30％少ないレベルで有効性が示されていることになる。日本人被験者は欧米人に比較してβ-グルカンに対する感受性がより高い可能性も考えられ興味深い。

　以上のように2.1〜3g/日のえん麦β-グルカンの継続摂取による血中コレステロールの低減作用はLDLコレステロールや総コレステロール値がやや高めの被験者（もしくは軽症者）に対し効果が示されているが，完全な健常域にある消費者がこれを摂取した場合に下限を下回るリスクについては別途考慮が必要と思われる。この点について筆者らは，Whiteheadらのメタアナリシス論文[14]記載のデータをもとに，血中LDLコレステロール値が正常値範囲（70〜119mg/dL＝1.81〜3.10mmol/L）にある被験者がえん麦β-グルカンを一日当たり最大8.5gまでの量を摂取した場合について以下のように推定した。

　①えん麦β-グルカンとして最も摂取量の多かった事例（8.5g/day，被験者数44名による並行群間試験）における血中LDLコレステロール値の変化は約−0.1mmol/Lであった。ここでの初期値が2.93mmol/Lであったことから摂取後においても過度の数値低下はみられず正常値の範囲（1.81〜3.10mmol/L）に留まることが確認された。

　②一方最大の変化量を与えた事例（被験者数43名による並行群間試験）における摂取量は6.3g/dayであったが，その時の変化は約−0.4mmol/Lであった。初期値が2.98mmol/Lであったことから摂取後においても過度の数値低下はみられず，正常値の範囲（1.81〜3.10mmol/L）に留まることが確認された。

　以上より，血中LDLコレステロール値が正常領域にあるヒトがえん麦β-グルカン量として最大8.5g/日を摂取した場合について，正常域下限値を下回る過度な変化を生じる懸念はないものと推定された。

　えん麦β-グルカンの血中LDLコレステロールの低減作用に関する作用機序としては胆汁へのコレステロール排泄促進作用や胆汁酸サイクル（胆肝循環）におけるコレステロール再吸収の抑制作用などが提唱されている[15]。特に後者の胆肝循環の阻害によるコレステロール値低減の作用機序は近年高脂血症治療に用いられている小腸コレステロールトランスポーター阻害剤（エゼチミブ）のメカニズムに相当するものといえる。食品としてのβ-グルカンの機能は特異的なトランスポーターの阻害などに基づくものではないため，医薬品のような副作用の懸念が伴わない点で理想的なリスク低減選択肢の一つと考えられる。

4.3　血糖値の低減作用
　えん麦や大麦など穀物のβ-グルカンは直鎖状の化学構造をもつ食物繊維として一定の粘性を

示す。この粘性が消化管壁に滞留することにより共存する食事由来の脂質やブドウ糖の吸収を緩慢にするという物理化学的な現象，これがこの成分の血糖上昇抑制作用や血中コレステロール値調整作用などの中心機序であると考えられている[25]。

えん麦 β-グルカンの長期的な摂取が血糖値に及ぼす影響については2型糖尿病患者における空腹時血糖値やHbA1c値の低減について行われたShen XLらによるメタアナリシスが報告されている[16]。同論文では41〜75才の2型糖尿病患者に関する4論文（2002〜2013年）を対象として解析が行われた。その結果，えん麦 β-グルカンを一日当たり2.5gで3〜8週間摂取した場合において空腹時血糖値の低減（−0.52 mmol/L）およびHbA1cの有意な低下（−0.21%）が示された（ともに固定効果モデルによるメタアナリシスにおいてp＝0.01および0.03）。一方，空腹時インスリン濃度については差異が認められなかった。

食後血糖値の上昇抑制効果については2011年EFSAが1食当たり4gのえん麦や大麦の β-グルカン摂取の有効性について栄養強調表示を認めるべくアナウンスしている[4]。このような結論が権威ある行政当局から提示されている一方で，それ以降もこの課題について（特に必要最少摂取量の観点から）追及した原著論文やシステマティックレビューが相次いで報告されている。その理由の一つとして，EFSAの結論根拠となるべき食後血糖値の測定条件や被験食の摂取条件が必ずしも一律に定義づけられているわけではないことが挙げられるようである。2013年，Toshは「えん麦および大麦食品における食後血糖値低減効果に関するヒト試験のレビュー」を著し，摂取量0.3〜12.1gの β-グルカン摂取について34論文・119試験を対象に必要最少摂取量について念入りに考察している[7]。ここでの結論は「含有される β-グルカンに特別な加工が加えられない場合または発酵されたえん麦・大麦食品の場合には1食当たり3g以上， β-グルカンの分子量が250,000以上で水溶性が保たれている場合には1食当たり30〜80gの「カロリーとして利用可能な炭水化物（available carbohydrate）」に対し4g以上の摂取が有効」となっている。

えん麦 β-グルカンの摂取量についてはこのような結論をもって実用が図られれば十分との考えもあるが，有効成分の含有率との関係から一食当たりの食材総量が嵩張り，喫食に際して消費者に負担感を与える懸念も考えられる。毎日無理なく摂取を継続するためには極力少ない摂取量で効果が得られる商品設計が望まれる。特に血中コレステロール低減効果の最少有効用量が3g/日であることもあり，食後血糖値のコントロールについても1食当たり3gまでの摂取量で効果を示せれば明解である。この点についてカナダのWoleverらは近年特に周到な検討を加えている[17]。ここで一つのポイントと考えられているのが前述のavailable carbohydrate（以下avCHOと記）に対する再考である。一般にGI（グリセミック指数）を求める場合のavCHOは50gで行われることが多いがEFSAによるavCHOの設定は30gとなっている[4]。Woleverらは使用する被験食中の β-グルカン含量を1.6〜3.3gに設定し，これに対応させるavCHOとして「 β-グルカン2.7g当たり30g」となるように比率調整した。その結果，えん麦 β-グルカンを一食当たり1.6g，2.2g，3.3g摂取した場合，摂取量依存的に食後120分までの血中グルコース

濃度の増加が有意に抑制されること（iAUC 値（食後血糖値の曲線下面積）の低減，p＜0.05）およびピーク時と初期値における上昇変化幅の有意な減少（p＜0.05）が確認された。同論文中で彼らはカナダ保健省が提示したヘルスクレームガイドライン[13]において「ある食品の示す食後血糖値の増加が iAUC で 20 ％以上低減されていれば当該健康機能の強調表示を認める」としている点を指摘し，自身の試験結果（一食当たり 1.6～3.3 g のえん麦β-グルカン摂取で iAUC の抑制平均値が 25 ％）をもって十分にヘルスクレームを謳い得ることの妥当性を論じている。ここでなされている問題提起は以下のように要約される。

①食後血糖値は被験食の加工履歴，共存する他の食品中マトリックスとの相互作用などに影響を受けやすい。したがって，「avCHO30 g に対しβ-グルカン 4 g」という限定的な表現方式で最少有効量を定義しようとする EFSA の判断には限界が存在するであろうこと。

②カナダ保健省のガイドラインなども一つの実践的な基準であり，何をもって食後血糖値に対する効果と判断するかについては種々の考えがあり得ること。

また彼らは別の論文で preload paradigm（avCHO の摂取よりも先にβ-グルカンを摂取するという方法論）の重要性を説き，食後血糖値の上昇抑制に関する多面的な評価の必要性を主張している[18]。この食物繊維の摂取タイミングについては例えばセカンドミール効果としてその意味合いが示されているところでもある[19]。

以上見てきたように，えん麦β-グルカンの食後血糖値上昇抑制作用における必要最少摂取量に関する結論として「1 食当たり 3～4 g」が提示されているものの，目下この基準にはいくらか解決すべき課題が含まれている。あわせて日本人被験者によるえん麦β-グルカンの摂取試験についての研究データが今後さらに実践的に示されることも望まれる。

4.4 その他の機能

4.4.1 満腹感への影響

えん麦β-グルカン 4～6 g の摂取により食欲抑制ホルモンペプチド YY の分泌が摂取量依存的に高まること[20]，コレシストキニンのレベルが上昇するとすること[21]が報告されている。一方粘度の低いインスタント型のシリアル（ready-to-eat-cereal）に比べ初期粘度の高いえん麦β-グルカン 2.7 g の摂取で食欲抑制がみられることから，粘度がその効果に対する要因として重要であることを示した研究[22]がある。

4.4.2 腸内環境への影響

難消化性の食物繊維であるβ-グルカンが大腸に到達し腸内細菌の代謝を受けることによって短鎖脂肪酸を生成することは十分に考えられるところである。実際㈱えん麦生活においても販売開始以来使用者から寄せられたフィードバック情報の中では「便通の改善」など消化器官関連の体感に関するものが最多となっている。in vitro 試験でえん麦ふすまがゆるやかに発酵を受けライムギ，小麦との比較においてプロピオン酸の生成能が最も高かったことが報告されている[23]。また，20 代の健常人 24 人に対して行われた 12 週間の試験では 1 日当たり 40 g のえん麦ふすま

の摂取により8週目での酢酸，プロピオン酸，酪酸，イソ吉草酸，イソ酪酸が有意に高まった（p＜0.05～0.001）[24]。

5　おわりに―今後の課題など―

　食物繊維を摂取することの健康メリットについては，便通改善をはじめとする整腸作用などとの関連において比較的一般消費者にもよく知られている。しかしながら，水溶性食物繊維の有用性（あるいは水溶性食物繊維という言葉そのもの）さらにその供給源としてのえん麦についての認知度は未だ相当低い状況にある。一方，素材そのものの認知形成と並行して摂取しやすい高機能な機能性商品を創成し市場に供給して行く努力も大いに求められるところである。本稿で概観したえん麦β-グルカン摂取による「高めの血中LDLコレステロール値の適正化効果」や「食後血糖値の急激な上昇抑制作用」についてはその食歴背景もあって欧米やカナダ，中国などで行われた論文報告が圧倒的に多い。日本での実践的な研究の進展が待たれる。また，オートミールやえん麦ふすまに含有される水溶性β-グルカンの含量は他の穀類に比較すればかなり高い部類ではあるものの，本稿4.3項で述べたように一日摂取量または一回摂取量として継続的に利用しようとすれば，より少ない摂取用量で効果を上げられることが望まれる。最適な摂取量を求めて行われた検討結果はすでに1978年にWoleverを含む研究者らによって提示されているが，同著者による本課題の追及はその後40年を経た現在も継続中である。まさに古くて新しい問題である。

　目下日本の機能性表示食品制度では軽症者や疾病罹患者を対象とした論文データを根拠エビデンスの対象としてはならないというガイドラインが設けられている。えん麦β-グルカンの血糖値や血中脂質に関する重要論文の中にはこのガイドラインの基準に合致しないものも多数存在する。機能を積極的に謳えるかどうかとは別に，医療分野の現場に向けてさまざまな有用情報を提供してゆくことには大きな意義があると思われる。えん麦製品についても今後国内のメディカル，コメディカル領域において種々エビデンスの蓄積が進むことが期待される。

　本稿の範囲を外れるが，えん麦はβ-グルカンのほかに多価不飽和脂肪酸やグルテンフリーの蛋白質[25]，抗酸化成分（トコフェロール，トコトリエノール，フィチン酸，フラボノイド，非フラボノイド性フェノール（*Avenanthramides*：AVAs）など多彩なメリット成分にも富む食材であることから[1]，これらの摂取によって様々な健康メリットがもたらされる可能性についてここに付記し，結びとしたい。

第 5 章　えん麦 β-グルカンの健康機能とその利用

文　　献

1) Rasane P., *et al.*, *J. Food. Sci. Technol.*, **52**(2), 662-675 （2015）

2) Oda T., *et al.*, *J. Nutr. Sci. Vitaminol.*, **39**, 73-79 （1993）

3) Wang Q., *et al.*, *Br. J. Nutr.*, **112**, S4-S13 （2014）

4) Food and Drug Administration, Federal Register, **71**, 29248 （2006）

5) *EFSA Journal*, **9**(6), 2207-2228 （2011）

6) Tiwari U., *et al.*, *Nutrition*, **27**, 1008-1016 （2011）

7) Tosh SM., *Eur. J. Clin. Nutr.*, **67**, 310-317 （2013）

8) 斎藤衛郎ほか，日本栄養・食糧学会誌，**53**(2), 87-94 （2000）

9) De Groot AP., *et al.*, *Lancet*, 303-304 （1963）

10) 青江誠一郎ほか，日本食物繊維研究会誌，**7**(1), 26-38 （2003）

11) 鳥羽保宏ほか，日本食物繊維研究会誌，**7**(2), 71-79 （2003）

12) 青江誠一郎ほか，栄養学雑誌，**64**(2), 77-86 （2006）

13) Bureau of Nutritional Sciences, Food Directorate, Health Products and Food Branch, Health Canada. Jun （2013）

14) Whitehead A., *et al.*, *Am. J. Clin. Nutr.*, **100**, 1413-1421 （2014）

15) Aman P., *et al.*, *Am. J. Clin. Nutr.*, **62**, 1245-1251 （1995）

16) Shen XL., *et al.*, *Nutrients*, **8**, 39 ; doi : 10.3390/nu8010039

17) Wholever TMS., *et al.*, *Clin. Nutr. ESPEN*, **16**, 48-54 （2016）

18) Steinert RE., *et al.*, *Nutrients*, **8**, 524 ; doi : 10.3390/nu8090524 （2016）

19) Sueda K., *et al.*, *Bull. Fac. Psychol. Physic. Sci.*, **9**, 31-38 （2013）

20) Beck EJ., *et al.*, *Nutr. Res.*, **29**, 705-709 （2009）

21) Beck EJ., *et al.*, *Mol. Nutr. Food. Res.*, **53**, 1343-1351 （2009）

22) Rebello CJ., *et al.*, *J. Am. Coll. Nutr.*, Aug 14, doi : 10.1080/07315724.2015.1032442 （2015）

23) Nordlung E., *et al.*, *J. Agric. Food. Chem.*, Aug 22, **60**(33), 8134-8145 （2012）

24) Nilsson U., *et al.*, *Eur. J. Clin. Nutr.*, **62**(8), 978-984 （2008）

25) Butt MS., *Eur. J. Nutr.*, **47**, 68-79 （2008）

第6章 ユーグレナ由来βグルカン（パラミロン）

高橋 円[*1]，川嶋 淳[*2]，西田典永[*3]，大中信輝[*4]

1 はじめに

当社はユーグレナに含まれる栄養成分や機能性に着目し，食品素材としての利用を軸とした事業を展開している。当社独自のユーグレナ・グラシリス（*Euglena gracilis*）EOD-1株は特徴的なβグルカン（パラミロン）を多量に蓄積する。本稿では，ユーグレナ・グラシリスEOD-1株およびパラミロンについて解説するとともにその機能性について紹介する。

2 ユーグレナ・グラシリス[1,2]

2.1 ユーグレナとは

ユーグレナは細胞幅10 μm，細胞長50 μm程の，葉緑体を持つ単細胞性微細藻類の1種である。紡錘形の細胞の一端には2本の鞭毛があり，この鞭毛を動かすことにより回転しながら遊泳し，移動することができる。また，ペクリルと呼ばれる特徴的な細胞外膜構造を有する。細胞表層全体に多数のらせん状の条溝が走っており，ユーグレナは身体をくねらすすじりもじり運動を行い多様な形状に変形する。鞭毛の付け根付近にはユーグレナという名の由来でもある赤い眼点をもつ（"eu"は美しい，"glena"は眼という意）。

2.2 微細藻類の開発状況

ユーグレナを含む微細藻類に関して，近年世界的に研究開発が進められている。その開発ターゲットとしては燃料，化成品，肥料，飼料，医薬品，化粧品や健康食品などが挙げられる。微細藻類は，培養の利便性や高い増殖性などの特徴に加え，体内に油脂類を豊富に蓄積することから

---

* 1 Madoka Takahashi ㈱神鋼環境ソリューション 技術開発センター 水・汚泥技術開発部 部長
* 2 Jun Kawashima ㈱神鋼環境ソリューション 新規事業推進部 藻類事業推進室 兼技術開発センター 水・汚泥技術開発部 バイオ資源技術室 主任部員
* 3 Norihiro Nishida ㈱神鋼環境ソリューション 技術開発センター 水・汚泥技術開発部 バイオ資源技術室 主任部員
* 4 Nobuteru Onaka ㈱神鋼環境ソリューション 技術開発センター 水・汚泥技術開発部 バイオ資源技術室

第 6 章 ユーグレナ由来 β グルカン（パラミロン）

新たなバイオ燃料原料として注目されてきた。しかし近年では，微細藻類それぞれが有する特徴的な成分（色素，栄養素，多糖類など）への関心が高まり，バイオ燃料原料に留まらずそれらの成分を活用した用途開発が進められている。

食品素材として活用されている微細藻類には，ユーグレナの他にスピルリナやクロレラなどが知られているが，特にユーグレナは栄養成分の多彩さ，吸収効率の高さ，そして独自の多糖成分であるパラミロンを含有する点に特徴がある。ユーグレナはビタミン，ミネラル，アミノ酸，脂肪酸などの豊富な種類の栄養素をバランス良く含んでいる。また，スピルリナ，クロレラとは異なり，ユーグレナは細胞壁でなく細胞外膜で覆われているため，これら栄養成分の消化吸収性が優れている[3]。さらに，ユーグレナ独自多糖成分であるパラミロンは免疫賦活作用，抗アレルギー作用などの健康機能性で近年注目されている β グルカンの 1 種である。これらの特徴から，ユーグレナは健康食品素材としてその機能性が期待されている。

2.3 ユーグレナの培養方法

ユーグレナは細胞内に葉緑体を有するため，光合成によって増殖することができる。一方で，光のない暗所でもグルコースなどの有機性炭素を利用して増殖することができる。すなわち，ユーグレナの生産方法としては，光合成を利用した光独立栄養培養，暗所・好気条件下での従属栄養培養，また両者を同時に行う光従属栄養培養いずれの方法でも培養が可能である。

従属栄養培養では，滅菌した密閉タンク内での培養により，外部からの異物や微生物の混入を防ぎ培養を行うことで食品素材として安心・安全な品質を得ることができる。また，日照条件などの外的要因による培養への影響を受けることなく安定した培養が可能である。さらに，ユーグレナは従属栄養培養条件下でパラミロンの生産量が著しく増大する特性がある。株や培養条件により差はあるが，従属栄養培養時のパラミロン含有量はユーグレナバイオマス（乾燥藻体）の 50 ％ 以上に達することもある。

これらの特徴を踏まえ，当社は豊富にパラミロンを蓄積し，食品素材として一定の品質が得られる密閉タンク内での従属栄養培養法を採用している。

2.4 ユーグレナ・グラシリス EOD-1 株 [4, 5]

当社は高い増殖性を有するユーグレナ・グラシリスの新規株，EOD-1 株を分離した。その後，培養方法の検討を重ね，EOD-1 株の大量培養技術を確立した。以下に EOD-1 株の特徴を詳述する。

2.4.1 EOD-1 新規株の発見

スクリーニングにより湖水中よりユーグレナを単離した。単離したユーグレナと既知のユーグレナ属の 18 S rRNA 遺伝子の塩基配列相同性を確認し，ユーグレナ・グラシリスに分類されることを確認した。また，RAPD 解析を行い，単離した株とユーグレナの異なる種（NIES-253，286，2149）および同種（NIES-47，48，49）とも解析パターンが異なることを確認した。

175

以上の結果から，単離したユーグレナを新規ユーグレナ・グラシリス株と判断し，EOD-1株（写真1）と命名した（特許登録済み）。

2.4.2 EOD-1株の増殖性およびパラミロン生産性

EOD-1株は，既存のユーグレナ株と比べ増殖が速く，パラミロンの含有率が高いといった優れた性質を有する。一般的に研究用途で使用されているユーグレナ・グラシリスZ株との培養成績の比較を図1に示す。AF-6培地[6]に25 g/Lのグルコースと2.5 g/Lの酵母エキスを添加し，暗所28℃の条件で72時間培養した。EOD-1株の増殖速度（バイオマス生産性）はZ株の2倍以上であった。また，培養72時間後のパラミロン生産量では4倍もの差があった（図2）。当社では培養方法の改良によりさらに生産性を向上させ，ユーグレナバイオマス中に安定的に70％以上のパラミロンを蓄積する培養条件を確立している。

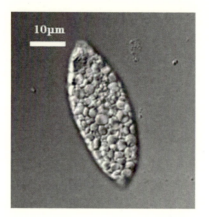

写真1　ユーグレナ・グラシリス EOD-1株

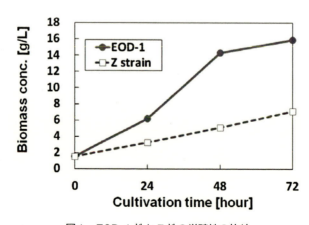

図1　EOD-1株とZ株の増殖性の比較

第6章　ユーグレナ由来βグルカン（パラミロン）

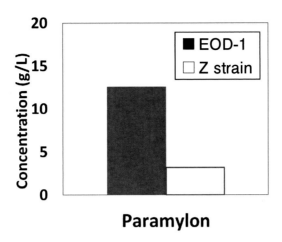

図2　EOD-1株とZ株のパラミロン生産量の比較

2.4.3　EOD-1バイオマスの安全性

EOD-1バイオマスを食品素材として活用するにあたり各種安全性試験を実施し，問題がないことを確認している（表1）。

表1　EOD-1バイオマスの安全性試験　項目と結果一覧

項目	結果	備考
遺伝毒性試験		
・Ames試験（微生物）	問題なし	突然変異
・致死感受性試験	問題なし	DNA損傷
・小核試験	問題なし	染色体異常
単回投与毒性試験	問題なし	ラットにおける急性経口毒性（LD50）：2,000 mg/kg/day以上
反復投与毒性試験	問題なし	ラットに1,000 mg/kg/dayを90日間反復投与を行い，異常は認められなかった。
催奇形性試験	問題なし	1,000 mg/kg/dayの強制投与を行い，母ラット胎児ともに催奇形性は認められなかった。
アレルゲン性試験	検出されず	特定原材料5項目（乳，卵，小麦，そば，落花生）甲殻類は原材料に含まれないため除外
理化学試験		
・総フェオホルバイト	検出されず	既存フェオホルバイト，クロロフィラーゼ活性共に検出されなかった。
・重金属	検出されず	鉛，カドミウム，ヒ素，総水銀

3 ユーグレナ由来βグルカン（パラミロン）[1, 4, 5]

3.1 パラミロンとは

　パラミロンとは，ユーグレナ属のみが細胞内貯蔵物質として生成する多糖類である。パラミロンはβ-1,3-結合のみからなるβグルカンの1種で，3本の直鎖状β-1,3-グルカンが右巻きの縄のようにねじれあった緩やかな3重螺旋構造をとる（図3）。この螺旋構造が複数集まりとぐろを巻くような形で，直径3～5 μm程の扁平な顆粒を形成する。写真2にEOD-1由来パラミロンの電子顕微鏡写真を示す。

　パラミロンは強固な結晶構造を持ち，熱水も含め水には全く溶解しない。一方でアルカリ溶液やDMSOには溶解し，無色透明の粘性を帯びた溶液となる。この溶液を中和，あるいは希釈することで，顆粒構造の崩れたゲル状のパラミロンを得ることができる。このゲル状のパラミロンは，アルカリへの溶解性や抱水性，βグルカナーゼに対する感受性が高く，顆粒状のパラミロンと大きく異なる物性を持つ。

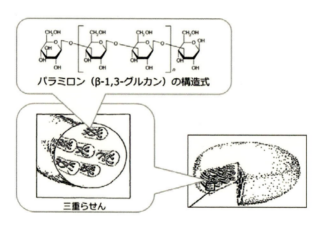

図3　パラミロンの化学式，らせん構造の図[1]

写真2　EOD-1由来パラミロン電子顕微鏡写真

第6章　ユーグレナ由来βグルカン（パラミロン）

このように，化学的な処理により構造を変化させることで物性を大きく変えることができるという点も，パラミロンの特徴の一つである。

3.2　EOD-1 由来パラミロンの構造解析

EOD-1 由来パラミロンの構造を確認するため，2次元 NMR（核磁気共鳴）分析による構造解析を行った。NMR は，有機化合物の同定や構造解析などの定性的な測定だけでなく，近年では定量試験（定量 NMR）[7] にも用いられている。パラミロン顆粒を 20 mg/mL となるように重 DMSO に溶解し，核磁気共鳴装置（AVANCE500, Bruker）を用いて H-，C-，HSQC-NMR 解析を行った。HSQC のスペクトル結果において7つのクロスピークが観察され，β-1, 3-グルカンであることが確認できた。

3.3　EOD-1 由来パラミロンの定量（定量 NMR）[7]

βグルカンの定量として，サンプルを酸によって部分的に加水分解して可溶化し，酵素によってグルコースまで分解してグルコース量を測定しグルカン含量を計算する方法が知られている。ただし，パラミロンは水に不溶という他のβグルカンとは溶解性が異なる性質を持つため，従来の方法が適用しづらい。一方，DMSO には溶解するため，パラミロンの定量法として定量 NMR が考えられた。定量 NMR のメリットは，測定したい成分の標準品がなくても定量が可能なことから，最近，生薬や植物由来の標準品がない成分の定量に応用されており，日本薬局方などでも認められつつある手法である。また，NMR は他のクロマトグラフィーのような分離分析を必要とせず，定量と同時に定性も可能である。以上の理由から当社ではパラミロンの定量には NMR が最適と判断し，当社で従属栄養培養した EOD-1 バイオマスに含まれるパラミロン（β-1, 3-グルカン）含量を測定した結果，含有率は 70 ％以上であることを確認している。

3.4　EOD-1 由来パラミロンの機能性について

パラミロンを含むβグルカンに関しては，免疫賦活効果や抗アレルギー作用など，様々な機能性が報告されている。パラミロンの機能性としてこれまで報告されているものでは，免疫賦活[8, 9]，抗腫瘍性[10]，抗 HIV ウイルス[11]，インフルエンザ症状緩和[12]，コレステロール吸収抑制[13]，便通改善[14]，胃潰瘍抑制[15] などがある。

本稿では，EOD-1 バイオマス，EOD-1 由来パラミロンを用いた動物試験での生活習慣病関連指標の改善および免疫調節作用について紹介する。

3.4.1　耐糖能・血中脂質濃度の改善作用（動物試験）[16]

EOD-1 バイオマスおよび EOD-1 由来パラミロンの機能性を調べるため，動物実験によりこれらの摂取が血糖値や血中脂質に及ぼす影響について検証した。

試験飼料は標準精製飼料（AIN-93 G）を基本に，脂肪エネルギー比が 50 ％となるようにラードを配合した高脂肪食を対照とした。試験群として EOD-1 バイオマスまたは EOD-1 由来パラ

179

ミロンを配合した高脂肪食を調製した。実験動物は5週齢の雄マウスを用いた。1週間の予備飼育後，体重が均一になるように群分けした。試験飼料を12週間摂取させ，試験最終週に経口ブドウ糖負荷試験を行った。試験終了時にマウスを8時間絶食させ，解剖および採血を実施し，血中総コレステロールおよび血中 non-HDL コレステロール，血中インスリン濃度を測定した。

　マウスの成長結果および各種臓器重量に有意差は認められず，同等であった。経口ブドウ糖負荷試験の結果，血糖値はグルコース投与後60分でパラミロン摂取群が低下傾向を示し，120分後ではEOD-1バイオマス摂取群とEOD-1由来パラミロン摂取群が有意に低値を示した（図4）。一方，血中インスリン濃度に差はなかった。このことから，EOD-1バイオマスおよびEOD-1由来パラミロンの継続的な摂取により耐糖能が改善していることが示唆された。また，血中総コレステロールおよび血中 non-HDL コレステロール濃度はEOD-1由来パラミロン摂取群で有意に低下し，EOD-1バイオマス摂取群で低下傾向にあり，パラミロン量に依存した低下が認められた（図5，6）。

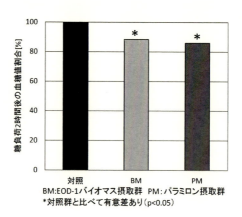

図4　経口ブドウ糖負荷試験による血糖値の比較

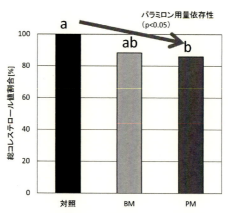

図5　血中総コレステロール値の比較

第6章　ユーグレナ由来βグルカン（パラミロン）

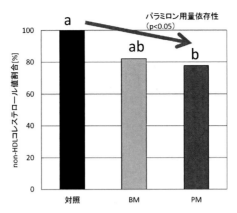

図6　血中 non-HDL コレステロール値の比較

　以上の結果から，EOD-1バイオマス中のパラミロンは，食後血糖値の上昇抑制効果（耐糖能改善）および血中コレステロール低下作用を有することが確認された。これまで高粘性の水溶性食物繊維の特徴とされる機能性が，不溶性食物繊維であるパラミロンで確認された。推測されるメカニズムとして，パラミロンの摂取により，消化管細胞への直接刺激が起こり，インスリンの分泌が節約され，耐糖能改善や血中コレステロール低下につながる可能性が考えられた。

3.4.2　免疫機能（*in vitro* 試験）[17]

　ヒトや動物の血中には β-1,3-/1,6-グルカンに対する特異抗体（抗βグルカン抗体）が含まれておりマクロファージの抗真菌感染防御機能に寄与していることが報告されている。そこで，ヒト免疫グロブリン製剤（IVIG）を用いて EOD-1 由来のパラミロンに対する特異抗体について調べた。

　EOD-1由来パラミロン懸濁液および対照として *Candida* 由来βグルカンを調整し，ブロッキング後にIVIGを添加し，結合した免疫グロブリンについて，フローサイトメトリーを用いて結合を調べた。その結果，EOD-1由来パラミロンならびに *Candida* 由来粒子状β-グルカンのいずれも抗体の結合が認められた。また，*Candida* 由来可溶性β-グルカンをIVIGに共存させるとその結合が阻害されたことから，結合した抗体は抗原特異的であることが強く示唆された。

　次にヒトの唾液中に含まれるパラミロン抗体を調べた。まず，パラミロンを可溶化し，プレート上に固相化した後，ヒトの唾液を加えてパラミロンと結合するか調べたところ，唾液中にもパラミロンに反応性を示す抗体が確認された。

　本検討により，ヒト血中および唾液中にEOD-1由来パラミロンの特異的抗体が含まれることが示唆された。本抗体は *Candida* 由来βグルカンとの交差反応性を示すことから，感染防御機能などの免疫機能に寄与する可能性が示唆された。

4 おわりに

本稿では，EOD-1 バイオマスおよび EOD-1 由来パラミロンを用いた動物実験と *in vitro* 試験について，耐糖能改善および血中コレステロール低下作用，免疫調節作用を紹介した。今後もパラミロンの研究がさらに発展し，EOD-1 バイオマスが健康食品素材として利用されていくことを期待したい。

文　　献

1) 北岡正三郎編，ユーグレナ　生理と生化学，学会出版センター（1989）
2) 渡邉信監修，藻類ハンドブック，㈱エヌ・ティー・エス（2012）
3) 細谷圭助ほか，日本農芸化学会誌，**51**(8)，483-488（1977）
4) 赤司昭ほか，神鋼環境ソリューション技報，**12**(1)，9-15（2015）
5) 大中信輝ほか，神鋼環境ソリューション技報，**14**(2)，2-10（2018）
6) （国研）国立環境研究所　微生物系統保存ホームページ，http://mcc.nies.go.jp/02 medium.html
7) （一財）日本食品分析センターホームページ，http://www.jfrl.or.jp/item/other/nmrqnmr.html
8) Y. Kondo *et al., J. Pharmacobio-Dym.*, **15**, 617-621（1992）
9) R. Russo *et al., Food Science & Nutrition*, **5**(2)，205-214（2017）
10) 中野長久, *Food & Food Ingredients Journal of Japan.*, 159, 72（1994）
11) N. Koizumi *et al., Antiviral Research*, **21**, 1-14（1993）
12) 中島綾香ほか，日本ウイルス学会　第 62 回学術集会要旨集，p.375（2014）
13) 鈴木健吾ほか，日本栄養・食糧学会 第 63 回大会要旨集，p.174（2009）
14) 中島綾香ほか，腸内細菌学雑誌，**31**(2)，107（2017）
15) 大串美沙ほか，ビタミン，**89**(4)，215（2015）
16) 青江誠一郎ほか，日本食品科学工学会第 64 回大会要旨集，p.125（2017）
17) 石橋健一ほか，第 72 回日本栄養・食糧学会大会要旨集，p.293（2018）

第7章　微細藻類 *Euglena gracilis* の貯蔵多糖パラミロンの機能

中島綾香[*1]，鈴木健吾[*2]

1　はじめに

　ユーグレナ（和名：ミドリムシ）は，主に淡水の沼や池，水田などに生息する数十 μm～百 μm 程度の大きさの微細藻類であり，1本の鞭毛を使って遊泳すると同時に，ユーグレナ運動と呼ばれる細胞変形運動をすることを特徴とする生物である。特にその中の1種である *Euglena gracilis*（図1（A））は，長く基礎研究に用いられており，食料不足の解決策として食糧生産を効率的に行うための材料としても検討されてきて，その栄養価の高さや有用性についての知見も蓄積されてきた。2005年に㈱ユーグレナが，世界で初めて *E. gracilis* の食利用のための屋外大量培養を実現して以降は，食品としてユーグレナが広く流通するようになり，現在ではサプリメントや食品素材として使用されている。

　ユーグレナは，パラミロン（paramylon）と呼ばれる特有の β-1,3-グルカンの結晶体を貯蔵多糖として利用し，環境によっては乾燥重量の3割にも達する量を蓄積する（図1（B））。パラミロンは，単糖のグルコース600～700個が β-1,3結合で直鎖状に連なり，それらが三重らせん構造をとり，高度に結晶化されている点が特徴的である。本章ではパラミロンを摂取した際の効果を，他の β-グルカンの効果と比較しながら紹介する。

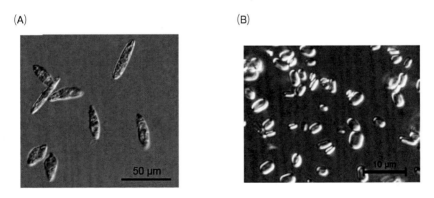

図1　ユーグレナとパラミロンの顕微鏡画像

[*1]　Ayaka Nakashima　㈱ユーグレナ　研究開発部　機能性研究課　課長
[*2]　Kengo Suzuki　㈱ユーグレナ　研究開発部　取締役　CTO

2 パラミロンの機能

　パラミロンは，食品素材として期待されるユーグレナが含有している成分であるため，主としてその経口投与での効果が検討されている。これまで知られているβ-グルカンの抗癌作用，抗酸化作用，免疫への効果などを基に，パラミロンについても動物試験やヒト試験において，同様の機能を示すか検討されてきている。一方で，他のβ-グルカンとは一致しない効果を示す結果も報告されており，パラミロンの構造的特徴による効果の違いが示唆される。

2.1　パラミロンの抗腫瘍活性

　シイタケ由来のβ-1, 3-グルカンであるレンチナンなどの経口投与は肝細胞癌及び膵臓癌に対する抗癌効果が報告されるが[1, 2]，同様に大腸癌に対しても効果があるとされる。このことから，マウスにおける1, 2-ジメチルヒドラジン（DMH；発癌性を持つ化学物質）投与による結腸癌異常陰窩病巣（ACF；大腸癌の初期段階で検出される前癌病変）の生成をモデルとして，経口投与されたパラミロンの抗癌作用が検討された。E. gracilis 粉末，及びパラミロンの経口投与により，DMH による ACF 生成は，それぞれ32％，及び59％抑制され，E. gracilis に含まれるパラミロンが抗腫瘍活性を示すことが明らかとなった[3]。

　β-グルカンの抗癌作用は，腫瘍免疫に対する効果に加えて，腸内細菌叢の制御，及び ROS の除去のような他の要因も合わさった複合的な効果であることが報告される[4, 5]。β-1, 3-グルカンとしての基本的構造が類似するパラミロンも同様の機序で効果を発揮することが予想される。さらに，パラミロンは，後述のように食物繊維として消化管の内容物の腸滞留時間が短縮に寄与することが示されており，結腸癌については有害な発癌物質の排泄促進による予防効果も影響すると示唆される。

2.2　パラミロンの抗酸化機構を介した肝臓保護効果

　活性酸素種（ROS）の過剰な生産は，癌，心臓病，脳卒中などの生活習慣病の原因となる主要なリスク要因の1つと言われているが，β-グルカンは受容体認識を介して抗酸化活性を示すことが知られている[6, 7]。パラミロンの経口投与により同様に抗酸化効果が得られるか，ラットにおける，四塩化炭素によって誘発される酸化的肝臓損傷の実験系を用いて検討された。パラミロンの経口投与を3日間継続することにより，その後，四塩化炭素への暴露によって誘発される肝臓の損傷が抑制され，また肝細胞損傷の指標になる血液中に流出した GOT（AST：アスパラギン酸アミノトランスフェラーゼ），GPT（ALT：アラニンアミノトランスフェラーゼ）の上昇が抑制されることが報告された[8]。同様に，肝臓の活性酸素除去酵素（スーパーオキシドジスムターゼ SOD，カタラーゼ CAT，グルタチオンペルオキシダーゼ GPx）の活性は四塩化炭素処理での減少も抑圧される結果が示されている[8]。このことから，パラミロンの抗酸化活性は，他のβ-グルカンと同様に受容体認識されることを通して，活性酸素除去酵素の発現量を調整して発

第 7 章　微細藻類 *Euglena gracilis* の貯蔵多糖パラミロンの機能

揮されることが示唆され[9~11]，他の β-グルカンと同様に，肝臓以外の器官における酸化誘発損傷の治療にも効果があることが期待できる。

2.3　パラミロン摂取による排便促進とコレステロールレベル低減への効果

　パラミロンは高度に結晶化された構造から，他の β-グルカンとは異なり β-1, 3-グルカナーゼによって加水分解されにくいことが知られる[12]。パラミロンの難分解性は，β-グルカンとして腸内で長く機能を維持することに寄与している可能性があり，さらに，ユーグレナ乾燥粉末中に多く含まれることから，食物繊維様の働きをし得ることが予想される。これを支持する結果として，ラットにおけるパラミロンの摂取により，便の重量が増加し，消化管の内容物の腸滞留時間が短縮されることが報告されている[13]。

　大麦などの穀物由来の β-グルカンは食物繊維としての機能が知られるが，高脂血症患者において穀物由来 β-グルカンを経口投与する臨床試験により，血中コレステロール値を下げる効果があることが示されている[14~16]。β-グルカンによるコレステロールレベルの減少は，脂肪を含有する胆汁酸ミセルを捕捉することにより，腸管上皮に存在する管腔膜輸送体との相互作用を妨害し，それによって脂肪，胆汁酸，及びコレステロールを吸収せずに，糞便として排出させることによる[17]。このような腸管中の過剰なコレステロールを，糞便として排出する効果がパラミロンにより得られるかを検討するために，高脂肪食を与えたマウスを利用した試験が実施された。パラミロンを 3 日間摂取した場合には，対照群と比較して糞便中のコレステロール量が多く，パラミロンも穀物由来 β-グルカンと同様に，コレステロールの糞便としての排出を促進することが示された。

2.4　免疫恒常性への影響

　過度の免疫応答が自己免疫疾患またはアレルギーにつながる可能性があるため，免疫恒常性を保つことは重要である[18]。免疫恒常性の一例として，細胞性免疫系におけるタイプ 1 ヘルパー T 細胞（Th1）と体液性免疫系におけるタイプ 2 ヘルパー T 細胞（Th2）との間のバランスの維持が知られる[19]。Th1 及び Th2 の関与する免疫反応は，免疫恒常性を維持するためにお互いを抑制しあう。アトピー性皮膚炎は，Th2 が優位になったことに起因するアレルギー反応の一例である[20]。一方，Th1 細胞の免疫系の過剰な活性化は，自己免疫疾患，例えば慢性関節リウマチを引き起こす[21]。即ち，一般的な β-グルカンの経口摂取は，免疫賦活効果によって主に Th1 及び Th17 細胞を活性化し，結果的に Th2 細胞の活性を抑制する[22]。これにより，Th1/Th2 バランスが Th1 優位な方向にシフトさせられ，アレルギー疾患の症状が緩和する[23]。

2.4.1　パラミロンによる過剰な免疫応答の抑制

　パラミロン摂取の免疫恒常性への影響を検討するために，マウス由来細胞を利用した *ex vivo* の試験が実施された。マウス由来骨髄細胞より誘導した樹状細胞と T 細胞に糖脂質（LPS）を添加することで免疫応答を励起し，同時にパラミロンを加えると，抑制型サイトカインである

185

IL-10の産生量がパラミロン濃度依存的に増加し，LPSにより惹起された免疫がパラミロンの存在によって抑制される傾向が示されたことから，パラミロンが過剰な免疫応答を抑制することが示唆された（㈱ユーグレナ未発表データ）。IL-10はTh1を抑制するサイトカインとして知られ，一般的なβ-グルカンとは逆に，パラミロンの経口摂取はTh1/Th2バランスをTh2優位な方向にシフトし得ることを示す。

2.4.2 パラミロンによる関節リウマチ症状の緩和効果

パラミロン摂取によりTh2優位な方向にTh1/Th2バランスが調整される同様の例として，マウスにおける慢性関節リウマチの実験モデルでの効果が報告されている。四肢関節皮下へのコラーゲン注入により，関節リウマチ症状が誘発されたマウスにおいて，ユーグレナ及びパラミロンを摂取した効果が検討されたところ，症状の重症度を表す関節炎スコアが有意に減少した[24]（図2）。さらに，ユーグレナ及びパラミロンを摂取していたマウスでは，リンパ球から産生されるIL-6，IL-17，IFN-γなどのサイトカインの分泌量が抑制された[24]。関節リウマチでは，サイトカインであるIL-6などの作用によりTh17細胞分化が促進され，Th17細胞から産生されるIL-17などの影響により病態が進行すると考えられている。一方でIFN-γはTh1の活性の指標になるサイトカインであり，これらの結果は，パラミロンを摂取すると，Th1及びTh17の活性が抑制され，その結果として関節リウマチ症状を抑制する可能性を示している。

2.4.3 パラミロンによるアトピー性皮膚炎の緩和効果

パラミロンは一般的なβ-グルカンと異なり，Th2優位なTh1/Th2バランスの調整をすることが上記2つの試験で示唆されるが，一方で，マウスモデル，及びヒト臨床試験におけるパラミロンのアトピー性皮膚炎に対する効果も報告されており，これはTh1/Th2バランスがTh1優位な方向にシフトされた結果と考えられる。

2,4,6-トリニトロクロロベンゼン（TNCB）を塗布によってアトピー性皮膚炎様の症状を誘発

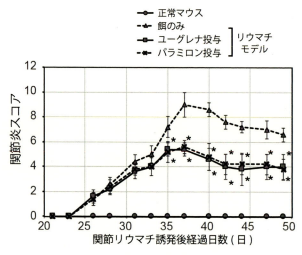

図2　関節リウマチに対するパラミロンの効果

第7章　微細藻類 *Euglena gracilis* の貯蔵多糖パラミロンの機能

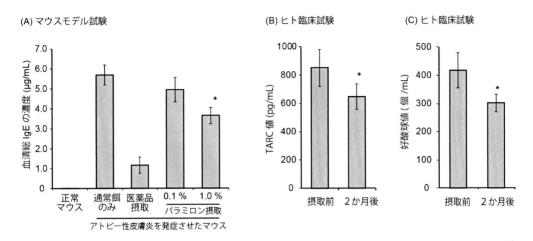

図3　アトピー性皮膚炎に対するパラミロンの効果

したマウスモデルに対してパラミロンを摂取させると，皮膚炎の程度を示すスコア，及び血中IgE濃度が与えたパラミロンの濃度依存的に低減した[25]（図3(A)）。また，皮膚科クリニックにおいて，実施されたパラミロンによるアトピー性皮膚炎症状緩和効果検証試験でも，パラミロンの継続摂取により皮膚炎の症状が緩和されることが報告された[26]。試験では，10代〜60代の男女，27名のアトピー性皮膚炎患者にパラミロンを1日1g，2か月間摂取させ，継続摂取前後の血中のTARC（Th2ケモカイン）値・好酸球値の測定，患部の観察，アンケート調査によりアトピー性皮膚炎の改善効果が認められた。特に定量的指標となる血中TARC値，血中好酸球値が有意に低減したことから（図3(B)，(C)），通常治療にパラミロン摂取を加えることで，アトピー性皮膚炎症状が緩和される可能性が示唆された[26]。

2.4.4　パラミロンによるインフルエンザウイルス感染症状の緩和効果

　パラミロンにより，Th1/Th2バランスはどちらにも傾き得ることが各種試験で示唆されたが，このパラミロンの複雑な効果はインフルエンザウイルス感染への効果をマウスで検証した試験でも確認されている。ユーグレナ及びパラミロンを摂取していたマウスでは，摂取していなかったマウスと比較して，インフルエンザウイルス A/PR/8/34（H1N1）を点鼻感染させた際の生存率が向上し，肺の中のインフルエンザウイルス数が減少した[27]。また，肺中のサイトカイン分泌が上昇し，免疫細胞の活性化によってインフルエンザウイルスの排除が促進されている可能性が示唆された[27]。この際に，ユーグレナ及びパラミロンを摂取していなかったマウスと比較してパラミロンを摂取していたマウスでより分泌していたサイトカインとしては，IL-1b，IL-6，TNF-α，IL-12（p70），IFN-γ，IFN-β 及びIL-10が挙げられるが，例えば，これはTh1活性を抑圧するIL-10とTh1活性の指標となるIFN-γの量が同時期に増加している場合もあることを示す。一方，パラミロン摂取によりIFN-βの分泌が確認されたが，産生されたIFN-βはNK細胞やCD8陽性のT細胞を誘導し，ウイルスの排除に機能するとの報告もされている。詳

細な作用機序の理解にはさらなる検討が必要であるが，当該試験の結果は，パラミロン摂取により免疫賦活効果が得られ，インフルエンザ症状が緩和可能であることを示す。

2.4.5 免疫に対する作用機序の仮説

β-グルカンは，病原性細菌に対する防御のための自然免疫系を介して免疫恒常性に作用しているとされる[28]。病原性細菌は，小腸のパイエル板（Peyer's patch, PP）のM細胞によって腸管腔から抗原として取り込まれ，その後，マクロファージ及び樹状細胞などの免疫細胞に提示されると考えられている[29]（図4）。病原性細菌に対するパターン認識受容体は，微生物の細胞壁に存在するβ-グルカンを標的の一つとするが，この機構に作用する形で，経口摂取したβ-グルカンも免疫細胞に認識されていると考えられる。M細胞，マクロファージ及び樹状細胞の表面上に存在するDectin-1はβ-グルカンの一次受容体として作用することが報告されており，その後の免疫刺激効果を示す[30,31]。

β-グルカンのDectin-1による認識によって，β-グルカン顆粒の細胞内取り込みが促進され[32]，チロシンキナーゼSyk及び転写因子NF-κBの活性化を介して炎症性サイトカインの分泌を促進することが明らかになっている[33,34]。パラミロンの摂取によってもNO，TNF-α，IL-6，COX-2などの炎症性サイトカインの分泌がみられることから[35]，パラミロンもM細胞を通過し，他のβ-グルカンと同様に，Dectin-1を介してマクロファージなどに認識される可能性が示唆される。パラミロンのサイズは，2～3μmであり，病原性細菌のサイズに類似している。このため，パラミロンが，病原性細菌を認識するのと同じメカニズムを用いてM細胞を潜在的に輸送される可能性が予想される。パラミロンの結晶構造は，Dectin-1によって認識される三重らせんからなる[36,37]。実際に，パラミロンは組換えDectin-1に結合することが生化学的

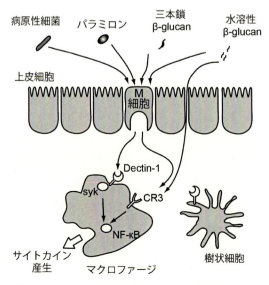

図4　パラミロンの腸管免疫への作用方法モデル図

第7章 微細藻類 *Euglena gracilis* の貯蔵多糖パラミロンの機能

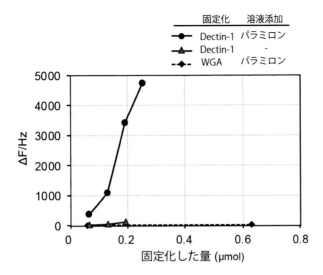

図5 QCM発振法によるDectin-1とパラミロンの相互作用の確認
※ WGA（Wheat Germ Agglutinin）

に示され[38]，また，QCM発振法を用いて，Dectin-1がパラミロンと特異的に結合することが直接的に確認されている（図5㈱ユーグレナ，㈱アルバック未発表データ）。

　他のβ-グルカンがTh1/Th2バランスをTh1優位な方向に調整すると報告されているのに対し，パラミロンはTh1，Th2のどちらの方向にも調整することが観察されている。この違いが見られる理由の一つとしては，糖鎖の構造の違いが挙げられる。β-グルカンは，分子サイズ及び，β-1, 3骨格上のβ-1, 6枝の数と大きさ分岐の割合によって効果が異なることが知られる[39, 40]。一方で，パラミロンは直鎖状の構造をとっており，微生物由来のβ-グルカンであるカードランと比較的似た一次構造であり，機能的特殊性の要因は見当たらない。ただし，難分解性の結晶構造をとることは他のβ-グルカンと顕著に異なる特徴であり，これがパラミロンの特徴的免疫作用につながっていると推測される。

3　おわりに

　これまで実施されてきたパラミロンの機能性解明に関する一連の研究から，パラミロンはβ-グルカンの持つDectin-1などを介した免疫賦活・調整効果と，食物繊維の持つ腸内環境を改善する効果，さらには抗酸化効果を併せ持っており，優れた機能性を持つ素材であることが分かってきた。パラミロンを蓄積するユーグレナが産業的に大量生産できるようになることで，パラミロンを素材として大量に調達できるだけでなく，ユーグレナを摂取することでも間接的にパラミロンの効果の恩恵を受けることができる。パラミロンの効果が発揮される作用機序を明確にするためにはさらなる解析が必要となるが，パラミロンを工業的に大量生産できる体制が整ったこと

により，今後さらに研究が促進されることが期待される。

文　　献

1) N. Isoda *et al.*, *Hepatogastroenterology*, **56**, 437 （2009）

2) K. Shimizu *et al.*, *Hepatogastroenterology*, **56**, 240 （2009）

3) T. Watanabe *et al.*, *Food Funct.*, **4**, 1685 （2013）

4) A. T. Yap, M. L. Ng, *Int. J. Med. Mushrooms*, **7**, 1 （2005）

5) J. Chen, X. D. Zhang, Z. Jiang, *Anticancer. Agents Med. Chem.*, **13**, 725 （2013）

6) K. Kofuji *et al.*, *ISRN Pharm.*, **2012**, 125864 （2012）

7) J. Saluk-Juszczak, K. Krolewska, B. Wachowicz, *Int. J. Biol. Macromol.*, **48**, 488 （2011）

8) A. Sugiyama *et al.*, *J. Vet. Med. Sci.*, **71**, 885 （2009）

9) O. Bayrak *et al.*, *Am. J. Nephrol.*, **28**, 190 （2008）

10) G. Sener *et al.*, *Int. Immunopharmacol.*, **5**, 1387 （2005）

11) G. Sener, *Eur. J. Pharmacol.*, **542**, 170 （2006）

12) D. R. Barras, B. A. Stone, The Biology of EUGLENA Volume II : Biochemistry, 149-91, Academic Press （1968）

13) 河野裕一ほか，日本栄養・食糧学会誌，**40**, 193 （1987）

14) J. M. Keenan *et al.*, *Br. J. Nutr.*, **97**, 1162 （2007）

15) T. Wolever *et al.*, *Am. J. Clin. Nutr.*, **92**, 723 （2010）

16) K. C. Maki *et al.*, *J. Nutr.*, **133**, 808 （2003）

17) A. Lia *et al.*, *Am. J. Clin. Nutr.*, **62**, 1245 （1995）

18) J. F. Bach, *N. Engl. J. Med.*, **347**, 911 （2002）

19) P. Kidd, *Altern. Med. Rev.*, **8**, 223 （2003）

20) M. Grewe *et al.*, *Immunol. Today*, **19**, 359 （1998）

21) M-L. Toh, P. Miossec, *Curr. Opin. Rheumatol.*, **19**, 284 （2007）

22) A. Carvalho *et al.*, *Cell. Mol. Immunol.*, **9**, 276 （2012）

23) M. Jesenak *et al.*, *Immunopathol.*, **42**, 149

24) K. Suzuki *et al.*, *PLoS ONE*, **13**, e0191462 （2018）

25) A. Sugiyama *et al.*, *J. Vet. Med. Sci.*, **72**, 755 （2010）

26) 中島綾香，アンチエイジング医学，**10**, 745 （2014）

27) A. Nakashima *et al.*, *Biochem. Biophys. Res. Commun.*, **494**, 379 （2017）

28) A. J. Macpherson, N.L. Harris, *Nat. Rev. Immunol.*, **4**, 478 （2004）

29) J. P. Kraehenbuhl, M.R. Neutra, *Annu. Rev. Cell Dev. Biol.*, **16**, 301 （2000）

30) G. D. Brown, S. Gordon, *Nature*, **413**, 36 （2001）

31) K. Ariizumi *et al.*, *J. Biol. Chem.*, **275**, 20157 （2000）

32) M. K. Mansour *et al.*, *J. Biol. Chem.*, **288**, 16043 （2013）

33) Y. Adachi, *Trends Glycosci. Glycotechnol.*, **19**, 195 （2007）

第 7 章　微細藻類 *Euglena gracilis* の貯蔵多糖パラミロンの機能

34)　D.M. Reid, N.A.R. Gow, G.D. Brown, *Curr. Opin. Immunol.,* **21**, 30 （2009）

35)　R. Russo, *Food Sci. Nutr.,* **5**, 205 （2017）

36)　J. Z. Kiss *et al., Protoplasma,* **146**, 150 （1988）

37)　C. T. Chuah *et al., Macromolecules,* **16**, 1375 （1983）

38)　M. Ujita, *Biosci. Biotechnol. Biochem.,* **73**, 237 （2009）

39)　J. A. Bohn, J.N. BeMiller, *Carbohydr. Polym.,* **28**, 3 （1995）

40)　M. Zhang *et al., Trends Food Sci. Technol.,* **18**, 4 （2007）

第8章　食用キノコ由来の糖脂質構造と
食品の機能性に関する近年の動向

野崎浩文[*1]，櫛　泰典[*2]

1　はじめに

　生活習慣病・関節リウマチ，そしてアトピー性皮膚炎に対して効果があると言われている食用キノコ（以下，キノコと称す）には，豊富な食物繊維，ビタミン，ミネラルが含まれている。現在では，本書の主題であるβグルカンを筆頭とする多糖類による薬用効果が注目されているキノコも少なくない[1]。本稿では，イノシトールリン酸基（Ins-P）を骨格とする化学的構造が明確になっているキノコの糖脂質の免疫細胞への働きかけを紹介するとともに，近年の主な動向およびキノコ糖脂質からヒントを得た機能性糖脂質合成の取組を紹介する。

2　糖脂質の構造

　糖と脂質が結合した生体分子が糖脂質である。糖脂質は，脂質部分の違いによって，①グリセロ型糖脂質と②セラミド（Cer）骨格に糖鎖が結合したスフィンゴ糖脂質に二分される。これらの糖脂質はともに生体膜の構成成分である。生体膜の構成成分であるが故に，血液型に基づく反応や微生物やウイルスなどの接着，そして細胞間情報伝達など，糖脂質は多岐に渡る生理的役割を担っていることが判明している[2]。

3　キノコの中性糖脂質

　糖脂質は脂質部分で二分されるのと同様に，結合する糖鎖構造によっても区別される。具体的には，糖脂質が有する糖鎖の非還元末端に①シアル酸などが結合している酸性糖脂質と，②それら酸性を示す糖残基を有さない中性糖質に大別される。ほ乳類と同様に，キノコが属する真菌類にも中性糖質としてグルコシルセラミド（GlcCer）が存在する。但し，ほ乳類と真菌間ではCerの構造が異なり，真菌では9-methyl-4, 8-octadecasphingadienineと2-hydroxypalmitic acid（hC16：0）を主成分とする構造である（図1(A)）[3]。

　＊1　Hirofumi Nozaki　新潟薬科大学　健康・自立総合研究機構　准教授
　＊2　Yasunori Kushi　日本大学　理工学部　物質応用化学科　特任教授

第8章　食用キノコ由来の糖脂質構造と食品の機能性に関する近年の動向

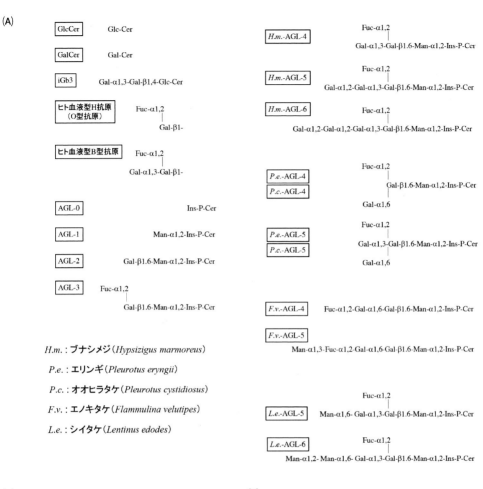

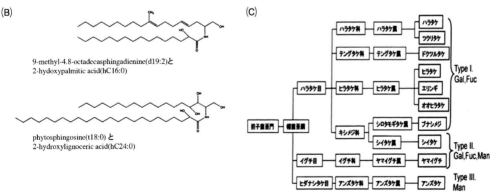

図1　キノコ糖脂質の構造と構造学的分類
(A)キノコ酸性糖脂質（AGL）の構造，(B)キノコのセラミド構造，(C)マイコグリコリピドの糖鎖構造に基づくキノコ分類

α-GalCer, alpha-galactosylceramide；α-ManCer, alpha-mannosylceramide；AGL, acidic glycosphingolipid, Cer, ceramide；Fuc, fucose；Gal, galactose；Glc；glucose；iGb3, isoglobotrihexosylceramide；Ins, inositol；Man, mannose.

4 キノコの酸性糖脂質

糖脂質の糖鎖の非還元末端にシアル酸が結合した酸性糖脂質であるガングリオシドはほ乳類の，特に神経系や脳に豊富に存在しているが，真菌にはガングリオシドは存在しない。その一方，真菌には冒頭記載の Ins-P がセラミドに結合したイノシトールリン酸セラミド（Ins-P-Cer）にマンノース（Man），フコース（Fuc），ガラクトース（Gal）などの糖残基が結合したユニークな酸性糖脂質（以下，AGL と称す）が存在する（図1(A)）[4]。なお，このキノコ AGL を構成する Cer も，phytosphingosine と 2-hydroxylignoceric acid（hC24：0）からなる特徴的な構造を有している（図1(B)）。キノコの AGL は，上記 Ins-P-Cer に Man が結合した Man α-1, 2-Ins P-Cer を骨格構造とし，そこから伸長した糖鎖構造パターンにより3分類できる。具体的には，大部分の食用キノコが属する Type Ⅰ の Gal/Fuc 型，Type Ⅰ に対照的な Man 型の Type Ⅲ，そして Type Ⅰ と Type Ⅱ の混合型である Gal/Fuc/Man 型である（図1(C)）。Type Ⅰ に属するキノコの AGL には，その糖鎖構造の非還元末端にヒト血液型の O 型あるいは B 型抗原と同じ構造を有するものがある[4,5]。

これらキノコ由来の糖脂質が担う機能性やほ乳類の生理活性に関する報告例は少ないが，GlcCer の子実体形成への関与，キノコ糖脂質が毒性の低いアジュバントとして有用であるとしたマウス実験結果，ほ乳類の Ins-P-Cer に対する自然抗体の存在などが報告されている[6~9]。その一方，食用キノコが有する特徴的な AGL に着目し，その生理活性を検証した報告は極めて少ない。食用キノコ由来成分とはいえ我々生体にとっては外因性因子であることから，生体内に取り込まれたキノコ AGL によって免疫細胞が何らかの反応性を示すことが考えられる。

5 ナチュラルキラーT細胞（NKT細胞）

真菌によって NKT 細胞が活性化することが報告されている[10]。なお，NKT 細胞の詳細に関しては他書をご覧頂きたい。特徴的性質だけを述べると，NKT 細胞は，有する T 細胞受容体（TCR）で抗原提示細胞の CD1d 分子上に提示された糖脂質を抗原として認識する。抗原認識により活性化した NKT 細胞は，インターフェロン-γ（IFN-γ）やインターロイキン-4（IL-4）などのサイトカインを短時間の内に大量に分泌する。そのサイトカインの分泌特性から，自然免疫系と獲得免疫系の中間的存在として重要視されている。

NKT 細胞が認識する糖脂質抗原としては，樹状細胞（DC）の CD1d 分子上に提示された α-ガラクトシルセラミド（α-GalCer）[11] やイソグロボトリアオシルセラミド（iGb3）[12] と，B 細胞の major histocompatibility molecule related 1（MR1）により提示されて認識される α-マンノシルセラミド（α-ManCer）[13] などが報告されている。同じ外因性因子にも関わらず食品成分による NKT 細胞活性化に関する報告例がこれまでなかった。そこで我々は真菌類に属する食用キノコ（ブナシメジ，*Hypsizigus marmoreus*；エリンギ，*Pleurotus eryngii*）に着目し，

第8章 食用キノコ由来の糖脂質構造と食品の機能性に関する近年の動向

NKT細胞の活性化を調査した。以下に，これまでのマウスを用いた研究成果[14,15]を概説するとともに，ヒトにおいても同様の免疫学的機能性が誘導される可能性について述べる。

6 キノコAGLによるNKT細胞活性化

図2に示す通り，CD11c陽性細胞依存的なブナシメジとエリンギAGL（$H.m.$-AGL，$P.e.$-AGL）刺激に基づく脾細胞でのサイトカイン分泌誘導能が確認された。このAGL刺激によって，脾細胞のNKT細胞（NK1.1-$α/β$TCR-DP細胞）の増殖も誘導されたことが確認された。本当にキノコAGLがNKT細胞を活性化したのかを証明すべく，NKT細胞株（1B6）[16]とマウスCD1d遺伝子導入ラット好塩基球（RBL-CD1d）[17]を用い，IL-2分泌を活性化指標として検証した。図3に示している通り，抗原提示細胞（以下，APCsと称す）のCD1d分子依存的なキノコAGL刺激の濃度依存性が確認された。生体内のNKT細胞への糖質抗原の提示には，APCs内でのプロセシングが関与すると報告されている[17]が，本研究での実験系はmCD1d遺伝子導入細胞をAPCsとして用いているため，より効果的な刺激を誘導する抗原プロセシングの解明には至っていない。その一方，本研究により，キノコAGLは抗原プロセシングを伴うことなくNKT細胞を活性化することが強く示唆された。キノコAGL間における刺激能比較から，ヒト血液型B型抗原の露出が高い刺激能を発揮することが示唆された。他方，Manを非還元末端に有する糖脂質のNKT細胞活性化能に関しては，$α$-1,2-Manを非還元末端に持つtetrasaccharide構造を有するmannosylated lipidsが，抗原プロセシングを介さずにNKT細胞に認識されると報告されている[18]。よってAPCsとNKT細胞の双方の細胞株を用いた試験にお

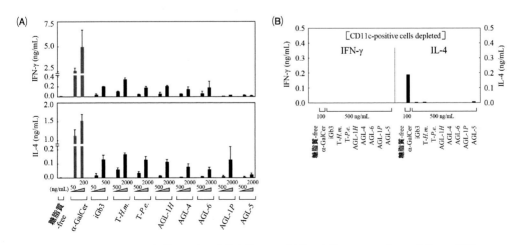

図2　キノコAGL刺激のマウス胸腺細胞および脾臓T細胞のサイトカイン産生への影響
(A)胸腺細胞および脾臓T細胞における糖脂質ならびにキノコAGL刺激によるサイトカイン産生，(B)B細胞除去処理した脾細胞およびCD11c陽性細胞とB細胞除去処理した脾臓細胞における糖脂質およびキノコAGL刺激によるサイトカイン産生

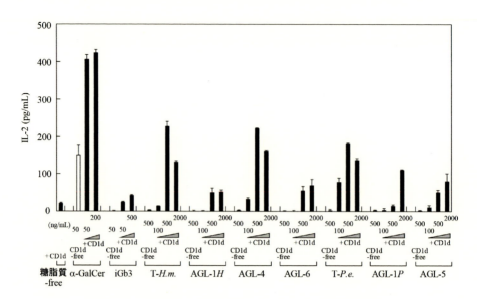

図3　NKT細胞のIL-2産生におけるキノコAGL刺激の影響

いて，AGL-1HにNKT細胞活性化能が認められたことは不思議ではないが，その活性化能がiGb3と同等であったことは大変興味深い。但し，同じ糖鎖構造を有するAGL-1HとAGL-1P間で刺激能が異なる理由としては，AGL-1HのIns-P-Cerにはnon-hydroxyl fatty acidが存在しないがAGL-1Pのそれには存在することから，non-hydroxyl fatty acidの有無に由来すると推察される。

　前述のようにNKT細胞の生理的な機能的特徴は，活性化によるTh1/Th2サイトカインの迅速な大量分泌である。実際にB細胞除去処理を施した脾細胞を用いて検証すると，弱いながらもキノコAGLにはCD1d依存的なサイトカイン誘導能が存在する（図2）。その一方，胸腺のDCはT細胞の分化と成熟のために特別な性質を有している[19]ことから，胸腺細胞と脾細胞から各々調製したCD11c陽性細胞とNKT細胞株との共培養にキノコAGLを添加してNKT細胞への抗原提示能を比較した（図4）。結果から，NKT細胞株からの有意なIFN-γ分泌誘導は確認できなかった。しかしIL-4分泌誘導においては，胸腺のCD11c陽性細胞ではAGL5刺激時で高く，AGL-1HとAGL-4刺激時においては脾臓のCD11c陽性細胞で高いという特徴が検出された。

　B細胞もDC同様にCD1dを発現しており，我々は確認できなかったが，B細胞のα-GalCer提示によりNKT細胞が少ないながらもIL-4を分泌することが報告されている[20]。図5に示してある通り，NKT細胞株に対してのAPCsとしてのB細胞によるキノコAGLの刺激では，有意なIFN-γおよびIL-4産生を誘導しなかったが，AGL-1の刺激だけが特徴的にIL-4産生を誘導した。結果からAGL-1はDCやB細胞による提示によりNKT細胞を活性化し，Th2偏向を誘導することが示唆された。mannosylated lipidsがCD1d依存的にNKT細胞に認識されるも

第8章 食用キノコ由来の糖脂質構造と食品の機能性に関する近年の動向

のの[18]，ほ乳類体内で α-ManCer を含む mannosylated lipids の存在を示す報告はないことから，NKT 細胞による mannosylated lipids の認識は侵入者識別に関与していることが推察される。

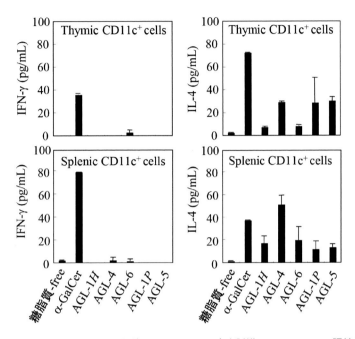

図4　キノコ AGL 刺激による NKT 細胞のサイトカイン産生誘導における CD11 陽性細胞の影響

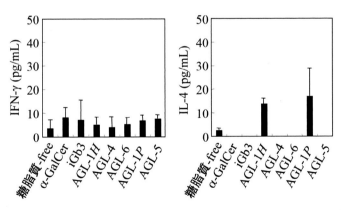

図5　キノコ AGL 刺激による NKT 細胞のサイトカイン産生誘導における B 細胞の影響

7 キノコAGLのアジュバント効果

免疫反応におけるTh1/Th2応答は多岐に渡る抵抗性獲得のために必須であることから，NKT細胞を介したTh1/Th2応答の制御は疾病改善や予防に非常に有用である。実際，α-GalCerは臨床試験が行われるほどに強力な抗原である。しかし同時に，導かれるTh1/Th2応答をコントロールすることが難しく，多様なα-GalCer変異体を用いた応答誘導性が検証されている[13]。その一方で，アジュバント効果を発揮する糖脂質抗原の有効性が提唱されている[8, 21]。そこで我々は，マウス胸腺細胞とB細胞除去処理した脾細胞に対してα-GalCerと各キノコAGL混合試料で刺激した際のサイトカイン分泌能を測定し，キノコAGLが有するα-GalCerに対するアジュバント能を検証した（図6）。結果から，B細胞除去処理した脾細胞においては有意なIFN-γ分泌の増強を示すキノコAGLは認められなかったが，AGL-5だけが有意にα-GalCerによる刺激のTh2偏向効果を示した。胸腺細胞に至っては，全てのキノコAGLが，α-GalCerによる刺激を強力にTh2偏向に導いた。この胸腺細胞におけるTh2偏向は，IL-4分泌促進効果よりもIFN-γ分泌抑制効果によるところが大きいことが示唆された。

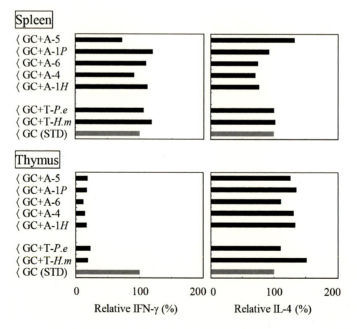

図6 α-GalCer刺激のサイトカイン産生誘導におけるキノコAGLの影響
（αGC，α-GalCer；A-1 H，AGL-1 H，A-4，AGL-4；A-6，AGL-6；A-1 P，AGL-1 P；A-5，AGL-5）

第8章　食用キノコ由来の糖脂質構造と食品の機能性に関する近年の動向

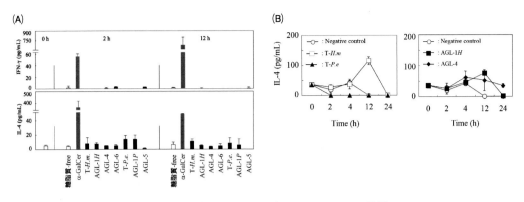

図7　AGL 投与のマウス血中サイトカインへの影響
(A) 20 μg AGL および 0.5 μg α-GalCer 静脈内単回投与によるマウス血中サイトカインへの影響，
(B) 10 μg AGL の複数回投与におけるマウス血中 IL-4 への影響

8　生体内でのキノコ AGL の効果

図7(A)の結果は，0.5 μg の α-GalCer もしくは 20 μg のキノコ AGL をマウスに単回静注し，2時間と 12 時間経過時点での血中 IFN-γ と IL-4 濃度結果である。結果から，生体においてもキノコ AGL 刺激が弱いながらも Th2 応答を誘導することが判明した。複数回刺激時の血中サイトカイン動態を把握すべく，10 μg の AGL 静注 24 時間後に同量を再静注して血中サイトカイン濃度を測定した。図7(B)の左は，ブナシメジとエリンギの糖脂質画分を投与した時の結果である。結果からブナシメジ糖脂質画分の複数回投与が有意な血中 IL-4 値の上昇を促したことから，その糖脂質画分を主に構成している AGL-1H と AGL-4 をそれぞれ同様に投与しモニターした。その結果が図7(B)の右図である。結果からブナシメジ糖脂質画分の投与が促した血中 IL-4 の上昇は，AGL-1H に依存していることが強く示唆された。AGL-1H は先述のように異物認識されている可能性があるため，その結果として血中 IL-4 濃度が上昇したと考えられるが，一方，IFN-γ の NKT 細胞の増殖阻害作用と IL-4 の活性化 NKT 細胞の増殖促進作用の可能性が示唆されており[22]，抗原が食用キノコ由来の AGL であることを鑑みると，異物認識としての側面のみならず，同時に効果的な弱い Th2 応答の合目的性が存在する可能性が考えられる。

9　最近の知見

9.1　α-ガラクトシルセラミド（α-GalCer）の in vitro 合成の試み

α-GalCer は既に NKT 細胞を活性化するリガンドとして確立されている。NKT 細胞は主に CD1d 拘束性に脂質抗原を認識する T 細胞亜群であり，NK マーカーをも発現するので，その呼称に NK が入っている。NKT 細胞は胸腺細胞上の CD1d$^+$ 脂質抗原による正の選択を経て生

成する。骨髄由来細胞による選択の結果，NKT 細胞は自然免疫エフェクター様の迅速な機能発現を呈し，自然─獲得免疫間のギャップの橋渡しを行う。CD1 d は CD1 ファミリーに属する非古典的な CD1 分子である。CD1 ファミリーの古典的 CD1（CD1 a～CD1 c）はヒトには存在するがマウスでは欠損している。リガンドとしてヒトでは α-GalCer 以外に複数の異なる脂質が報告されている。今後の更なる研究の発展にはセラミドの多様性も含めてバイオアッセイ，研究用試薬として大量でしかも簡便なこれらのリガンド脂質の調製法を確立することが求められる。

その一つの解決法として化学合成法が確立されているが，収率，副産物や未反応基質の除去など多くの残された問題もある。一方，α-GalCer を合成する α-ガラクトシルトランスフェラーゼ（α-ガラクトース転移酵素）を組み替えタンパク質としてバクテリアに発現させ，大量に入手する方法は解決方法の一つに成りうる[23, 24]。もともと海綿由来の α-ガラクトシルセラミドを合成する α-ガラクトース転移酵素と思われる遺伝子の候補についての知見はまだ分かっていない。しかしながら大腸菌，酵母，ほ乳類（2 種）でその遺伝子配列が報告されているのでその遺伝子配列に基づき，PCR により全長を増幅して大腸菌で高タンパク質発現ベクターである pET ベクターにつなぎ，形質転換実験を行った。各大腸菌，酵母，ほ乳類由来の遺伝子は大腸菌内で効率良く α-ガラクトース転移酵素タンパク質を発現していることを SDS-PAGE で確認された。更にそのタンパク質の酵素活性をセラミドを基質として酵素活性を測定し，α-GalCer の合成を TLC 上で検出した。pH，緩衝液の組成，反応温度，反応時間など至適酵素の測定条件をいくつか変化させ，生成される α-GalCer のバンドの増加を TLC で定量した。その結果，大腸菌とほ乳動物（1 種）由来のものを用いて，ステールアップを試み，より効率の良い α-GalCer 合成を検討している。現在，この *in vitro* 合成したものを用いて NKT 細胞の活性化を行なう予定である。一度の形質転換により高タンパク質発現の菌株を取得すれば，長期に渡り，大量でしかも活性のある酵素を調製することが可能であり，これを用いて簡便な α-GalCer を酵素合成することが可能となり，今後の研究用試薬や応用へ多いに期待できる。使用する酵素量にもよるが，スケールアップした場合には約 400 μg 相当の α-GalCer が合成できた[25]。またセラミドの組成や長さによって合成効率が若干異なることが明らかになっているが，界面活性剤などの工夫で改善が期待できる。

9.2　α-GalCer 関連脂質の新たなセレクターリガンドの報告

NKT（前駆）細胞は CD1 d により正の選択を受け分化する際，セレクターである CD1 d 上に提示されている何らかのリガンドを同時に認識している。まず先に同定された成熟 NKT 細胞の活性化リガンドは抗腫瘍効果を指標に海洋天然物から探索された KRN7000（α-GalCer）が CD1 に結合し，NKT 細胞を活性化できる化合物は発見された。α-GalCer はそれ自体すぐれたリガンドであるが，リード化合物として OCH（Th2 型偏倚リガンド）[26]，α-C-GalCer（マウスでは Th1 偏倚リガンド）[27]，α-carba-GalCer（Th1 偏リガンド）[28] など様々な生物活性を有する報告がなされている。金城らはグラム陰性菌である *Shingomonas pheumoniae* 由来の糖脂

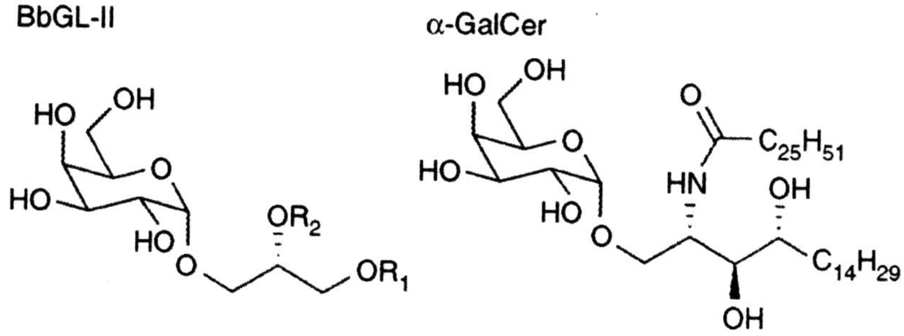

第8章　食用キノコ由来の糖脂質構造と食品の機能性に関する近年の動向

図8　*Borrelia burgdorferi* より精製された Galactosyl diacylglycerol 構造と α-GalCer

質に NKT 細胞を活性化することを明らかにし[29]，更に 2006 年にはライム病の原因病原体としての病原性細菌である *Borrelia burgdorferi*（ボレリア，ブルグドルフェリ）より Galactosyl diacylglycerol を報告した[30]。その化学構造が図8に α-GalCer と共に記載されている。興味あることにはその構造のアシル鎖の長さや飽和度の変化がこの細胞の活性化やサイトカインの分泌に影響を及ぼしている。また，感染により toll-like receptor（TLR）の下流で lactosylceramide（LacCer）合成の阻害が起きるため，LacCer の前駆体の β-GlcCer の濃度上昇によって NKT 細胞が活性化するメカニズムが提唱されている[31]。β-GlcCer 合成酵素の遺伝子破壊で NKT 細胞の分化障害が認められること[32] と併せると β-GlcCer 自体がセレクターリガンドである可能性も否定できない。今後の研究の発展が必要である。我々が前半で示している食用キノコ由来の酸性糖脂質構造のいくつかは弱いながらも NKT 細胞の活性化に貢献していることが明らかになったが，単独で食用とするよりもいくつかの酸性糖脂質が含まれ，更には食事により何種類ものキノコを一度に食していることになる。今後はこれらの *in vivo* での複合効果を検討することも必要と考える。

10　考察

NKT 細胞には生物種を超えた高い保存性があるため，マウスを用いて得られた成果はヒトの NKT 細胞の応用に有用な知見を提供する[21]。加えて，ヒト末梢血中の NKT 細胞数には個体差があるものの，NKT 細胞活性化そのものには個体差がないことから遺伝情報に基づくテーラーメード医療的要素が少ないことも明らかになっている。既に Th2 偏向を導く α-GalCer 変異体（OCH）の経口摂取に自己免疫疾患改善効果が認められている[26] ことから，食用キノコの摂食による自己免疫疾患の抑制や予防効果の可能性が考えられる。加えて，生体内の Th2 環境が有事の際の Th1 応答を強くかつ速く誘導する（Th1/Th2 negative feedback）[33] ことから，キノコの摂食による弱い Th2 環境が，Th1 応答誘導時のブースト効果として機能する可能性も考えられる。その反面，キノコ生産工場従業員の呼吸器アレルギーの発症には，過剰なブナシメジ胞子

の吸入による Th2 応答の誘導が関与している[34]。キノコの摂食による Th2 応答の誘導とアレルギーとの関係調査により恩恵と弊害の境界が明確になれば，薬食同源の観点からもキノコを食べることがより見直されるものと考える。キノコを食した恩恵は免疫力が低下した高齢者の健康寿命延伸にも効果がある以外に，胎盤移行や乳汁移行を介して胎児や乳児が受ける可能性もあると我々は考えている。

文　献

1) 長谷川住哉，機能性食品情報辞典　第2版，東洋医学舎（2005）
2) S. Hakomori, *Proc. Natl. Acad. Sci.*, **99**, 225（2002）
3) M. Ohnishi *et al.*, *J. Jpn. Oil Chem.*, **45**, 51（1996）
4) S. Itonori *et al.*, *Glycobiology*, **18**, 540（2008）
5) R. Jennemann *et al.*, *Eur. J. Biochem.*, **268**, 1190（2001）
6) G. Kawai *et al.*, *J. Lipid Res.*, **26**, 338（1985）
7) Y. Mizushina *et al.*, *Biochem. Biophys. Res. Commun.*, **249**, 17（1998）
8) R. Jennemann *et al.*, *Immunobiology*, **200**, 277（1999）
9) R. Jennemann *et al.*, *Immunol. Invest.*, **30**, 115（2001）
10) K. Uezu *et al.*, *J. Immunol.*, **172**, 7629（2004）
11) T. Kawano *et al.*, *Science*, **278**, 1626（1997）
12) D. Zhou *et al.*, *Science*, **306**, 1786（2004）
13) 三宅幸子，薬学雑誌，**129**, 649（2009）
14) H. Nozaki *et al.*, *Biochem. Biophys. Res. Commun.*, **373**, 435（2008）
15) H. Nozaki *et al.*, *Biol. Pharm. Bull.*, **33**, 580（2010）
16) D. Nyambayar *et al.*, *J. Clin. Exp. Hematop.*, **47**, 1（2007）
17) Y. Saqgiv *et al.*, *J. Exp. Med.*, **204**, 921（2007）
18) Y. Kinjo *et al.*, *Chem. Biol.*, **15**, 654（2008）
19) D. I. Godfrey *et al.*, *Nat. Rev. Immunol.*, **7**, 505（2007）
20) S. Jelena *et al.*, *J. Immunol.*, **174**, 4696（2005）
21) B. A. Sullivan *et al.*, *J. Clin. Invest.*, **115**, 2328（2005）
22) A. Iizuka *et al.*, *Immunology*, **123**, 100（2008）
23) Y. Kushi *et al.*, *Glycobiology*, **20**, 187（2010）
24) H. Kamimiya *et al.*, *J. Lipids. Res.*, **54**, 571（2013）
25) 櫛泰典ほか，2017 年　日本大学理工学部学術講演会で発表
26) K. Miyamoto, S. Miyake, T. Yamamura, *Nature*, **413**, 531（2001）
27) J. Schumiege *et al.*, *J. Exp. Med.*, **198**, 1631（2003）
28) T. Tashiro *et al.*, *Int. Immunol.*, **22**, 319（2010）
29) Y. Kinjo *et al.*, *Nature*, **424**, 520（2005）

第 8 章　食用キノコ由来の糖脂質構造と食品の機能性に関する近年の動向

30)　Y. Kinjo *et al., Nature Immunol.,* **7**, 978（2006）

31)　PJ. Brennan, RVV *et al., Nature Immunol.,* **12**, 1202（2011）

32)　AK. Stanic *et al., Pro. Natl. Acad. Sci. USA.,* **100**, 1849（2003）

33)　K. Minami *et al., Blood,* **106**, 1685（2005）

34)　T. Saikai *et al., Clin. Exp. Immunol.,* **135**, 119（2004）

第9章 メシマコブ

杉　正人*

1　はじめに

　メシマコブという名称は長崎県の男女群島の女島（メシマ）産のキノコで，その形がこぶ状であることからとられたものである。メシマコブは女島に自生している桑の大木に寄生していたので，江戸時代からメシマコブの主産地とされていたが，現在では乱獲で数が減り貴重品である。

　学名は *Phellinus linteus*（遺伝子のデータベースでは *Inonotus linteus* と分類されているが同一名である）といい，担子菌類，サルノコシカケ目タバコウロコタケ科の木質，多年生のキノコである。

　漢方では桑黄とよぶキノコを，日本ではメシマコブと呼んでいるが，中国では，キコブタケ *Phellinus igniarius* や韓国では *Phellinus baumi* なども広く桑黄として使用されているようである。

　日本では昔から民間伝承薬として用いられてきた薬用キノコでアジア全般でも胃腸機能障害や下痢，出血，ガンなどに使われたようである。

　1976 年国立研究センター千原らによりガン細胞の一つであるサルコーマ 180 を皮下移植したマウスでガンの増殖抑制を調べた。この研究でスクリーニングにかけたのは，漢方薬として伝承されたものを始め，十数種のキノコ類である。この中でマツタケ，カワラタケ，エノキタケ，シイタケ，メシマコブなどの抽出物が sarcoma180 増殖を抑制することが証明された。

　1977 年呉羽化学工業㈱ではカワラタケというキノコから「クレスチン」という制ガン剤が開発され販売された。また味の素㈱からはシイタケから「レンチナン」と呼ばれる制ガン剤が開発された。これら薬用キノコの主成分は多糖類グルカンで，宿主の免疫を活性化することでガンの治療を目指したが，すでにガンが進行している患者では化学療法，放射線療法などで免疫能が低下しており，効能に個人差があった。

　一方，韓国ではメシマコブの研究が続けられた。1984 年からは韓国科学技術省の主導で，大学や研究所，製薬会社が国家プロジェクトとしてメシマコブの研究開発に取り組んだ。このプロジェクトで，韓国生命工学研究院の兪益東（ユウ・イックトン）博士が，活性の高いメシマコブの菌株の特定とその培養に成功し，メシマコブの研究が飛躍的に進んだ。また，㈱韓国新薬はこの菌株を人工的に大量培養する技術を確立し，メシマコブを使用した医薬品の開発に大きく貢献した。この菌株は「*Phellinus linteus*（HKSY-PL2, PL5）」と名付けられた。

---

　*　Masahito Sugi　㈱ライフサイエンス研究所　常務取締役，研究所長

第9章　メシマコブ

　メシマコブ菌糸体の抽出物が1993年10月に韓国政府から正式に抗ガン免疫増強剤として医薬品の製造承認され，現在，韓国の大学病院など多くの医療機関でガン治療に用いられている。

　その後，日本にも輸入されたが医薬品ではなく，健康食品としてメシマコブ Phellinus linteus PL2/5のブランド名で㈱エル・エスコーポレーション，㈱ファンケルなど数社から販売されている。

2　メシマコブの採取・同定とβグルカン量の定量

　我々は2003年春に日本国内の桑の木に寄生しているキノコを採取して，菌糸体を培養後，単一コロニーを数度にわたり分離，純粋培養した菌株の同定を行った。

　まず，菌糸体を破砕し，DNAを抽出した。その後，28 S ribosomal RNAに特異的なプローブでPCR増幅してDNA配列を決定した。DNA配列の相同性を比較することで系統樹の中でInonotus linteusと決定できた（図1参照　SIID2322-01株　他の3株はATCCなどの標準株）。この株をPhellinus linteus NBC1003と命名し以下の実験を行った。

　キノコ類の活性成分は主にβグルカンであるといわれている。近年，特にβ-1, 3結合を主鎖とし，β-1, 6結合を側鎖とするβグルカンが免疫賦活能など，様々な有用性を示すことが報告されている。βグルカンの有用性を示す知見は増えつつあるが，その測定法は未だ確立されていない。そこで酵素法によるβグルカンの測定と，β-1, 3，および，1, 6結合を特異的に認識するモノクローナル抗体を用いたELISA法により，メシマコブ菌糸体のβ-1, 3, 1, 6結合のβグルカンの有無，また，βグルカン含量の測定の可能性を検討した。

　まず，メシマコブNBC1003菌糸体の不溶性成分抽出，加熱処理および次亜塩素酸処理したサンプルの回収率を計算した。またβグルカン含量の測定をMegazyme社の「キノコ，酵母βグルカン測定キット」を用いて行った。

写真1　日本国内で採取したメシマコブ

βグルカンの基礎研究と応用・利用の動向

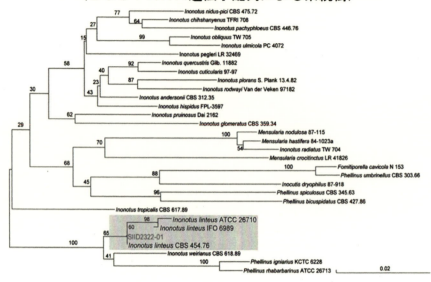

図1　メシマコブMY3菌株の同定

　その結果を図2に示す。不溶性成分抽出，加熱処理後の回収率は64％，63％であることが確認された。また次亜塩素酸処理を行うと約10％回収率が低下した。次亜塩素酸処理を行うと脂質系の成分が分解され可溶性成分と共に除去されたのではないかと考えられる。

　各処理後のβグルカン含量を図3に示す。それぞれの処理を行うことでβグルカン含量は25.7％〜30.3％となり未処理物と比較して増加していることが確認された。

　次にβ-1, 3, 1, 6結合特異的抗体を産生するハイブリドーマを，Balb/c（♀, 10 weeks）の腹

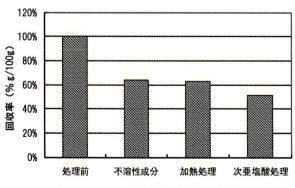

図2　メシマコブ菌糸体の回収率（重量）

第9章 メシマコブ

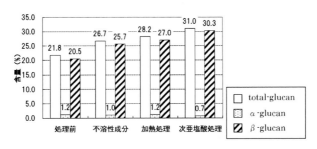

図3　メシマコブ菌糸体のβ-グルカン含量

腔に投与し飼育した後,腹水を回収した。腹水より精製した抗体を用いたELSIA法によりサンプル中のβグルカンの検出を行った。

メシマコブ菌糸体はβ-1,3,β-1,6認識モノクローナル抗体のいずれでも検出された。その結果,メシマコブはβ-1,3,1,6結合のβグルカンを持ち,適切なβグルカンの標品があれば,ELISA法によるβグルカン含量の測定が可能であることが示唆された[1]。

3 メシマコブ抽出物のアポトーシス誘導活性

メシマコブ菌糸体抽出物および部分精製した多糖成分が,各種ガンの培養細胞に与える影響を調べた。ガン細胞としてU937(ヒトリンパ種),KATOIII(ヒト胃ガン),WiDr(ヒト大腸ガン)をメシマコブ菌糸体存在下で培養を行い,生存率を測定した。その結果,全ての細胞株において細胞死が認められた[2]。

次にメシマコブ菌糸体粉末に25倍量の水を添加して,100℃で50分間煮沸し,4℃で12時間放置後遠心した上清をエタノール沈殿してメシマコブ多糖成分とした。その結果,図4に示したようにメシマコブ多糖成分は濃度依存的にヒトリンパ腫細胞U937の生存率を低下させた。この細胞死がアポトーシスかネクローシスによるものかを調べるため以下の実験を行った。

メシマコブ多糖成分とU937細胞をインキュベーションし経時的にサンプリングしヨウ化プロピジュウム(PI)とFITC標識Annexin-Vで染色し,一つ一つの細胞をフローサイトメーターで解析した。方法の概要は図5に示した。

PIは死んだ細胞の核を染色し,Annexin-Vは抗凝血タンパク質で細胞表面に露出した膜リン脂質,フォスファチジルセリン(PS)とCa^{2+}存在下で結合する。U937細胞がアポトーシスを起こして死んでいく場合は,生細胞で膜のリン脂質の非対称性が失われ,細胞膜の反転が起きるので陰性荷電リン脂質のフォスファチジルセリン(PS)が細胞表面に露出する。Ca^{2+}依存性のリン脂質結合タンパクであるAnnexin-VはPSに選択的に結合し,FITCの蛍光強度が強くなる(図6のB4領域の細胞数の増加)。

メシマコブ多糖成分によるU937細胞のアポトーシスの誘導実験結果を図6に示した。PI陰

βグルカンの基礎研究と応用・利用の動向

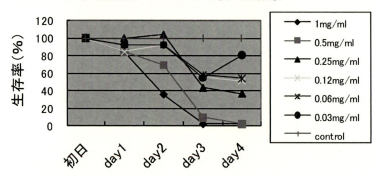

図4　ヒトリンパ腫細胞に対するメシマコブ多糖成分の効果

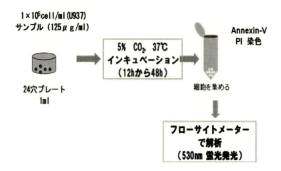

図5　アポトーシスの検出法

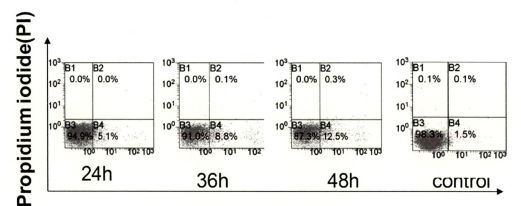

図6　メシマコブによるアポトーシスの誘導

性，Annexin-V 陽性の細胞（B4 領域の細胞数）が対照では 1.5 ％ であるのに対してメシマコブ多糖成分とインキュベーションし，24 時間では 5.1 ％，48 時間後には 12.5 ％ と増加しており，経時的にアポトーシスが起きていることが示された。

また U937 ガン細胞と多糖成分（250 µg/mL）をインキュベーションし 5 日間培養，細胞からDNA を抽出して，アガロースゲル電気泳動を行ったところラダー状の DNA 断片が確認された。すなわち，アポトーシスの過程で起きる DNA の断片化を確認でき，図 6 に示した結果と共にメシマコブによるアポトーシスの誘導が証明できた。

プログラム細胞死といわれるアポトーシスは傷ついた細胞や分化の過程で不要になる細胞においてコントロールされて起こる。アポトーシスの誘導経路はミトコンドリアを介して，そこから出る様々なシグナルによってカスパーゼを活性化し，その結果細胞の核内タンパク質が分解することで起こる。

メシマコブのアポトーシス誘導に関しては関与成分も明らかになってきた。その一つであるヒスポロン（Hispolon）はメシマコブから単離されたポリフェノールでガン細胞にアポトーシスを起こさせて死滅させる作用がある。

ヒスポロンのアポトーシス誘導のメカニズムに関しては，Chen YC らが人白血病由来の NB4株を用いてアポトーシス関連のタンパク質，例えば活性型のカスパーゼ 3, 8, 9 ポリ ADP リボースポリメラーゼ，BAX タンパク質などの発現を誘導すること。そのことで NB4 細胞の増殖をG0/G1 期で止めることを明らかにした [3]。

また，Hsieh MJ らはヒスポロンが人の上頭ガン細胞のアポトーシスを引き起こすことを報告している。このメカニズムはカスパーゼ 3, 8, 9 の活性化や，ERK1/2，JNK1/2，p38 MAPK パスウエイを通じて起こることを推定した [4]。

一方メシマコブの多糖類もアポトーシスを誘導することが報告されている。Guibin Wang らはメシマコブから精製した多糖を人肝臓ガン細胞の HepG2 に添加したところ図 5 と同様なフローサイトメーターを使用してアポトーシスが起きることを観察した。さらに RT-PCR 法でアポトーシスに関与する遺伝子 Bcl-2 の mRNA が濃度依存的に減少することでもこの現象が裏付けられた [5]。

また Griensven らは THP-1 monocytes を用いてメシマコブの多糖類が濃度依存的にアポトーシスを誘導することを報告している。多糖類の抽出物はミトコンドリア細胞膜の活性化と，活性酸素の増加を引き起こし，その結果アポトーシスが誘導されると考察している [6]。

4　メシマコブの免疫賦活化能と活性化経路

メシマコブの免疫活性化機構については，韓国で医薬品になった経緯もあり，プサン大学などから多くの研究報告が出されている。Park らは樹状細胞が成熟化する過程にメシマコブの酸性多糖が関与していると報告している [7]。未成熟な樹状細胞は，抗原の取り込み能が高く，クラス

Ⅱ MHC の発現レベルが低いことが知られており，成熟に伴い抗原の取り込み能が低下し，細胞表面のクラスⅡ MHC の発現レベルが上昇し，IL-12 産生能も上昇する。メシマコブの酸性多糖で樹状細胞を処理すると，コントロールに比べ，IL-12 産生能が上昇した。またプロテインチロシンキナーゼ（PTK）やプロテインキナーゼ C（PKC）の阻害剤を添加すると樹状細胞からの IL-12 産生が抑制された。以上のことから Park らはメシマコブの酸性多糖は PTK や PKC の活性化をすることで樹状細胞の成熟を促進していると結論している。さらにこの活性化の経路には CD11 b と CD18，すなわちベータグルカンの CR3 レセプターが関与していると推測される。

CR3 は CD11 b（a_M インテグリン）と CD18（β_2 インテグリン）のヘテロダイマーで NK 細胞，成熟ミエロイド細胞，T，B 細胞のマイナーなサブセット上に発現されている糖タンパク質である。このうち CD11 b にベータグルカンと結合するレクチンサイトが存在する[8]。

一方，Kim らはメシマコブのプロテオグリカンがトル様レセプター[9]の TLR2 と TLR4 を介して骨髄由来の樹状細胞の成熟を促進していると報告している[10]。

彼らは骨髄由来の樹状細胞とメシマコブのプロテオグリカンをインキュベーションすると活性化された IL-12 p70 が産生されること，その時同時に抗 TLR2 抗体と抗 TLR4 抗体を添加すると IL-12 p70 の産生量が減少することを確認した[11]。

C タイプレクチンファミリーの中で dectin-1 は好中球，マクロファージ，樹状細胞などの表面に発現し，β1-3 グルカンを認識する膜通過型タンパク質である[12, 13]。

β1-3 グルカンと dectin-1 の結合の詳細に関しては安達らによって報告されている[14]。dectin-1 には 6 つのシステイン残基を有する Carbohydrate Recognition Domain（CRD）がありこの中の β シート構造 3 に存在する Trp-Ile-His のアミノ酸残基が水溶性の β1-3 グルカンを認識していると推測されている。

さらに dectin-1 をノックアウトしたマウスで真菌症の感受性を調べたところカリニ肺炎に感染しやすくなっていた[15]。しかし，同じ真菌でもカンジダについては野生型と dectin-1 をノックアウトしたマウスで感受性に差はなかった。

このように，メシマコブの免疫活性化経路としては補体のレセプター CR3 や TLR2，C タイプレクチンファミリーの dectin-1 などが報告されている。

そこで，これらのレセプターがメシマコブにおいてはどれくらい関与しているかを調べるためマクロファージ様細胞株 RAW264 の dectin-1，TLR2 などのレセプター阻害実験を通して，メシマコブ NBC1003 の菌糸体の反応機構を解析した。

方法は以下のとおりである。RAW264 細胞と抗 dectin-1 抗体，抗 TLR4 抗体，抗 TLR2 抗体を反応させ，各種レセプターを阻害した後，メシマコブ菌糸体を添加し，24 時間培養した。反応後の培養上清を回収し，ELISA 法により TNF-α 濃度の測定を行った。

その結果，メシマコブ菌糸体との反応において，dectin-1，TLR2 をそれぞれ抗体で阻害した場合に，RAW264 の TNF-α 誘導能が減少した。TLR4 を阻害した場合の影響は見られなかった。（図 7 未処理を参照）さらにメシマコブ菌糸体を次亜塩素酸処理して，脂質やタンパク質を

第9章 メシマコブ

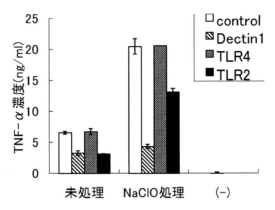

図7 各種レセプター抗体によるTNF-α誘導能の阻害

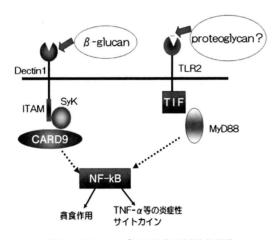

図8 メシマコブによる免疫活性化経路

除去した多糖成分で同様な実験を行うと dectin-1 では TNF-α 誘導能が 80% 減少し，TLR2 では 30% 強減少した。

以上のことからメシマコブ菌糸体の主要な活性成分は dectin-1，TLR2 との反応を通じて細胞を活性化させることが示唆された（図8）。

5　メシマコブの各種成分の機能性

最近メシマコブに関してはその機能性成分を明らかにして作用メカニズムの解明が進んでいる。従来からの各種ガン細胞での研究もマクロファージ，B細胞，T免疫細胞，NK細胞などの活性化，アポトーシスの促進だけでなく，血管新生，浸潤，オートファジー経路の活性化などの研究も進展している。

乳ガンに関してはD. Slivaらが人由来乳ガン細胞MDA-MB-231を用いてセルサイクルのS期での増殖阻害，ウロキナーゼ-プラスミノーゲン活性化因子の分泌抑制による細胞接着，遊走，浸潤阻害が起こることを明らかにした。これらの現象はメシマコブ抽出物がセリン・スレオニンキナーゼ経路（AKTシグナル伝達系）を阻害することで起きると推測される[16]。

　E. H. Jangらはヒスポロン（図9(a)）がエストロジェン受容体の発現を抑制することで，この受容体を持つ乳ガン細胞のMCF7やT47Dの増殖を抑制したと報告している[17]。

　一方，M. Y. Leeらは人由来乳ガン細胞MDA-MB-231にメシマコブ抽出液と5FUを添加すると相乗的に増殖を抑制することを見出した。そのメカニズムはオートファジーの誘導であることを，組織染色や透過電顕によるオートファジー液胞の観察などで明らかにした[18]。

　オートファジーに関してはラットを使用した心筋梗塞の再灌流時の障害をメシマコブ抽出物がオートファジーやアポトーシスを制御することで緩和することが報告されている。

　H. H. Suらはメシマコブ抽出物が心筋傷害時に起こる心室不整脈や死亡を防ぎ，梗塞部位の大きさを減少させることを明らかにした[19]。さらにメシマコブの投与がカスパーゼ3，カスパーゼ9の活性化を抑制して，AMPKのリン酸化レベルを上昇させることを見出した。

　アポトーシスの誘導能があると述べたヒスポロンに関してはそれ以外の機能性も報告されている。M. S. Wuらはミクログリア細胞株であるBV-2を用いてヒスポロンがLPSやリポタイコ酸により誘導されるNO合成酵素（iNOS）とNOの産生を阻害することを証明した[20]。

　また，Z. ZhaoらはTPAで誘導される乳ガン細胞MCF7の転移をヒスポロンが阻害すると報告している[21]。このメカニズムとしてヒスポロンがERキナーゼのリン酸化，Slug, Eカドヘリン経路を通して活性酸素を低下させるためだと推測している。

　さらにA. Arcellaらはヒト由来グリオブラストーマ細胞株でのU87MGを用いて，ヒスポロンが濃度依存的に細胞を死滅させること，この現象はG2/M期の細胞が集積することで起きることを報告している[22]。ヒスポロンはG1/S期の移行に関与するサイクリンDタンパクの発現を抑制して，p21を阻害するCDKの発現を促進する。

　ヒスポロン以外でメシマコブから単離された成分としてジヒドロキシベンゾラクトン（以下DBLと略す）（図9(b)）が知られている。W. Chaoらはヒト肺小細胞ガン細胞のA549を用いてDBLが転移や浸潤するのを抑制することを見出した[23]。その抑制機構としてマトリックスメタロプロテアーゼのMMP2,MMP9の転写，発現を抑制すること，さらに上流のNFκBシグナル経路を介していることを明らかにした。

　またW. Chaoらは，DBLがLPSで引き起こされる急性の肺炎症の抑制効果があることも報告している[24]。DBLは炎症性サイトカインのTNFα，IL1β，IL6を減少させ，MMP2, MMP9サイクロオキシゲナーゼ2，NO合成酵素などの発現を抑制する。上記と同じシグナル経路NFκBを介して制御していると考察される。

　最近同定された新規化合物としてphellinulinsA-C（図9(c)）の3つの誘導体が報告されている。T. S. Wuらはメシマコブから単離されたphellinulinsAはラットの肝星細胞を活性化して肝

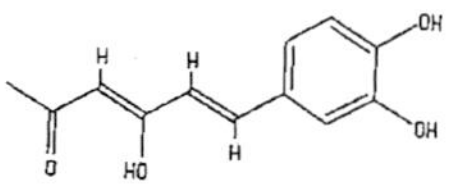

第9章　メシマコブ

(a)ヒスポロン

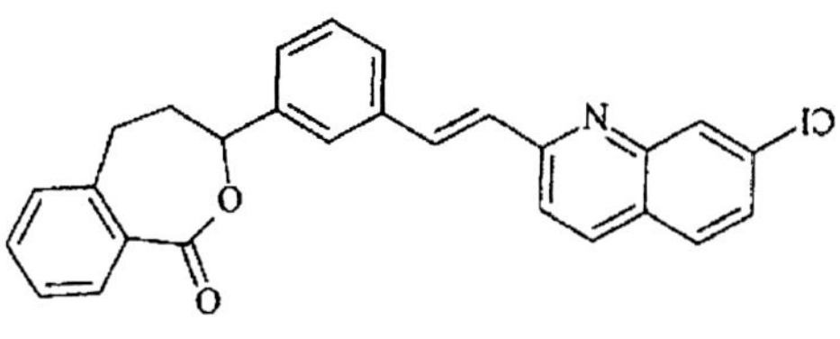

(b)ヒドロキシベンゾラクトン

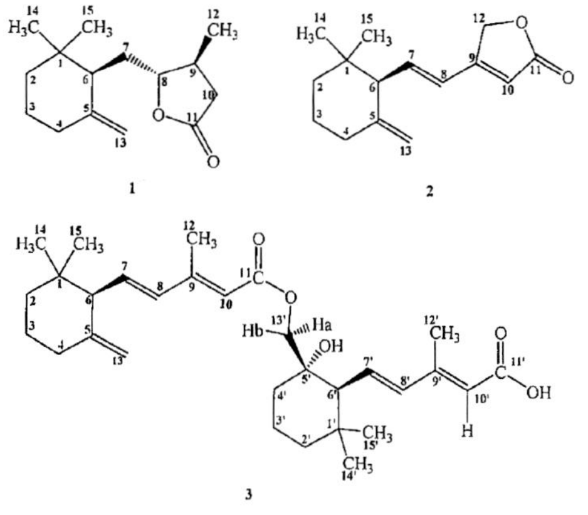

(c) Phellinulins A-C

図9　メシマコブから単離された化合物

臓の繊維化を阻害すると報告している[25]。

　新規化合物ではないがメシマコブに含まれているエルゴチオネインとヒスピジンという低分子の抗酸化物質がタンパク質の糖化を抑えて AGEs の生成を抑制するとの報告がある。

　T.Y.Son らは褐色細胞腫の PC12 株に高グルコース存在下で AGE の毒性の強いプレカーサーであるメチルグリオキサールを添加したところ，糖化タンパクと活性酸素が生成したがエルゴチオネインとヒスピジンを添加した群では，この反応が抑制されたと報告している[26]。

6　おわりに

　メシマコブのようなサルノコシカケの仲間のキノコは古くから民間伝承薬としてガンなどの治療を期待して用いられてきた。その後，ザルコーマ 180 のような移植ガンの動物実験で，有効性が証明され，韓国ではメシマコブ菌糸体の抽出物が医薬品として製造承認され，韓国新薬㈱から販売された。しかし，当時は，メカニズムの解明が十分ではなく，また先行したレンチナン，クレスチンがあったため日本では医薬品ではなく健康食品として使用されてきた。

　一方，食用キノコなどの微生物の有用性については，この15年間くらいで研究が急速に進展して自然免疫における役割が明らかになってきた。自然免疫を司るマクロファージ，樹状細胞，NK 細胞のような細胞表面には微生物のパターン認識レセプターが存在しており，外来の微生物を認識して排除していると考えられる。また，これら自然免疫に関与する細胞は，外来微生物を取り込んで，一部の抗原を獲得免疫システムに関与する T 細胞などに提示して活性化する。

　パターン認識レセプターとしてトル様レセプター，C タイプレクチンレセプターなどが知られており，メシマコブに関しては C タイプレクチンレセプターの dectin-1 とトル様レセプターTLR2 などが主な免疫活性化のルートであることを明らかにした。

メシマコブの市場に関しては，前述したように韓国では医薬品として承認されていたことも
あって，ピーク時には300億円ともいわれた。しかしその後，アガリクス問題がマスコミで発表
され，キノコ全般の売り上げが急減した。しかし，過去のユーザーは着実に継続摂取しており，
最近では30億円くらいまでは回復している。

今後，機能性表示制度が充実して高齢者を含む健康な人における免疫賦活QOL向上に関して
乳酸菌やキノコが脚光を浴びれば，免疫力向上に関する科学的根拠も数多く報告されているので
これらの微生物由来の機能性食品の市場も拡大すると期待される。

今後，我が国をはじめとして超高齢社会を迎えるにあたり，健康寿命を延ばし，高齢者の健康
を維持するには予防医学的なアプローチが必須である。我々はこのような観点に立ち，メシマコ
ブなどの機能性食品がどのようにして免疫を活性化するかを研究してきたが，今後は，さらにこ
れらの食品がどのように腸内細菌叢との相互作用で分解，代謝され，腸管などの免疫細胞に働
き，免疫システムを活性化するかを調べて，科学的な根拠を明らかにしていかねばならないと考
えている。

文　　　献

1)　八木洋宇ほか，第14回日本フードファクター学会，学術集会要旨集，p97（2009）
2)　許善花ほか，第8回日本補完代替医療学会，学術集会抄録集，p81（2005）
3)　Yi-Chuan Chen *et al.*, *Am. J. Chin. Med.*, **41**, 1439-1457（2013）
4)　M. J. Hsieh *et al.*, *Phytomedicine*, **21**, 1746-1752（2014）
5)　G. Wang *et al.*, *Biologia*, **67/1**, 247-254（2012）
6)　G riensven *et al.*, *Chin Med.*, **8**, 25（2013）
7)　S. K. Park *et al.*, *Biochem. Biophy. Res. Commun.*, **312**, 449-458（2003）
8)　Y. Xia *et al.*, *J. of Immunology*, **162**, 7285-7293（1999）
9)　S. Akira *et al.*, *Nature Immunology*, **2**, 675-680（2001）
10)　G. Y. Kim *et al.*, *FEBS Letters*, **576**, 391-400（2004）
11)　G. Y. Kim *et al.*, *Biol. Pharm. Bull.*, **27**, 1656-1662（2004）
12)　K. Arizumi *et al.*, *J. of Biol. Chem.*, **275**, 20157-20167（2000）
13)　P. R. Taylar *et al.*, *J. of Immunology*, **169**, 3876-3882（2002）
14)　Y. Adachi *et al.*, *Infect. Immun.*, **72**, 4549-4171（2004）
15)　S. Saijo *et al.*, *Nature Immunology*, **8**, 39-46（2007）
16)　D. Sliva *et al.*, *British Journal of Cancer*, **98**, 1348-1356（2008）
17)　E. H. Jang *et al.*, *Biochem Biophys Res Commun.*, **463**(4)：917-22（2015）
18)　W. Y. Lee *et al.*, *Nutr. Cancer*, **67**, 275-284（2015）
19)　Hsing-Hui Su *et al.*, *Front Pharmacol*, **8**, 175（2017）
20)　M. S. Wu *et al.*, *Am. J. Clin. Med.*, **45**, 1649-1666（2017）

第 9 章　メシマコブ

21)　Z. Zhao *et al., Oncol Rep.,* **35** (2), 896-904 （2016）

22)　A. Arcella *et al., Environ. Toxicol.,* **32**, 2113-2123 （2017）

23)　W. Chao *et al., Int. Immunophamacol.,* **50**, 77-86 （2107）

24)　W. Chao *et al., Molecules,* **28**, 22 （2017）

25)　T. S. Wu *et al., Int. J. Mol. Sci.,* **17**, 681 （2016）

26)　T. Y. Song *et al., Oxid Med Cell Longev.,* **10**, 1155/4824371 （2017）

第10章　アガリクス

山中大輔[*1]，元井益郎[*2]，元井章智[*3]

1　はじめに

アガリクスとは一般的にブラジル原産の *Agaricus subrufescens*（シノニムとして *A. brasiliensis, A. blazei, A. rufotegulis*）のことを指し，日本ではニセモリノカサ，ヒメマツタケ，カワリハラタケなどの名称でも知られ，広く機能性食品やサプリメントとして使用されてきた[1~3]。発見に関する複雑な歴史から，様々な呼び名を持つために混乱が生じることもあるが，国際薬用茸学会においてWasserらは，その薬理作用を期待して使用する際には *A. brasiliensis* の名称で統一するよう呼びかけている。アガリクスは分類上，真菌類の担子菌類に属し，同担子菌亜網，ハラタケ目，ハラタケ科，ハラタケ属に属する茸であり，ブラジルでは古くから伝統薬として用いられてきた。類似の種が多いため，子実体の形態的特徴以外にもDNA塩基配列解析を用いた同定を推奨したい。

我が国では1990年代にアガリクスブームと呼ばれ健康食品の代表となったが，低品質の商品

写真1　ブラジルで栽培されたアガリクス（KA21株）

---

*1　Daisuke Yamanaka　東京薬科大学　薬学部　免疫学教室　助教
*2　Masuro Motoi　東栄新薬㈱　代表取締役会長，薬剤師，NR（栄養情報担当者），
　　日本抗加齢医学会認定指導士
*3　Akitomo Motoi　東栄新薬㈱　代表取締役社長，NR（栄養情報担当者）

第 10 章　アガリクス

やバイブル本などで一気に悪評がたち風評が広まり，開発，製造販売はほとんど止まってしまった。その後，アガリクスは「菌株，栽培条件や産地により，その特性や含有成分が異なる*」ことが広く認識されるようになり，現在では主に菌株ごとに独自の研究開発が行われている。本稿では，ブラジルで太陽の元に露地栽培された *A. brasiliensis* KA21 株子実体を用いて行ってきた自研例中心に紹介する。

2　アガリクスの化学成分

アガリクス子実体乾燥品の含有成分を測定した結果，他の食用茸と比較してもタンパク質の含量が高く，食物繊維も豊富に含んでいた[4]。また，ビタミン類については，VB1，VB2，VB6，ナイアシン，パントテン酸，葉酸，ビオチン，ビタミン D を含み栄養価も高い。ミネラルは，鉄，カリウム，リン，マグネシウム，亜鉛，銅を含有している。

かつて我が国で開発された茸由来の抗がん剤の主成分は β グルカンであったが，アガリクス子実体乾燥品中には，およそ 10 ％以上の割合で β グルカンが含まれている。大野らは免疫修飾作用を示す β グルカンの主要な構造が高分岐 β-(1, 3)-D-グルカンを含む β-(1, 6)-D-グルカンであることを報告している[5,6]。

3　動物における検討

アガリクスの研究は日本，欧州，ブラジルを中心に盛んに行われており，多くの研究データが発表されている。化学成分や構造の分析，生物活性の検討，臨床試験など，報告される研究内容は研究機関の特色に合わせて多様である。その中で，アガリクスが示す有用的な作用の多くは，主にマウスを用いた検討により報告されたものである。代表的なものを以下に示す。

3.1　抗腫瘍作用

アガリクスの示す代表的な生体活性の一つが，古くから研究が行われている抗腫瘍作用である。大野らは，アガリクス子実体から抽出した画分による抗腫瘍効果について報告している[7]。アガリクス子実体から熱水抽出物（HWE）や冷水抽出物（CWE），冷アルカリ抽出物（CA），熱アルカリ抽出物（HA）を作成し，マウスに接種した Sarcoma180 腫瘍細胞株に対する抑制作用を検討した。

Sarcoma180 をマウス鼠径部に皮内注射し，7，9，11，13，15 日目にアガリクス抽出物を腹腔内投与，または 35 日間連日経口投与した。35 日目に固形がんの重量を比較し，抗腫瘍効果を検

---

*「健康食品」の安全性・有効性情報（国立研究開発法人　医薬基盤・健康・栄養研究所）
　https://hfnet.nibiohn.go.jp/　より抜粋

表1　アガリクス子実体抽出液の経口投与における抗腫瘍効果

Name	Dose (mg)	Times	Route	Tumor weight mean/SD (g)	% Inhibition	t-test
Control	–	–	–	15.0 ± 6.5	–	–
AgCWE	2	35	p.o.	9.6 ± 6.5	36	0.04
AgHWE	2	35	p.o.	7.9 ± 2.5	47	0.005

文献7）より一部改変

討した結果，アルカリ抽出画分の高濃度（2 mg）腹腔内投与群において腫瘍抑制作用（CA 投与群の腫瘍抑制率 77.7 %，腫瘍完全退化率 6/10；HA 投与群の腫瘍抑制率 99.3 %，腫瘍完全退化率 8/10）が確認された。また，経口投与においては一般的に効果が出にくいにも関わらず，HWE，CWE 投与群において抗腫瘍効果が見られた（表1）。これらの画分は，リムルス G 試験や NMR スペクトルを解析することにより，高分岐 β-(1, 3)-D-グルカン断片を伴った β-(1, 6)-D-グルカンであることが明らかとなった[6,7]。

3.2　肝機能保護作用

　劉らはマウスを用いた検討において，アガリクス子実体による肝保護作用を報告している[4]。アガリクス子実体粉末懸濁液（100 mg/mL）を，熱水また冷水にて抽出し，遠心分離後に上清を集めた。熱水抽出物（HWE），冷水抽出物（CWE）をマウスに 7 日間経口投与（600 μL/匹）し，7 日目にコンカナバリン A を投与して肝炎を誘発させた。コンカナバリン A 投与から 24 時間後に血清を採取し，肝臓から放出された GOT（AST）レベルを測定した結果，CWE 投与群において GOT（AST）放出の有意な抑制が見られた。

　また，筆者らも四塩化炭素誘導肝炎モデルマウスに対して乾燥子実体粉末をマウスに投与することで生じる影響を調査したが，子実体を経口投与摂取させたマウスを解剖した際にほとんど炎症の見られない肝臓が確認できたことが印象に残っている。露地栽培された子実体を 3～10 % 含むマウス飼料を 1 日～10 日間自由摂取させ，1 % 四塩化炭素をマウス腹腔内に投与（4 μL × 体重 g/匹）し，24 時間後の血清各項目および肝組織の観察をしたところ，子実体投与群において ALT，AST，LDH レベルの有意な抑制を認めた[8]。さらに肝臓組織の炎症も減少していることが確認できた（図1）。メカニズムについてはさらに詳細に解析する必要が残されているが，経口投与実験で得られたこれらの結果は，アガリクスに強い肝保護作用があることを示唆している。

3.3　免疫系への影響

　アガリクスを含む薬用茸類の抗腫瘍活性は，細胞壁を構成する β グルカンなどの多糖類が関与しているとされるが，腫瘍細胞への直接的な毒性によるものではなく，生体の免疫を賦活することにより腫瘍細胞を抑制する，いわゆる Biological Response Modifier（BRM：生物学的応答装

第10章 アガリクス

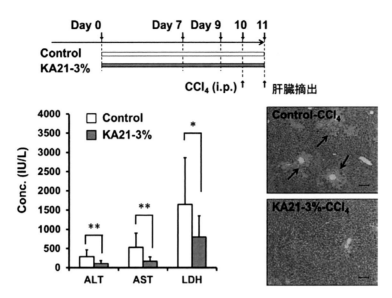

図1 アガリクス子実体の経口投与による四塩化炭素誘導肝炎抑制効果
　　四塩化炭素投与から24時間後の血清各パラメータおよび肝組織像。
　　文献8)より一部改変

飾物質)によるものであると考えられている。

　劉らは，マウスにアガリクス子実体熱水抽出物（HWE）・冷水抽出物（CWE）を経口投与し，脾臓リンパ球数の変化や，そのポピュレーションの変化を検討している[4]。HWE，CWE をマウスに 200 μL／匹の用量で2週間経口投与したところ，胸腺において細胞数の変化はなかったが，脾臓細胞数は CWE 投与によって増加した。さらに脾臓の細胞ポピュレーションを検討したところ，CD4 陽性 T 細胞（ヘルパーT 細胞）の比率が，HWE 投与群において有意に増加しており，この結果はアガリクスの抗腫瘍活性に繋がる可能性があると考えられている。

　また筆者らは近年，アガリクス由来多糖の自然免疫活性化作用について詳細に解析した。低温乾燥させたアガリクス子実体粉末を冷水で24時間抽出し，加熱処理後の上清中多糖（ACWS）で DBA/2 マウス脾臓細胞を刺激したところ，GM-CSF，IL-6 などのサイトカイン産生が誘導された[9]。グルカナーゼによる自己消化が生じたため，ACWS には β-1,3-グルカンは含まれておらず，その受容体である Dectin-1 との結合は認められなかった。一方，各種 TLR を発現した HEK293 細胞を刺激したところ，TLR2，4 または 5 を発現した細胞において応答性が認められた。また，中和抗体を用いた検討から，ACWS は TLR2 を介して脾臓より IL-6 産生を誘導していたことが明らかとなった。

　さらに筆者らはアガリクス由来多糖と β-1,3-グルカン受容体である Dectin-1 との関連性についても解析した[10]。アガリクス子実体粉末より熱水（AgHWE），冷アルカリ（AgCAS），熱アルカリ（AgHAS）抽出し可溶性多糖を調整した。NMR スペクトルから，いずれも

219

β-(1, 6)-D-グルカンを主とする多糖であることが確認された（図2）。各画分は抗β-1, 3-グルカン抗体および可溶性マウス Dectin-1 との結合性を示し，Dectin-1 を発現させた HEK293 T 細胞を刺激したところ，添加濃度依存的な細胞活性化が認められた。野生型マウスまたは Dectin-1 遺伝子欠損マウスの骨髄誘導樹状細胞を各画分で刺激したところ，IL-6 および TNF-α といったサイトカインの産生量に有意な差が認められ，アガリクスβグルカンの自然免疫活性化作用に Dectin-1 が関与することが証明された（図3）。

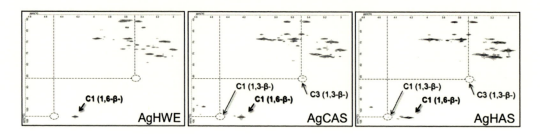

C1 (1,6-β-): δ_H = 4.28 ppm/ δ_C = 103.5 ppm; $^1J_{H1,C1}$ = 161 Hz
C1 (1,3-β-): δ_H = 4.53 ppm/ δ_C = 103.3 ppm; $^1J_{H1,C1}$ = 159 Hz
C3 (1,3-β-): δ_H = 3.51 ppm/ δ_C = 86.1 ppm

図2　アガリクス子実体多糖画分の2次元 NMR スペクトル
AgHWE；アガリクス子実体熱水抽出物，AgCAS；冷アルカリ抽出物，AgHAS；熱アルカリ抽出物。
各画分 10mg を 1mL の DMSO-d_6/D$_2$O(6:1)に溶解し，50℃の条件で 2D^{1}H, ^{13}C-HSQC スペクトルを計測した。

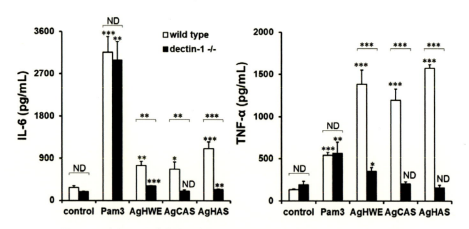

図3　アガリクス子実体抽出多糖の樹状細胞活性化作用と Dectin-1 の関与
Pam3 : Pam3CSK4（TLR2-ligand）. Values represent mean（SD）（n=3）. Significant difference from wild-type mice or control : *p < 0.05 ; **p < 0.01 ; ***p < 0.001. ND : no difference. 文献10）より一部改変

第 10 章　アガリクス

4　ヒトにおける検討

　ヒトに対するアガリクスの作用として，いくつかの臨床データが報告されている。劉らは，アガリクスのヒトにおける安全性，糖尿病・肥満に対する作用，肝臓保護作用，NK 細胞活性化作用などについて，健常人や半健康的であると思われる人に対して検討を行っている[4]。また，筆者らはアガリクスの経口摂取による疲労感の変化について，ヒトにおける検討を行った[11]。以下の内容は，劉ら，筆者らの研究報告に基づいている。

4.1　アガリクスの安全性

　機能性食品も含め，人々が口にする全ての食品・医薬品は，安全でなくてはならない。2006年に厚生労働省はアガリクスを含む製品の安全性についてコメントを出している。アガリクスを含む一部の製品と肝炎発症に関連性が疑われ，調査が進められた。対象となった製品は既に販売が中止され，その原因を詳細に追跡することは不可能となった。その後 2009 年に，アガリクスを含む製品について自治体から厚生労働省に対して健康被害などの報告がないことが発表された。多種多様な製品が市販されていた状況を考えても，製品が生産される環境に依存して品質の悪いアガリクスが流通していた可能性は十分に考えられる。製品がどういった土地で栽培され，どのように加工されたものなのか詳細に説明することは，今後このような問題を生じさせないために徹底すべきである。

　劉らが実施した安全性試験ではまず，通常量服用群 12 名（年齢 45.3±8.1，男 9 名，女 3 名）にアガリクス錠剤を 1 日 10 粒（2 回に分けて，それぞれ錠剤には 300 mg の *A. brasiliensis* KA21 株子実体を含んでいる）を服用させた[4]。服用前，服用後に体重，BMI，体脂肪率，内臓脂肪値，血液生化学的検査（総タンパク，血糖値，コレステロール値，中性脂肪値，GOT，GPT，γ-GTP 値）を測定した。その結果，体重，腹囲，BMI，体脂肪率の有意な変化は見られなかった。ほとんどが基準値の範囲で変化し，大きな変化は観察されなかった。さらにアガリクスの安全性を検討するため，安全性臨床試験群 11 名（年齢 43.6±12.6，男 6 名，女 5 名）にアガリクスの通常服用の 3 倍量である 1 日 30 粒（3 回に分けて）を 6 ヶ月間服用させ，自覚的体調変化，肝機能（GOT，GPT，γ-GTP），腎機能（BUN，クレアチニン），栄養状態（総タンパク）の測定，分析を行った（表 2）。推奨の 3 倍量を長期に摂取した場合においても，肝機能検査値は摂取前後で有意な変化はなかった。また，尿素窒素，クレアチニン値は正常値の範囲であり，腎機能にも影響を与えず，特別な有害事象は認めらなかった。

4.2　肥満，糖尿病への効果

　肥満，糖尿病関連生化学パラメータに与えるアガリクスの効果を検討した[4]。アガリクスは半健康人と思われる成人男女 12 名に，3ヶ月間通常量を摂取してもらい，各種パラメータを計測した結果，体重，BMI の有意な低下が観察された。さらに，アガリクス服用後，体脂肪率，内臓

221

βグルカンの基礎研究と応用・利用の動向

表2　アガリクス子実体経口投与における健常人への影響

測定項目	摂取前 （mean±SD）	摂取後 （mean±SD）	有意差検定 （P-value）
Totalprotein（gdl^{-1}）	7.50±0.16	7.41±0.25	0.31
BUN（mgdl^{-1}）	15.81±5.93	13.45±2.25	0.12
Creatinine（mgdl^{-1}）	0.92±0.21	0.90±0.20	0.19
GOT（μl^{-1}）	18.8±4.75	19.8±4.40	0.10
GPT（μl^{-1}）	15.7±6.90	16.3±4.90	0.52
γ-GTP（μl^{-1}）	35.4±29.6	35.9±30.1	0.89

文献4）より一部改変

脂肪率の有意な減少が見られた。また血糖値は，アガリクス服用後に有意に減少した。

4.3　免疫系への影響

　免疫機能におけるアガリクスの効果を検討するため，NK細胞数ならびにNK細胞活性について8人を対象にダブルブラインド試験を行った[4]。通常量もしくはプラセボを7日間投与後の末梢血におけるNK細胞数，NK細胞活性を検討した。測定にあたって，末梢血中の細胞分画の解析を行い，CD3$^-$CD16$^+$CD56$^+$の単核球をNK細胞とした。NK細胞活性は標的細胞としてK562を用いて適法に従い，4時間の共培養におけるクロムリリース法によって，Effector/Target ratio（E/T）=20および10（NK細胞とK562の混合比が20または10）で測定した。

　投与前後でNK細胞数の比較，およびアガリクス投与群とプラセボ群との群間比較を行ったが，有意な差は認められなかった。NK細胞活性については，服用後はE/T=20，E/T=10ともに群間に有意差が認められ，NK細胞の活性が有意に増加した。また，図4に，アガリクスおよびプラセボ服用前後の，E/T=20におけるNK細胞活性個々の変化を示した。アガリクス服用後は，E/T=20，E/T=10ともにNK細胞活性が有意に上昇した。対照的に，プラセボ投与群は服用後，NK細胞活性の有意な増加は認められなかった。

4.4　疲労感への影響

　健常人を対象としたアガリクス子実体服用による睡眠の質の改善と疲労感を和らげる機能性が認められている[11]。健常人のうち低容量服用群12名（年齢42.8±9.9，男7名，女5名）に*A. brasiliensis* KA21株子実体末900 mgを，高容量服用群10名（年齢43.2±10.7，男5名，女5名）に1,500 mgを12週間連日摂取するオープンラベル試験を実施した。睡眠習慣についてはピッツバーグ睡眠質問票日本語版が用いられ，疲労感については5段階の主観的尺度で回答が得られた。アガリクス子実体の経口摂取により，疲労感・倦怠感の項目では低容量・高容量摂取群共に，12週目で有意な改善が認められている。またピッツバーグ睡眠質問票を用いた被験者の主観的評価では，日中覚醒困難（低・高容量群共に6週目から）ならびに目覚めの良さ（低容量

第 10 章 アガリクス

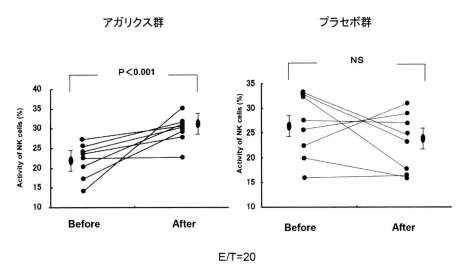

図 4 アガリクス子実体服用前後での NK 細胞活性の比較
文献 4) より一部改変

群に12週目)の項目についてスコアの改善が認められた。上記はアガリクス子実体の経口摂取が、睡眠のレベルを改善させ、疲労感・倦怠感などを和らげることを示唆している。

5 栽培方法による化学成分の比較

　アガリクスは生活環の中で、菌糸体、胞子、子実体などの様々な形態をとる。機能性食品としては、子実体のみならず菌糸体も用いられている。菌糸体は、生産管理しやすく安定供給が可能であるが、子実体と菌糸体では、成分は大きく異なっているとされる。さらに子実体においても、天然品を収穫したものや、露地で栽培・収穫したもの、屋内で栽培したものと様々な形態があり、また使用する菌株や商品の製造方法などに違いが見られる。アガリクスによる様々な薬理作用が次々と報告されているが、用いている材料の栽培、製品化、保存、抽出過程など様々であり、全てを混同してアガリクスの活性ということはできない。従って本稿では、ある一つの菌株における活性についてのみ記載しているが、橋本らは同一菌株のアガリクスを室内および露地栽培という異なる栽培条件下で製造し、化学組成ならびに生物活性を比較している[6]。また著者らも近年、室内および露地栽培された同一菌株のアガリクスの比較を行っている[8]。以下に、その概要を示す。

5.1 化学組成の比較

　同一菌株（A. blasiliensis KA21株）を用いて、露地および室内での栽培工程を経た後、同一過程で製品化し、化学組成を比較した[6]（表3）。βグルカン含量を比較したところ、露地栽培で

223

βグルカンの基礎研究と応用・利用の動向

表3　栽培方法の違いによる化学組成の比較

	露地栽培	室内栽培
Water[a]	4.4	10.1
Protein[a]	33.8	37.4
Lipid[a]	3.1	2.3
Ash[a]	6.8	5.7
Carbohydrate[a]	29.1	28.4
Dietary fiber[a]	22.8	16.1
β-glucan[a]	12.4	8.2
Calories[b]	185	174

(a) g/100g, (b) kcal/100g
文献6) より一部改変

は 12.4 g/100 g なのに対し，室内では 8.2 g/100 g と含量に差が見られた。さらに，両栽培法で得たアガリクスの多糖画分を調整し，糖含量およびタンパク質含量を測定した。同時に，調整した多糖画分の元素分析を行い，ガスクロマトグラフィーにより糖組成を解析した。結果は，多糖画分の構成分子に大きな違いは見られず，また両栽培法ともに，可溶性画分の主要構成糖はグルコースであった。従って，室内および露地栽培により得られた子実体では，精製した多糖画分の化学的性質に大きな違いは見られないが，そのβグルカン含量に差が見られることが判明した。

5.2　抗酸化力の比較

　筆者らは同じコンポストを用いて室内または露地栽培された *A. blasiliensis* KA21 株子実体乾燥粉末の抗酸化力を比較した。粉末 50 mg に 50 ％ メタノール 1 mL を加え，60℃で 1 時間抽出し，上清のラジカル消去活性を DPPH 法により評価したところ，露地栽培品は Trolox 換算で 330.1±13.7 μmol/L だったのに対し，室内栽培品は 166.1±11.5 μmol/L となり約 2 倍の差が生じた[8]。これらの差は栽培時に日光の暴露があったか否かに依存していることが予想される。

5.3　多糖画分の化学構造の比較

　室内および露地栽培により得られた多糖画分の化学的構造を比較するために，^{13}C-NMR スペクトルを解析した。スペクトルは，多糖画分 20 mg を 0.6 mL の DMSO-*d*6 に溶解させ，70℃で測定を行った。結果，代表的なシグナルは，103，76，75，73，70，68 ppm 付近に確認された。各多糖画分の主要構成糖はグルコースであり，103 ppm にシグナルが確認できたことから，β-グリコシド結合の存在が強く示唆された。標準品 Islandican のスペクトルと比較したところ，主要な 6 本のシグナルは β-(1, 6)-D-グルカンに帰属できた[12]。これらの結果により，室内および露地栽培より得られた多糖画分のスペクトルはほとんど一致し，大部分において同様な構造を有していると推測され，栽培条件の違いによる多糖構造への影響は受けないことが示唆された。

224

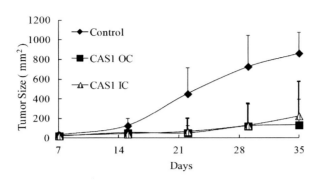

図5　アガリクス投与後の腫瘍サイズの比較

露地（OC）および室内栽培（IC）の子実体冷水抽出物（CAS1）をそれぞれマウスに投与し，Sarcoma180固形がんのサイズを測定した。文献6）より一部改変

5.4　抗腫瘍活性の比較

　生物活性においても同様に，栽培方法の違いにより差が生じるかを検討した[6]。主要な多糖画分である冷アルカリ抽出画分を用いて，Sarcoma180固形がんに対する抗腫瘍活性を比較した（図5）。両栽培法ともに有意な抗腫瘍活性を示し，化学的性質と同様に生物活性においても類似性が認められた。

6　おわりに

　βグルカン高含有素材としてアガリクスについて概説した。βグルカンとしてはβ-(1, 6)-D-グルカンの割合が圧倒的に多いという特徴を有している。茸ごとに，β-(1, 3)，β-(1, 6)などの比率についてはかなりの差がある。菌学的には，この差について網羅的に解析したいところである。また，本茸は長年研究されてきたものであるが，健康食品ブームや低品質商品による風評にさらされてきた。各製造販売者が様々な製品を開発しており，消費者の元に渡る際には構成成分の組成は大きく変動している。抽出・濃縮されたもの，加熱のタイミングが異なるもの，発酵，酵素処理が施されたものなど，製造過程で加える工程により，期待される生物活性は大きく変化することは，製造者，研究者ともに十分に理解する必要がある。将来の混乱を防ぐために，茸類を用いた学術論文には使用した素材の遺伝学的解析による分類，産地，子実体・菌糸体の違い，加熱・発酵の有無，抽出方法，添加物の有無などについて詳細に記載すべきである。国内ではアガリクスに関する問題が生じたことで各機関における研究速度も減少しているが，国際的には以前よりも期待が高まっているように感じている。今後もさらに丁寧な解析を繰り返し，安全性を保ったうえで期待される各効果を十分に引き出す方法を明確にしていきたい。

文　　献

1) S. P. Wasser *et al.*, *Int. J. Med. Mushrooms*, **4**, 267-290 (2002)
2) RW. Kerrigan *et al.*, *Mycologia*, **97**, 12-24 (2005)
3) K. Wisitrassameewong *et al.*, *Saudi. J. Biol. Sci.*, **19**, 131-146 (2012)
4) Y. Liu *et al.*, *Evid Based Complement Alternat Med.*, **5**, 205-219 (2008)
5) N. Ohno *et al.*, *Pharm Pharmacol Lett.*, **11**, 87-90 (2001)
6) S. Hashimoto *et al.*, *Int. J. Med. Mushrooms*, **8**, 329-341 (2006)
7) N. Ohno *et al.*, *Biol. Pharm. Bull*, **24**, 820-828 (2001)
8) D. Yamanaka *et al.*, *BMC Complement Altern Med.*, **14**, 454 (2014)
9) D. Yamanaka *et al.*, *Immunopharmacol Immunotoxicol*, **34**, 561-570 (2012)
10) D. Yamanaka *et al.*, *Int. Immunopharmacol*, **14**, 311-319 (2012)
11) M. Motoi *et al.*, *Int. J. Med. Mushrooms*, **17**, 799-817 (2015)
12) N. Ohno *et al.*, *Carbohydr. Res.*, **316**, 161-172 (1999)

第11章　霊芝のβグルカンと発酵霊芝

位上健太郎*

1　はじめに

　霊芝はマンネンタケ科に属し，アジア太平洋沿岸，北米，ヨーロッパ温帯，中央アフリカなど北半球の温帯に広く生息する担子菌類のきのこである。その子実体は，広葉樹や針葉樹の切株上，枯れ木などに生じるが，希であるため天然にその姿を確認することは難しい。現在では霊芝の栽培方法が確立され，流通している霊芝のほとんどが栽培品である。

　霊芝は中国でその利用が始まり，現在までに2000年以上の歴史を有する。日本では，日本書紀に霊芝に関して記述され，中国から霊芝が伝えられたと考えられる。この長い食経験は，霊芝の安全性と有効性を物語っている。霊芝の子実体は食用に用いるには，苦く，そして硬い（図1）。そのため，人々は霊芝を食用でなく，健康維持を目的に，煎じるなどして利用してきた。霊芝の免疫調整作用はよく知られており，その有効成分としてβグルカンが挙げられる[1,2]。

　日本には，霊芝由来の医薬品は存在しない。一方，中国では，現在8種のキノコ由来βグルカンがSFDAに承認されており，その中で，*Ganoderma lucidum*胞子由来，*Ganoderma sinensis*子実体由来のβグルカンが，補完治療に用いられている[3]。グローバルには，霊芝は2.5ビリオン（US）ドル＝2,500億円（1ドル＝100円換算）の市場を形成しており，世界中の人々の健康に貢献し続けている[4]。本稿では，特にβグルカンを中心に，霊芝とその応用について紹介したい。

図1　霊芝子実体（上から撮影）

---

*　Kentaro Igami　㈱ナガセビューティケァ　生産開発本部　R&Dグループ　研究員

2 霊芝の名称と分類

霊芝には多くの種類が存在する。中国最古の薬物書である神農本草経では，上品に赤芝，黒芝，青芝，白芝，黄芝，紫芝の6芝が記載されており，各品目によってその用途が異なる[5]。赤芝は *Ganoderma lucidum*，黒芝は *Ganoderma atrum*，紫芝は *Ganoderma sinensis* と考えられるが，栽培方法によって同じ菌株から色の異なる霊芝が栽培できることが知られており，色による品種の分類が必ずしも対応しているとは限らない[6]。

さらに，霊芝は栽培方法によって同じ品種でも形態が変化し，各形態によって名称が異なる。鹿角霊芝はその代表であり，茸茎をその発育途上で枯死させることにより栽培することができる。各品種，形態により成分が異なるため，霊芝を利用する際は，特定の品種，同一の栽培方法で得られた霊芝を用いなければ，同じ効果が期待できない。

私たちは，BMC9049株の霊芝に着目し，本菌株の種の同定を行った。本菌株を ITS-5.8 S rDNA 解析，並びに簡易形態観察による系統解析を行った結果，BMC9049 株は，*Ganoderma lingzhi* であることが明らかとなった。中国などの東アジアで *Ganoderma lucidum* として扱われていた霊芝は，ヨーロッパに分布している *Ganoderma lucidum* と，形態及び分子系統学的にそれぞれ異なる種であるとして，分類学的に新しい *Ganoderma lingzhi* であることが報告されている。BMC9049 株は，この *Ganoderma lingzhi* と同定された[7]。

3 霊芝の成分とβグルカン

霊芝は，栄養成長から生殖成長へと移り変わるとき，子実体を膨らませる。子実体は，多糖類，キチン，タンパク質などを構成成分として含み，霊芝は生活環の中でこれらの成分を分解，再構築を繰り返しながらダイナミックに形態を変化させる。この形態変化には，酵素が重要な役割を担っており，セルラーゼ，ヘミセルラーゼ，キチナーゼやβグルカナーゼなどの糖質関連酵素群が関与する。また，タンパク質の分解にはプロテアーゼが働きかける。

霊芝の構成多糖に，βグルカンが存在する。グルクロノ-βグルカン，アラビノキシロ-βグルカン，キシロ-βグルカン，マンノ-βグルカン，キシロマンノ-βグルカンなどの各種ヘテロβグルカン，ならびにタンパク質複合体が知られている。例えば，*Ganoderma atrum* には，グルクロン酸を含有するヘテロβグルカンの存在が報告されており，抗腫瘍活性，免疫調節作用，心血管保護作用，抗糖尿病活性が知られている[8]。*Ganoderma sinense* のβグルカンは，β-1,4結合，β-1,6結合を骨格とした直鎖βグルカンに，β-1,3分岐した2糖の側鎖構造を有していることが報告されている。*Ganoderma sinense* のβグルカンには，抗酸化作用，抗腫瘍活性，抗炎症作用，鎮痛作用，免疫調節作用が知られている[9]。*Ganoderma lucidum* の胞子からは，混成されたβ-1,3結合，β-1,4結合，β-1,6結合を直鎖としたβグルカンに，β-1,6分岐，β-1,4分岐を含んだ側鎖構造が報告されており，本βグルカンに免疫調節作用が知られて

第11章 霊芝のβグルカンと発酵霊芝

いる[10]。このように，霊芝は，構成している糖の種類，並びにその結合様式から多様性の高いβグルカンを含んでおり，その構造と活性の研究が現在も進められている。

βグルカン以外に，霊芝の特徴的な成分としてガノデリン酸と呼ばれるラノスタン型トリテルペンが知られている。日本霊芝協議会の品質基準では，安全・衛生基準として，残留農薬，ヒ素，重金属などが規定されている他に，栽培管理基準として，酸性クロロホルム可溶分の基準値が設定されている。これはガノデリン酸類に由来する成分を栽培管理上基準化したものである。

先述したように，霊芝の子実体は硬質である。その一方で，霊芝は子実体を自身の持つ酵素を用いて形成し，また分解する能力を有する。そこで私たちは，霊芝の利用能が向上することを期待し，霊芝自身の持つ酵素を利用して子実体を分解する最適な条件を検討した。そして，霊芝BMC9049株を自己消化した自己消化霊芝を開発し，発酵霊芝と呼ぶこととした。

4 発酵霊芝のβグルカン

霊芝BMC9049株，並びにそれを自己消化した発酵霊芝のβグルカン構造を明らかにするため，解析を行った。βグルカンの抽出は，以下の方法で行った。霊芝，並びに発酵霊芝の粉末を，121℃，2時間オートクレーブ処理することにより，エキスと不溶部を得た。本エキスに，4倍量のエタノールを加え，沈殿した多糖画分を熱水抽出エキス（HWE）とした。また，不溶部に10％NaOH，5％Urea溶液を添加し，4℃で一晩抽出し，得られたエキスに同様にエタノールを加えて得られた上清，並びに沈殿を，それぞれアルカリ抽出エキス（CAS），アルカリ抽出不溶画分（CASP）とした。これら，HWE，CAS並びにCASPの構成糖を解析した結果，HWE，CASにおいては，グルコース，キシロース，マンノースの存在が確認された。CASPには，グルコース，マンノースの存在が確認された。各多糖の構造を解析するため，^{13}C-NMRによる分析を行った。Laminarin（TCI社製）はβ-1, 3結合，β-1, 6結合のβグルカンが確認される。Laminarin（シグマ社製）はβ-1, 3結合のみのβグルカンが確認される。これらLaminarinを標準品として比較検討したところ，霊芝と発酵霊芝のHWE，CASは，β-1, 3結合，β-1, 6結合を有することが明らかとなった（図2）。また，興味深いことに，CASPにはβ-1, 3-グルカンと共に，α-1, 3結合を有するグルカンの存在が確認された（図3）。本結果から，自己消化によるβグルカン構造への影響は確認されなかった。

β-1, 3-グルカンの測定法として，カブトガニの血液凝固系を利用したリムルス法が知られている。霊芝，並びに発酵霊芝におけるβ-1, 3-グルカンの溶出性を比較するため，冷水を用いたエキス抽出を行い，リムルス法にてβ-1, 3-グルカン量の測定を行った。霊芝，並びに発酵霊芝を4℃で一晩抽出し，得られたエキスを透析した後，凍結乾燥を行うことにより冷水抽出液を得た。本抽出液中のβ-1, 3-グルカンをリムルス法にて確認した結果，興味深いことに，霊芝と比較して発酵霊芝に高いβ-1, 3-グルカンの溶出が確認された（図4）。この結果は，自己消化によって，β-1, 3-グルカンの利用率が向上することを示唆する[11]。

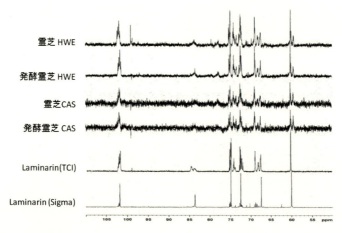

図2 霊芝，発酵霊芝熱水抽出エキス（HWE），アルカリ抽出エキス（CAS）の^{13}C-NMR

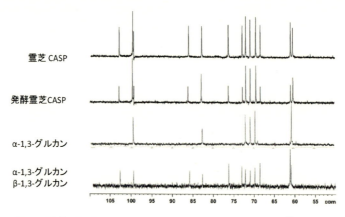

図3 霊芝，発酵霊芝アルカリ抽出不溶画分（CASP）の^{13}C-NMR

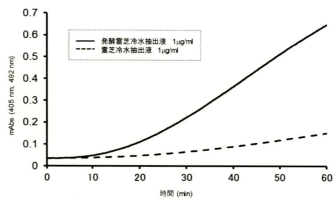

図4 霊芝，発酵霊芝冷水抽出液のリムルス試験

第11章 霊芝のβグルカンと発酵霊芝

5 自己消化が霊芝に及ぼす影響

5.1 血圧調節効果

　霊芝には，血圧に対する効果が知られている。霊芝エキスを摂取した自然発症高血圧ラット（SHR）において，収縮期血圧の低下が確認されている[12]。また，霊芝エキスを6ヶ月間投与した本態性高血圧者の60％に血圧降下作用が認められている[13]。高血圧発症のメカニズムとして，レニン・アンジオテンシン系などとともに，Rhoキナーゼが注目されている。最近，Rhoキナーゼ阻害活性が霊芝のガノデリン酸から見出された[14]。そこで，私たちは，発酵霊芝の血圧に対する作用を確認するため，SHRを用いた試験を行った。12週齢の雄性SHRを1週間予備飼育した後，試験前日夕方より絶食し，体重ならびに収縮期，拡張期血圧を測定，群分けした。その後，対照群には水を，被験物質投与群にはそれぞれ霊芝抽出物，発酵霊芝抽出物を500 mg/kgとなるよう調製し，経口投与を行った。血圧は，tail-cuff法により経時的に測定した。収縮期血圧の変化について，発酵霊芝抽出物投与群，ならびに霊芝抽出物投与群を比較したところ，発酵霊芝抽出物はより高い血圧上昇抑制作用を有することが明らかとなった（図5）。本効果には，自己消化によって産生したペプチド（Ile-Arg，Ile-Pro-Thr，Ser-Tyrなど）の関与が明らかとされており，アンジオテンシン変換酵素（ACE）阻害活性が寄与していると考えられる[15]。

5.2 内因性敗血症抑制効果

　日本では，炎症性腸疾患や潰瘍性結腸炎などの消化管疾患の患者数が増加している。これは，食の欧米化が一因と考えられており，生活習慣からの対策が必要であると考えられている。インドメタシン投与による腸管炎症モデル動物は，内因性の敗血症を誘発する。霊芝，発酵霊芝の内因性敗血症に及ぼす影響を確認するため，本モデル動物を用いた試験を行った。ICRマウスに，

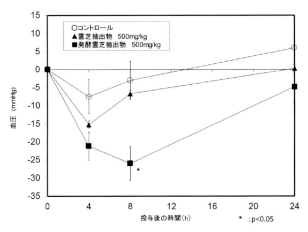

図5　SHRの血圧に及ぼす霊芝，発酵霊芝の影響

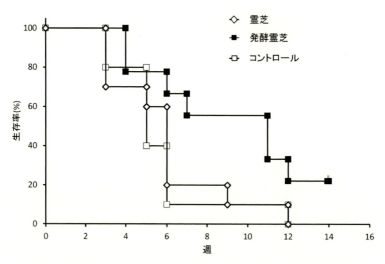

図6　腸管炎症モデルマウスの生存率に及ぼす霊芝，発酵霊芝の影響

Saccaromyces crispa から調製したβグルカン（100 μg/匹）を2日間隔で3日間腹腔内投与した。その後，インドメタシン（5 mg/kg）を5日間連続経口投与した。霊芝または発酵霊芝を各々2.5％の割合で混餌した飼料を調製し，試験開始1週間前より投与した。対照群には，飼料のみを与えた。生存率を確認した結果，生存日の中央値は，対照群5日，霊芝群6日に対し，発酵霊芝群は11日と，発酵霊芝群に顕著な生存日の延長が確認された（図6）。これらの効果には，発酵霊芝による腸管炎症の抑制効果が関与したと考えられる。本結果から，霊芝と比べ，発酵霊芝は内因性敗血症に対する有効性が向上することが示唆された。

6　おわりに

　本稿では，βグルカンを中心に，霊芝の概要から最新の研究，自己消化を応用した発酵霊芝まで紹介した。霊芝は，その長い歴史から多くの研究者の興味を惹き，次々に新しい発見がなされている。最近，*Ganoderma lucidum* 菌糸体由来の多糖が，マウスの肥満による体重増加，慢性炎症，インスリン抵抗性に対して抑制効果を有することが報告された[16]。本報では，300 kDa以上の高分子ヘテロ多糖画分が，腸内細菌を介して肥満の抑制効果を示したことが報告されており，本ヘテロ多糖のさらなる解析，また，霊芝のプレバイオティクス効果に興味がもたれる。

　本稿で述べたとおり，霊芝のβグルカンは多様性に富んでいる。最近，シイタケ，アガリクスなど19種に及ぶきのこ子実体を対象とし，βグルカン分析方法の検討がなされた。βグルカンの定量において，異なる酸（1.6 M塩酸もしくは2 M硫酸）による加水分解がβグルカン定量値に与える影響が検討されている。興味深いことに，酸の違いにより，霊芝のみβグルカン定量地が影響を受けた[17]。これは，他のキノコにはなく，霊芝のみに存在する要因がβグルカン定量

第11章　霊芝のβグルカンと発酵霊芝

値の変化に反映されたと考えられる。

　霊芝には，今回紹介したβグルカンだけでなく，ガノデリン酸他，様々な成分がその有効性に関与している。これまでに知られている霊芝の有効性と成分の関係を紐解いていくことが，今後さらに必要である。私たちは，霊芝の有効性をさらに探求していくとともに，自己消化の意義を解明していきたいと考えている。霊芝が，今後さらにより多くの人の健康に貢献することを期待している。

文　　　献

1)　水野卓ほか，キノコの化学・生化学，学会出版センター (1992)
2)　K. S. Bishop *et al., Phytochemistry,* **114**, 56-65 （2015）
3)　Z. Zhau *et al., J. Transl. Med.,* **4**(4), 1-11 （2014）
4)　J. Li *et al., PLoS ONE,* **8**(8), e72038 （2013）
5)　久保道徳ほか，新装版　霊芝，三一書房 （2007）
6)　直井幸雄，直井幸雄の霊芝革命，東洋医学社 （1997）
7)　Y. Cao *et al., Fungal Divers.,* **56**, 49-62 （2012）
8)　H. Zhang *et al., Carbohyd. Polym.,* **158**, 58-67 （2017）
9)　Y. Jiang *et al., Biomed. Pharmacother.,* **96**, 865-870 （2017）
10)　Y. Wang *et al., Carbohyd. Polym.,* **167**, 337-344 （2017）
11)　Y. Ishimoto *et al., Inter. J. Med. Mushroom,* **19**(1), 1-16 （2017）
12)　Y. Kabir *et al., J. Nutr. Sci. Vitaminol.,* **34**, 433-438 （1998）
13)　上松瀬勝男ほか，薬学雑誌，**105**, 942-947 （1985）
14)　Y. Amen *et al., J. Nat. Med.,* **71**, 380-388 （2017）
15)　H. B. Tran *et al., Molecules.,* **19**, 13473-13485 （2017）
16)　C. J. Chang *et al., Nat. commun.,* **6**, 7489 （2015）
17)　B. V. McCleary *et al., J. of AOAC international,* **99**(2), 364-373 （2016）

第12章　酵母細胞壁グルカンの機能と用途開発

白須由治*

1　はじめに

　酵母は，その存在が発見される前から人類の歴史の中で生活を共にして来た微生物の一つである。乳酸菌やカビなどの真菌類も重要な発酵微生物と考えられるが，酵母は文字通り醸造・発酵の起源的微生物といえる。自然界に多く野生するため最小限の栄養素さえあれば発酵して良く増殖する。現在，産業利用されている酵母も元々は自然界から分離され育種改良されて来たのである。

　酵母は代謝産物としてのエチルアルコールをはじめ多くの有用物質を我々に提供し，菌体から得られたタンパク質，アミノ酸，核酸，糖，ビタミン類，有機酸などは医療用途素材や食品原料として現在でも使用されている。酒類製造に欠かせない酵母は発酵終了後には大量に副生するため，醸造業界ではその活用法が検討された。栄養成分に関しては上記のような化学物質がエキス成分から抽出されて来たが，その残渣であるエキス粕は不溶性でもあることから家畜飼料や廃棄処理する以外の用途は永らく探索されることはなかった。

　酵母エキス残渣は細胞壁が主体であり，植物細胞壁と同様に主として多糖類から構成される。構成多糖はグルカン，マンナン，キチンなどである。物性的にはセルロースと類似しており水不溶性の高分子化合物である。キノコ類も類似の構造を有しており，1970年代初頭に天然の抗腫瘍性物質としての機能が注目され，酵母細胞壁を含め多くの真菌多糖類と構造の関係が研究された。これらの機能の中心はいわゆる非特異的免疫作用であり細菌の Lipid A（エンドトキシン）を含めた微生物細胞壁による感染防御機構の一形態と解釈されている。しかし近年，TLR（Toll様受容体）の発見により自然免疫機構との関連も注目され，再びその構造と機能の研究が深まりつつある。またヒトのマイクロバイオームと食物繊維あるいはシグナル物質である短鎖脂肪酸類との関連も多数報告され，腸内微生物叢と食物繊維が免疫系に重要な働きをしていることが解明されつつある。

　筆者はビールメーカーの研究所で副産物利用の観点から酵母細胞壁の研究開発に従事して来たので，今回はなるべく酵母グルカンに絞って研究の経緯と用途開発の事例紹介を兼ねて解説してみたい。特に β-グルカンを高含有する酵母 β-グルカン（BYC）を独自製法で調製し，薬理学的な機能を種々調査研究して来た。本稿においては，医薬・食品素材用途の紹介が中心となるが酵母細胞自体をマイクロカプセルと擬した利用法や結着剤としてのコーティング素材向け開発事

　＊　Yoshiharu Shirasu　文教大学　健康栄養学部　管理栄養学科　非常勤講師

第12章　酵母細胞壁グルカンの機能と用途開発

例，さらにβ-グルカンを食物繊維として特定保健用食品に商品化された応用例についても紹介する。

2　酵母細胞壁の化学構造

最外壁はマンナンタンパク質複合体で構成されている[1]。その内側に高分子グルカンが配置されている。グルカンはβ-1,3結合を直鎖としてβ-1,6で分岐した側鎖を有している。さらにその内側のペリプラズマ領域に細胞壁酵素などを保持しており，最内壁側に細胞膜が位置している（図1）[2]。従って，一般的に酵母細胞壁と称される構造はマンナンタンパク質とグルカンから成る高分子糖タンパクと考えられる。文献などでは酸アルカリ処理によりマンナンのタンパク質部分が剝ぎ取られ，あるいは一部加水分解されて調製されることもあることから大部分はマンナンとグルカンで構成される高分子多糖類として紹介されている。研究用試薬として販売されているZymozan（ザイモザン）は酵母内容物が除去されたいわゆるゴーストセル（φ3μm粒子）で補体活性化因子として多用されている。

マンナンタンパク質とグルカン鎖の間には，PIR-CWPとGPI-CWPの2つの連結形態がある（図2）[3]。PIR-CWPはアミノ酸配列中のグルタミン残基とβ-1,3グルカンが直接つなげられている[4]。GPI-CWPは30種類あるマンナンタンパク質でC末端側のマンノースがβ-1,6-グルカンを介しβ-1,3-グルカンと連結している[5]。遺伝子レベルでの多糖合成酵素の研究が精力的に進められており膜タンパク質の重要性は指摘されているが，糖鎖架橋酵素の存在と機作に関しての詳細は不明である。植物あるいはカビなどの一般的な真菌類ではキチン合成酵素とβ-1,3グルカン合成酵素は細胞膜内での存在が示されている[6]。

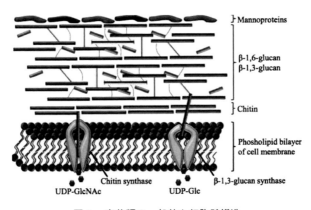

図1　真菌類の一般的な細胞壁構造

βグルカンの基礎研究と応用・利用の動向

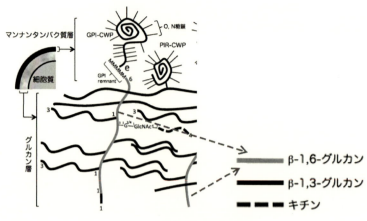

図2　出芽酵母細胞壁の構造
（文献3）の一部改変）

3　酵母グルカンの立体構造

　カイコβGRPのN末端に存在する構造ドメイン領域がβ-1,3グルカンであるカードランと強固かつ特異的に結合する性質を利用して，東京薬科大学の大野，安達らと理化学研究所の研究グループは，β-1,3グルカンの3次元構造を提示している．図3はカードランの三重螺旋様の構造を示したもので3本のβグルカン鎖（A，B，C）が三重螺旋様の構造を形成しβGRP/GNBP3と相互作用している．しかしβグルカン鎖と相互作用するβGRP/GNBP3上のアミノ酸残基は特徴的なドメインは特定されていないようである．

　3本のβグルカン鎖（A，B，C）が三重らせん様の構造を形成し，βGRP/GNBP3と相互作用している．βグルカン鎖と相互作用するβGRP/GNBP3上のアミノ酸残基は広範囲に分布している[7]．

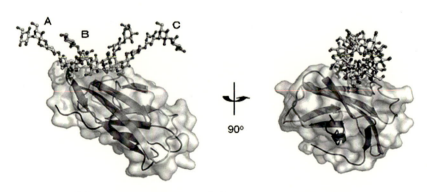

図3　βGRP/GNBP3が三本鎖βグルカンを認識する様子

第12章 酵母細胞壁グルカンの機能と用途開発

βGRP/GNBP3のβグルカン結合ドメインと相互作用するβグルカン鎖は，1本のβグルカン鎖（B）が残りの2本のβグルカン鎖（AとC）と水素結合（点線）を形成しており，これまでの報告されて来たモデルをほぼ忠実に反映している（http://www.riken.jp/pr/press/2011/20110624_4/）。

また一般的にβグルカンは水不溶性であるが，化学処理によって可溶化する方法が種々検討されている。我々もカードランを用いて部分分解してオリゴ糖化するなどの方法も提案している[8]。

一方，最近セルロースナノファイバー化技術を応用して不溶性グルカンを水溶化させるTEMPO触媒酸化が注目されている。今後は化学修飾して可溶化されたβグルカンによる構造と活性の関連研究が進展するものと思われる[9]。

4　Toll-like receptor（TLR），Dectin-1とβ-グルカンの認識機構

自然免疫研究の進展に伴ってβ-グルカンのリセプターが明らかになりつつある。図4に示したように酵母細胞壁成分はTRLやDectin-1を介してシグナル伝達をする[10]。

酵母のβ-グルカンはマクロファージや樹状細胞を活性化し，その受容体としてDectin-1が同定された。Dectin-1の細胞質領域にはITAM（immunoreceptor tyrosine-based activation motif）配列が存在し，単独で，さらにToll-like受容体と共同して活性化シグナルを伝達することができる[11]。Dectin-1欠損ノックアウトマウスの解析によりこの系が真菌に対する感染防御に寄与することが証明された。Dectin-1は自然免疫系のシグナル伝達に関与する重要な認識分

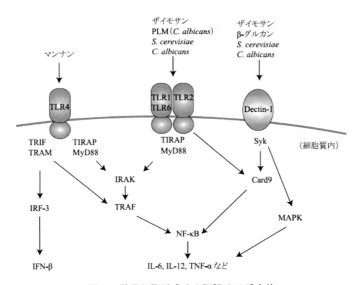

図4　酵母細胞壁成分を認識する受容体

子である[12,13]。少し詳細に述べると，Dectin-1 は C 型レクチンの糖認識ドメイン（CRD）が膜貫通領域に連結され ITAM を含む細胞質末端に続くタイプⅡ膜貫通タンパク質である。Dectin-1 は β-グルカンに特異的に結合し，それ自身のシグナル伝達経路を誘導する。そのリガンドに結合した後，Dectin-1 はチロシナーゼキナーゼ Src によってリン酸化される[14]。Syk はその後活性化され，CARD9-Bcl10-Malt1 複合体を誘導する[15]。この複合体は，NF-κB の活性化および炎症促進性サイトカインの産生を媒介する。最近のデータでは Dectin-1 と TLR2/TLR6 シグナル伝達が組み合わさって，各受容体によって誘発される応答を増強することが示唆されている[16,17]。

5　酵母グルカンの薬理学的機能

酵母機能性素材として β-グルカンを高含有する酵母細胞壁画分 BYC が高圧ホモジナイズ法により調製されている[18]。この酵母 β-グルカン（BYC）素材に関して種々の薬理・生理学的な知見が得られているので，本稿では酵母 β-グルカン（BYC）を中心に評価方法と結果の概要を紹介する。

5.1　整腸作用と便通改善（食物繊維）

中村らにより酵母 β-グルカン（BYC）によるラットでの糞便量増加が確認された（図5）が，ヒトにおいてもヨーグルトに配合された形態で便通改善が認められている。この成果をもとに酵母成分を素材とした特定保健用食品が日本で最初に開発された。商品としては小岩井乳業から販売されていた「飲むヨーグルト」が挙げられる[19]。

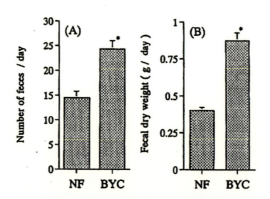

Comparison between the Non-fiber Diet (NF) Group and the Brewer's Yeast Cell Wall Diet (BYC) Group on the Number of Feces (A) and Fecal Dry Weight (B) in Normal Rats for 3 Consecutive Days (days 9, 10 and 11) of Feeding (Experiment 1). *$p<0.05$ compared with the NF group. Student's t-test was used for the statistical analysis.

図5　酵母 β-グルカン（BYC）によるラット糞便排出量の増加

第12章　酵母細胞壁グルカンの機能と用途開発

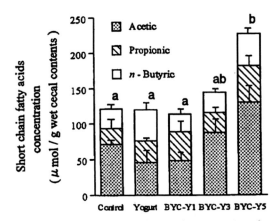

図6　酵母β-グルカン（BYC）配合ヨーグルトによるヒトでの短鎖脂肪酸量の増加

　動物実験の腸内環境解析（成分分析）から，プロピオン酸や酪酸などの短鎖脂肪酸が増加していることやバクテロイデス菌，ビフィズス菌の菌数増加も観察されている（図6）[20]。それによると5％の酵母β-グルカン（BYC）配合では非配合コントロールと比べて約2倍量の脂肪酸が増加している。なかでも酢酸の増加量が著しく，プロピオン酸と酪酸がこれに次ぎ増加が大きい。

5.2　免疫機能の調節と抗アレルギー
5.2.1　*in vitro* 抗アレルギー効果について
　韓らは *in vitro* 実験でヒスタミンと一緒に放出されるβ-ヘキソサミニダーゼ酵素の活性阻害度を測定することにより，アレルギー抑制効果を評価した。それによるとβ-グルカン濃度5 ngにおいては20％程度の阻害率を示し，50 ngにおいて25％以上の著しい阻害率を示した（図7）[21]。

5.2.2　アトピー性皮膚炎に対する抗アレルギー作用
　若林らはアトピー性皮膚炎を自然発症するモデルマウスを用いてアレルギー抑制効果を検証している[22]。発症前から酵母β-グルカン（BYC）を10％添加した飼料を摂取させた群と酵母β-グルカン（BYC）を摂取させない対照群さらに治療効果を評価するために，当初は通常飼料

239

βグルカンの基礎研究と応用・利用の動向

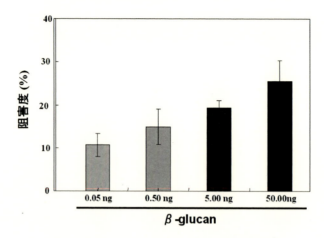

図7　β-グルカンによるアレルギー抑制効果[21]

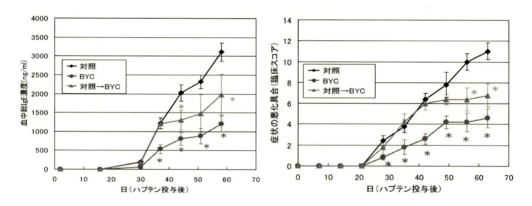

図8　酵母β-グルカン（BYC）のアトピー性皮膚炎発症抑制作用と治療作用について（*p＜0.05）
＊1　耳と頭皮の出血，脱毛の度合いや腫れ，変形など合計5項目を，症状なし（0点）～重度（3点）で4段階評価した合計（最大15点）をスコアとしたもの。点数が高いほど，症状が悪化していることを示す。

を与え症状が中程度発症した時点で酵母β-グルカンを10％添加した飼料を与えた3群に分けて飼育した。症状を安定的に発症させるため，週1回ハプテン（免疫原性を誘発する化合物）を両耳に塗布し，皮膚炎を誘導した。各群の血中総IgE濃度を測定したところ，酵母β-グルカン（BYC）摂取群では濃度の上昇が抑制され，途中から摂取した群でも上昇抑制効果が認められた。また，臨床症状の評価[*1]でも，症状悪化が抑制されることが明らかとなった（図8）。

5.2.3　スギ花粉症に対する抗アレルギー作用

　マウスを4群すなわち，酵母β-グルカン（BYC）を1％添加した飼料を与えた群と，酵母β-グルカン（BYC）5％添加の飼料を与えた群，酵母β-グルカン（BYC）10％添加の飼料を与えた群，通常飼料を与えた対照群に分けて4週間飼育し，スギ花粉抽出物（アレルゲン：アレ

第12章　酵母細胞壁グルカンの機能と用途開発

ルギーを引き起こす原因タンパク質）を腹腔内へ3週間ごとに3回投与した。各群の総IgE濃度と，スギ花粉の主要なアレルゲンに特異的なIgE（Cry j1, Cry j2特異的IgE）の血中濃度を測定したところ，酵母β-グルカン（BYC）投与群でいずれも上昇抑制効果が認められた。図9は，Cry j1[*2]特異的IgE量を測定したもので，酵母β-グルカン（BYC）を5％以上の濃度で与えたマウスにおいて有意な上昇抑制作用が認められた。

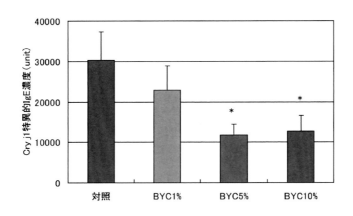

図9　酵母β-グルカン（BYC）のスギ花粉アレルゲンによるIgE上昇抑制作用について（*p＜0.05）
＊2　Cry j1, Cry j2とは：スギ花粉の主要なアレルゲン

5.2.4　腸管免疫に関する作用

IgE上昇抑制実験と同様に，マウスを4群に分けて腸管へのIgA分泌促進作用を確認した（図10）。酵母β-グルカン（BYC）を1％添加した飼料を与えた群と，酵母β-グルカン（BYC）5％添加の飼料を与えた群，酵母β-グルカン（BYC）10％添加の飼料を与えた群，通常飼料を与えた対照群の4群に分けて2週間飼育した後，解剖して腸管部位内の糞を回収した。

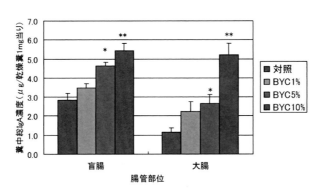

図10　酵母β-グルカン（BYC）の腸管へのIgA分泌促進作用（*p＜0.05, **p＜0.01）

βグルカンの基礎研究と応用・利用の動向

盲腸および大腸にある糞中のIgA濃度を測定したところ，酵母β-グルカン（BYC）の摂取量が多いほどIgA濃度が上昇し，腸管免疫が増強することが示唆された。

5.3 腎機能の保持・改善

芳田らはアドリアマイシン（ADR）の反復静脈内投与により作製されたラットのモデル腎炎系で酵母β-グルカンの作用を調べた（図11）。この動物実験系ではヒトの進行性慢性腎不全に近いモデル（主に糸球体障害）が再現可能となり，ラットの病態としては高窒素血症，高クレアチニン血症，高リン血症，高脂血症，タンパク尿が確認されている。ADR＋正常飼料群では，パラメーターである尿素窒素（BUN）および血清クレアチニンの有意な上昇が認められた。酵母β-グルカン（BYC）の混餌投与によりBUNはほぼ正常レベルまで上昇が抑制され，血清クレアチニンにも抑制傾向が認められた。

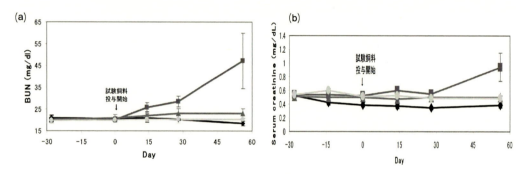

図11 (a)酵母β-グルカン（BYC）による血清尿素窒素（BUN）の上昇抑制効果，
(b)酵母β-グルカン（BYC）による血清クレアチニンの上昇抑制効果
◆ Control（生理食塩水）＋正常飼料群
■ ADR＋正常飼料群
▲ ADR＋酵母β-グルカン（BYC）5％添加群
● ADR＋酵母β-グルカン（BYC）10％添加群　　（各n=10）

5.4 脂質改善効果

人見らはコレステロールを高含有する食餌を与えたラットにおいて，酵母β-グルカン（BYC）混餌給与されたラット群の高血漿コレステロールが有為に低下することを確認している（図12）[23]。酵母β-グルカン（BYC）配合ヨーグルトを経口投与されたヒトにおいても高コレステロール者（TC＞220 mg/dL）に対して，同様の効果は認められLDLコレステロール低下は統計上有意な効果が観察されている（図13）[24]。

その他の効果としては，抗潰瘍性大腸炎作用，抗骨粗鬆症，抗腫瘍活性，抗ウイルス，糖吸収抑制，プラントアクティベーターなどが知られているが誌面の都合上省略する。また *in vitro* の免疫機能については，三枝らが腸管上皮培養細胞により詳細に解析しているので参考にしていた

第12章 酵母細胞壁グルカンの機能と用途開発

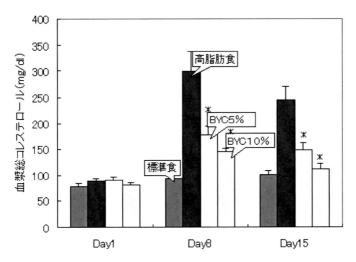

図12 酵母β-グルカン（BYC）の高脂肪食ラット投与によるコレステロール抑制[25]

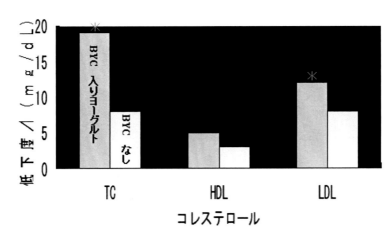

図13 ヒトにおける総コレステロール（TC）とLDLコレステロールの低下度確認[26]

だきたい[27]。

5.5 肥満予防とダイエット効果

β-グルカンには抗肥満作用も報告されている。かなり以前にビール酵母のダイエット作用がブームになったことがある。近年ではHu Xin-Zhongらが高脂肪食で飼育されたマウスで混餌配合β-グルカンの体重増加抑制が報告されている（図14）[28]。酵母ZymosanがAdipocytes上のTLR（Tool Like Receptor）を増加させることにより[29]各種Cytokinesを活性化させてレプ

チン産生を促すことから、同様の作用により β-グルカンもレプチン量を増加させて体重減少を惹起するという仮説が提示されたことがある[30,31]。

しかし最近ではマイクロバイオームとの関係から、β-グルカンを利用して増殖した腸内細菌が出す短鎖脂肪酸の抗肥満作用が注目されている。

腸内のマイクロバイオーム研究の急速な進歩から、腸内細菌叢と宿主のエネルギー代謝や栄養摂取あるいは免疫機能などとの関わり、細菌叢の構成変化と肥満や糖尿病・免疫疾患などとの直接的な結びつきが、科学的に証明されるようになって来た。2006年ジェフリー・ゴードンらは腸内細菌叢と肥満との関わりを明らかにした。すなわち肥満マウスと正常マウスの腸内細菌叢の組成を16S rRNA系統解析によって比べたところ、特定の細菌種に違いがみられた。そこで、肥満マウスの腸内細菌叢を正常マウスに移植したところ、体脂肪量が増えたのである[32]。

ヒトでも、肥満者と正常体重者との間で腸内細菌叢の構成比に違いがあることがわかった。肥満者ではバクテロイデス（*Bacteroides*）が少なく、ファーミキューテス（*Firmicutes*）が少ない（図15）[33]。さらに糖質制限や脂質制限のいずれの状態においても、体重減少に従ってバクテロイデスの菌叢に占める割合が増加することも明らかとなった（図16）。

これらのことから単純にバクテロイデスだけを増やしてやれば肥満が抑制されるという発想には問題がある。報告例が多い *Bacteroides fragilis* などの嫌気性菌は非病原性ではあるが日和見感染の懸念もあり、免疫力が低下した状況での大量摂取は控えるほうがよい。サプリメントとしての利用では、やはり菌叢バランスという観点での摂取を意識すべきである。

その後、分子レベルでの機構解明が進んだ結果、次のような仮説が提示されている。β-グルカンなどの食物繊維を利用した腸内細菌は短鎖脂肪酸を産生するが、この中でも酢酸、プロピオン酸、酪酸などの短鎖脂肪酸はシグナル物質として作用し、その受容体であるGPR41、GPR43

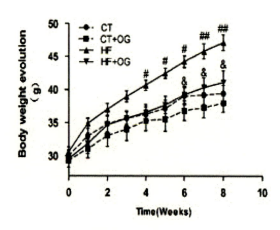

図14　マウスで混餌配合 β-グルカンの体重増加抑制[28]
● CT：標準餌投与群，■ CT+OG：標準餌 + β-グルカン混餌投与群，
▲ HF：高脂肪食投与群，▼ HF+OG：高脂肪食 + β-グルカン混餌投与群

第12章　酵母細胞壁グルカンの機能と用途開発

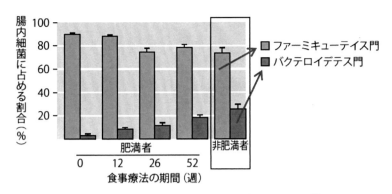

図15　肥満者と非肥満者の2種の腸内細菌叢変化[34]

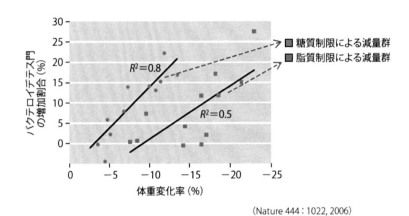

(Nature 444：1022, 2006)

図16　肥満者の腸内細菌叢と減量による変化[34]

を活性化する。その結果GPR41を発現している交感神経節からのノルアドレナリン分泌促進によりエネルギー消費が上昇する。またGPR43を発現している白色脂肪細胞でインスリンシグナルを制御して脂肪蓄積を抑制すると考えられている。

　以前，私は自然免疫とTLRの関係からだけで抗肥満を説明しようとしたが，腸内細菌叢が関与しているとは全く予想もしなかった。この十数年間で腸内細菌叢だけに留まらずマイクロバイオーム全体が免疫と深く関係していることが示された。恒常性維持という観点からの本来のダイエットは，食物摂取との関係よりも免疫機能と腸内細菌叢をつなぐ重要な生体発現の意義を示唆しているように思われる。

5.6　用途拡大

　最後にβ-1,3グルカンというよりも酵母菌体そのものを応用した特殊な事例を2つ紹介してみたい。

5.6.1 酵母細胞のマイクロカプセル化

酵母細胞（*Saccharomyce cerevisiae*）は細胞質が除去された後も楕円形の形態を保持している。これを天然のマイクロカプセルとして利用するというアイデアから脂質の包含作用が試された。図17の写真に示されたように顕微鏡下でも認められる程度の油滴が観察される。保存実験として脂質酸化度をPOVで評価するとカプセル化された脂質では非封入のものと比較して明らかな酸化抵抗性を示した（図18, 19）。また香料などの脂溶性物質を取り込む方法も試みられている[35]。

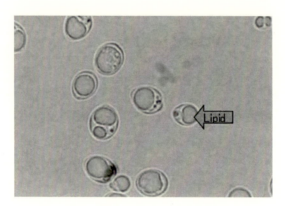

図17　酵母に取り込まれた油滴

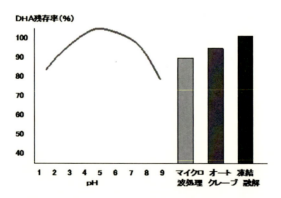

図18　酵母マイクロカプセル内でのDHA安定性

第12章　酵母細胞壁グルカンの機能と用途開発

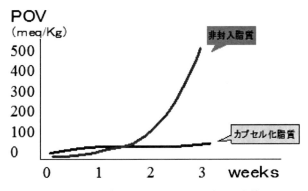

図19　酵母カプセル化による脂質の酸化防止効果

5.6.2　コーティング剤

　酸処理酵母 β-グルカン（AYC）によるコーティング剤としての素材開発例が知られている。酵母細胞壁を酸処理することによって細胞壁表面が変性し摩擦力上昇と結着効果が生じる。この酸処理酵母 β-グルカン（AYC）の性質を利用して酵母細胞壁を重層化出来ることが発見された。図20の写真では生酵母と比べて酵母表面がザラザラになっている様子が観察される。これが瓦のように相互に重層されることによって図21のようなコーティング剤とすることができる。本剤の利点としてはコーティング量を変えることによって溶出時間を制御することができる点にある。既存品では溶出時間が極端であり除法性を期待して製剤を包摂するには適していなかった（図22）。また物性上，従来のコーティング剤と比べて酸素の非透過度が極めて高いという特長を有している（図23）。これは医薬品など酸化劣化を防止するには最適な機能と考えられる。

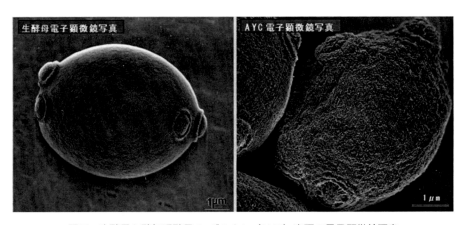

図20　生酵母と酸処理酵母 β-グルカン（AYC）表面の電子顕微鏡写真

βグルカンの基礎研究と応用・利用の動向

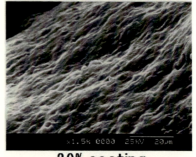

図21　コーティング量を変えて重層化させた酸処理酵母β-グルカン（AYC）の表面電顕写真

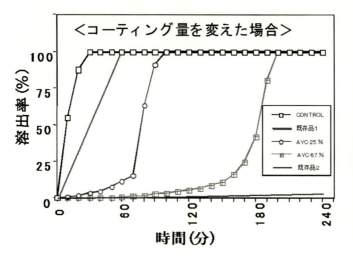
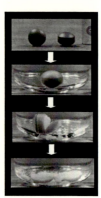

図22　酸処理酵母β-グルカン（AYC）の溶出挙動

	酸素透過度 (cm³·mm/m²·atm·24h)	水蒸気透過度 (g·mm/m²·24h <40℃ RH50%>)
AYC	0.005	9.00
プルラン	0.195	N.D
ツェイン	782.5 （エタノール使用時）	54.56
HPMC (医薬用コーティング剤)	5916	16.63
PET	4.000	N.D

破断強度：AYCはHPMCと同等で、ツェインの約2.6倍である。

図23　酸処理酵母β-グルカン（AYC）の物性データ

第12章　酵母細胞壁グルカンの機能と用途開発

6　最後に

　酵母は多種類の発酵食品に利用されるので，その名称は研究者以外にもよく知られているが，大隅良典博士のノーベル賞受賞により，酵母の機能や構造にも一般の人々の関心が集まっている。

　酵母グルカンは食物分類上では，いわゆる食物繊維と言うことができる。食物繊維は栄養素ではないが食事摂取基準において摂取する目標量も設定されており，最近では腸管内嫌気性細菌と保健機能との関連が新たな視点から見直されつつある。そのため化学構造が明らかとなっている酵母グルカンは分子栄養学の進展に寄与する重要な非栄養物質であると考えられる。酵母由来ではないがβ-1,3グルカン単品としてはカードランが素材（食品添加物）販売されている（MCフードスペシャリティーズ㈱）。既に前著「βグルカンの基礎と応用」[36]で詳述したが，精製度が最も高いグルカン素材であり食品素材を超えた用途展開が期待されている。

　本稿ではβ-1,3グルカンの構造と基礎研究に関して前半で詳述し，後半では機能性を利用した素材開発に誌面を費やしたが，具体的な製品化例（BYC，AYC，イーストラップ[37]）が読者の商品アイデア喚起と今後の開発へのチャレンジなどにお役に立てば幸いである。

謝辞
　本書の寄稿にあたり，ご推薦いただいた東京薬科大学の大野尚仁教授に感謝いたします。

文　　　献

1)　酵母の細胞壁について─醸造酵母を中心にして─布川弥太郎，日本醸造協会雑誌，**66**(6)，555-560（1971）

2)　P. H. Fesel, A. Zuccaro, Schematic overview of fungal cell wallcomposition, https://www.semanticscholar.org/paper/%CE%B2-glucan%3A-Crucial-component-of-the-fungal-cell-wall-Fesel-Zuccaro/25824667509bf72093cle2d07d21be9a787dd89d/figure/0

3)　野田陽一，依田幸司，化学と生物，**51**(6)（2013）

4)　M. Ecker, R. Deutzmann, L. Lehle, V. Mrsa, W. Tanner, *J. Biol. Chem.*, **281**, 11523（2006）

5)　R. Kollár, B. B. Reinhold, E. Petráková, H. J. Yeh, G. Ashwell, J. Drgonová, J. C. Kapteyn, F. M. Klis, E. Cabib, *J. Biol. Chem.*, **272**, 17762（1997）

6)　P. H. Fesel, A. Zuccaro, *Fungal Genet. Biol.*, **90**, 53-60（2016）

7)　M. Kanagawa, T. Satoh, A. Ikeda, Y. Adachi, N. Ohno, Y. Yamaguchi *THE JOURNAL OF BIOLOGICAL CHEMISTRY,* **286**(33)，pp. 29158-29165（2011）

8)　T. H. Hidal, K. Ishibashil, N. N. Miural, Y. Adachi, Y. Shirasu, N. Ohno, *Inflamm. res.*, **57**, 1-6（2008）

9) 磯貝明, 高分子, **58**(2), 90-91 (2009)

10) 三枝静江, 東京農総研研報, **7**, 1-52 (2012)

11) BN. Gantner *et al., J. Exp. Med.,* **197**(9), 1107-17 (2003)

12) Y. Ikeda *et al., Biol. Pharm. Bull.,* **31**(1), 13-8 (2008)

13) B. Lionel Ivashkiv, *Sci. Signal.,* **4**, Issue 169, 20 (2011)

14) GD. Brown *et al., J. Exp. Med.,* **197**(9), 1119-24 (2003)

15) E. Wegener, D. Krappmann, Sci. STKE 2007, pe21 (2007)

16) O. Gross *et al., Nature.,* **442**(7103), 651-6 (2006)

17) K. M. Dennehy, G. D. Brown, *J. Leukoc. Biol.,* **82**(2), 253-8 (2007)

18) 中村智彦, 水谷麻衣, 白須由治, 特開 2004-292382

19) T. Nakamura *et al., Biosci. Biotechnol. Biochem.,* **65**(4), 774-780 (2001)

20) T. Nakamura *et al., J. Nutr. Sci. Vitaminol.,* **47**, 367-372 (2001)

21) 韓咬奎, 坂本雅俊, 礒田博子, パン酵母由来 *β*-グルカンの新たな生理活性機能, http://dreamteller.heteml.jp/glu/data/data003.pdf

22) 白須由治, 中村智彦, 若林英行, 特開 2005-120100

23) T. Nakamura *et al., J. Oleo. Sci.,* **51**(5), 323-334 (2002)

24) T. Nakamura *et al., Bioscience Microflora,* **20**(1), 27-34 (2001)

25) Y. Hitomi *et al., J. Oleo. Sci.,* **51**(2), 141-144 (2002)

26) 中村智彦ほか, 応用薬理, **61**(4/5), 237-243 (2001)

27) 三枝静江, 細井知弘, 日本醸造協会誌, **100**(8), 530-537 (2005)

28) H. Xin-Zhong *et al., Bioactive Carbohydrates and Dietary Fibre,* **5**(1), 79-85 (2015)

29) L. Ying *et al., J. Biol. Chem.,* **275**(11), 24255-24263 (2000)

30) C. Grunfeld *et al., J. Clin. Invest.,* **97**, 2152-2157 (1996)

31) Y. Shirasu, *Food Style 21,* **5**(8), 61-68 (2001)

32) Ed Yong(著), 安部恵子(訳), 世界は細菌にあふれ人は細菌によって生かされる, pp.170-171, 柏書房 (2017)

33) 木村郁夫, http://www.brh.co.jp/seimeishi/journal/086/research/1.html (2015)

34) 入江潤一郎, 伊藤裕, 日内会誌, **104**, 703-709 (2015)

35) 特開 2009-268395

36) 白須由治, *β* グルカンの基礎と応用—感染, 抗がん, ならびに機能性食品への *β* グルカンの関与—, pp.197-209, シーエムシー出版 (2010)

37) MCFS 社 HP, http://www.mc-foodspecialties.com/products/yeast_material.html

第13章　パン酵母β-1,3/1,6-グルカンの ヒトでの機能性評価

酒本秀一[*1]，尾崎千夏[*2]，糟谷健二[*3]，神前　健[*4]

　当社はオリエンタル酵母工業㈱の社名が示す通り日本でトップのパン酵母製造メーカーである。当然のことながら，パン酵母細胞壁グルカンの研究を魚類，鳥類，ヒトも含めた哺乳類などで続けてきた。本報告ではヒトに絞って研究結果の概要を述べる。

1　パン酵母細胞壁グルカン

　パン酵母（*Saccharomyces cerevisiae*）は古くから食品の発酵，醸造などに広く使われ，その用途はパン，ビール，ワイン，日本酒や味噌など多彩であり，人類の食文化に長く，かつ広く関与してきた有用で安全な食品である。

　酵母の細胞壁は主にグルコース，マンノース，ガラクトース，キシロース，N-アセチル-D-グルコサミンなどからなる多糖，あるいはそれらと蛋白質が結合した糖蛋白質から構成されている。

　酵母細胞壁の代表的な多糖の一つが，β-1,3結合を主鎖に，β-1,6結合で分岐したβ-1,3/1,6-グルカンである。図1にβ-1,3/1,6-グルカンの構造を示すが，この構造が様々な機能性に深く関与していると考えられている。免疫システムを活性化する力を持つグルカンに共通の形は，グルコース分子がβ-1,3結合で連鎖していることであるが，さらに強い活性化力を持つには，β-1,3結合の主鎖にβ-1,6結合で枝分れした側鎖が繋がっていることが不可欠である。側鎖の長さは，少なくともグルコースの2分子を必要とするといわれている[1]。

　当社が扱うβグルカンは，Biotec Pharmacon ASA社（ノルウェー）がパン酵母細胞壁のβグルカンを抽出・精製してβ-1,3/1,6-グルカン含量を70%以上に高めた食品素材（以下，BBG：Biotec Pharmacon Beta Glucanと略す）である。その具体的な製法は，パン酵母を自己消化させて細胞壁画分を単離し，水洗・アルカリ処理・酸中和・水洗処理を行ったあとスプレードライし，さらにアルコール処理を行って再度スプレードライした微粒の乾燥粉末である[2]。

＊1　Shuichi Sakamoto　（元）オリエンタル酵母工業㈱　技術・研究・品質保証本部 研究統括部　酵母機能開発室

＊2　Chinatsu Ozaki　オリエンタル酵母工業㈱　食品事業本部　食品研究所

＊3　Kenji Kasuya　オリエンタル酵母工業㈱　安全・環境管理室　室長

＊4　Ken Kanzaki　（元）オリエンタル酵母工業㈱　技術・研究・品質保証本部

βグルカンの基礎研究と応用・利用の動向

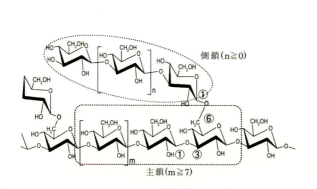

図1　β-1,3/1,6-グルカンの構造

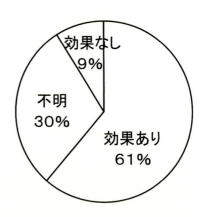

図2　BBGの花粉症抑制効果

　いうまでもなく，食品やサプリメント用素材としての安全性確認は最も重要なことで，BBGはエームス試験，単回経口投与試験，反復経口投与試験（28日間），小核試験のいずれにおいても異常は認められず，安全性が証明されている。

2　β-1,3/1,6-グルカンの機能性

2.1　花粉症の抑制効果

　花粉症症状を示す社内ボランティア17〜43名の5年間にわたる試験で，37〜91日間連続的に粉末（カプセル封入），顆粒，キャンディー，グミなど年度毎に形状の異なる食品でBBGを1日に100 mgあるいは500 mg食べてもらい，BBGが花粉症症状の軽減に効果があるか否かをアンケート形式で調べた。

　5回の試験結果を平均すると図2に示すように61％のヒトが効果ありと回答を寄せており，BBGは花粉症症状の軽減効果があるといえる。

　5回の試験の詳細を表1に示すが，これを見ると，効果ありと回答したヒトの割合が年度によって37％から87％とかなりバラツキがあることが分かる。年度毎の花粉の飛散量の問題もあろうが，数値が高い年の供試物の組成を見るとBBGに甜茶，ブドウ果汁（当然ブドウポリフェノールを含む），ビタミンEなどが併用されている。甜茶やブドウポリフェノール・ビタミンEなどの抗酸化作用を有する物質は抗炎症作用を示すことが既に明らかにされている[3]。BBGをより効率良く使用するには，色々な物質，特に抗酸化作用を持つ物質と併用することが望ましいのではないか。今後早急に検討すべきテーマである。

2.2　通年性アレルギー性鼻炎の抑制効果

　日本赤十字社和歌山医療センターと関連5施設において，16〜65歳の男女でアレルギー性鼻

第13章 パン酵母β-1,3/1,6-グルカンのヒトでの機能性評価

表1 試験の詳細

試験No.	参加人数	BBG投与形態	摂取量（mg/日）	期間（日）	有効者率（％）	併用物質
1	43	粉末（カプセル）	500（4カプセル）	37	49	
2	22	キャンディー	100（4粒）	60	37	
3	23	顆粒	500（1スティック）	73	75	甜茶
4	17	キャンディー	100（5粒）	91	57	ブドウ果汁
5	20	グミ	100（3粒）	91	87	ブドウ果汁，ビタミンE

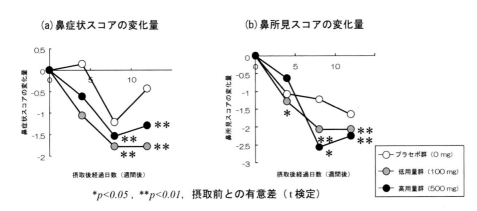

$*p<0.05$, $**p<0.01$，摂取前との有意差（t検定）

図3 ヒト通年性アレルギー性鼻炎症状改善；鼻症状，鼻所見

炎が中等症以上で，かつ3項目のアレルギー診断（1. 皮膚炎反応または特異的IgE抗体，2. 鼻汁中好酸球検査，3. 鼻誘発反応検査）のうち2項目以上陽性の42名を3群に分け，BBG摂取量が1日当たり0mg（プラセボ群），100mg（低用量群），500mg（高用量群）でダブルブラインド・パラレル方式で試験を行った。摂取期間は12週間，評価は摂取前と摂取後4週間毎の計4点（0, 4, 8, 12週間目）で行った。

結果は図3(a)(b)に示す通りで，鼻症状はBBG摂取（低および高用量群）によってスコアが8週目まで減少し，それ以降開始時の値と比べて有意（$p<0.01$）に低い値を示した。また，鼻汁・くしゃみ発作の改善および重症度でも改善効果が認められた。鼻所見スコアでも同様に，BBGによる改善効果が認められた。また，鼻汁分泌量と性状でも改善効果が認められた。一方，血液学的検査・血液生化学的検査および尿検査などの臨床検査値は各群とも異常は無く，群間差も認められなかった。

以上の結果から，BBGを1日100〜500mg摂取することによって，通年性アレルギー性鼻炎の症状を軽減できることが分かった[4]。

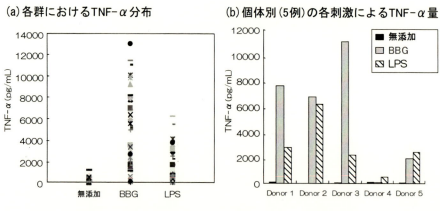

図4　ヒト多検体間における反応性：TNF-α分泌量比較

2.3　ヒト多検体間のBBG応答性の違い

　ヒトで実施した花粉症試験や通年性アレルギー性鼻炎試験では，かなりの割合のヒトに効果が認められたが，残りのヒトにはまったく効果が認められないか，効果があるのか無いのか曖昧な状態であった。なぜこのような個人差が出てくるのかを明らかにするため，多人数のボランティアでBBGに対する応答性の違いを東京薬科大学と共同で調べた。

　18〜59歳の健常な男女45名を対象に試験を行った。各人の血液から末梢血単核球（PBMC）を単離した。血漿を入れたポリプロピレン製試験管内にPBMCを移し，BBGを100 μg/ml（BBG群）あるいは陽性対照としてリポ多糖を1 ng/ml（LPS群）加えてPBMCを刺激した。また，陰性対照として刺激剤無添加群も設けた。37℃で24時間培養後の上清を回収し，上清中のサイトカイン（TNF-α，IL-8，IL-12およびIL-17）量をELISA法で測定した。

　図4(a)に示すように，BBG群のTNF-α量はLPS群と比較して2倍以上のバラツキがあることが分かる。また，無作為に抽出した5人のPBMCについて，無添加，BBG添加，LPS添加を行った場合のTNF-α量の変化を調べた結果を図4(b)に示す。TNF-αの分泌量はヒトによって，また刺激物質によって大きく違っていることが分かる。データは示さないが，IL-8の分泌量でも同様の傾向が認められた。一方，IL-12とIL-17は全てのヒトで定量限界値以下で，個人差を確認することはできなかった。

　以上の結果から，BBG刺激に対する反応は個人差が大きいことが細胞レベルでも確認できた[5]。なぜこのような個人差が出てくるのか。ヒトは皆βグルカンに対する抗体を持っており，その力価や反応性にはかなり大きな個体差があることが知られている[6]。抗体の力価や反応性が高いヒトと低いヒトの間で，βグルカンの効果に違いが出てくるのか否か，さらに細胞のβグルカンに対するレセプターの問題なども含めて興味ある問題である。

第13章 パン酵母 β-1,3/1,6-グルカンのヒトでの機能性評価

2.4 整腸効果

この試験は茨城キリスト教大学と共同で行った。健常な女子大生60名（平均年齢19.5歳）を2群（A群：31名，B群：29名）に分け，シングルブラインド・クロスオーバー方式で試験を行った。試験期間は7週間で，図5に示すようにⅠ-Ⅴ期に分け，非摂取期（Ⅰ，Ⅲ，Ⅴ期：各1週間）と摂取期（Ⅱ，Ⅳ期：各2週間）を設けた。投与量はBBGを1日当たり500 mg（βグルカン期）あるいはαコーンスターチ（プラセボ期）の同量である。評価は毎日の排便状況（回数，量，便の性状，排便後の感覚，便の臭い，便の色および整腸効果）をアンケート形式によりスコアで回答してもらった。統計解析にあたり，Ⅰ期（非摂取期）の排便回数を指標として参加者を1日当たり1回以上（正常群），同0.5～1回群（準便秘群），同0.5回以下群（便秘群）の3群に分けた。試験終了後，各評価項目で3群夫々の非摂取期，プラセボ期およびβグルカン期の間の有意差検定を行った。

図6に示すように，便秘群においてβグルカン期の便性状スコアはプラセボ期に対して有意に低い値を示した。また，図7から排便後の感覚においても便秘群でβグルカン期のスコアは非摂取期に対して有意に低い値を示している。さらに，有意差は認められなかったものの，整腸効果の自己評価では便秘群でも8名中5名が効果を感じると回答している。一方，正常群と準便秘群では非摂取期，プラセボ期およびβグルカン期において各評価項目スコアに差は認められなかった。

以上の結果から，便秘傾向にあるヒトがBBGを1日500 mg摂取することで便秘の改善効果があることと，便秘ではない正常なヒトがBBGを同量摂取しても便通への悪影響は無いことが示唆された[7]。

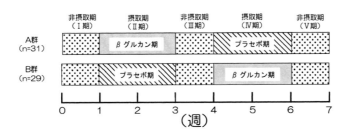

図5 ヒト整腸効果：試験期間設定

βグルカンの基礎研究と応用・利用の動向

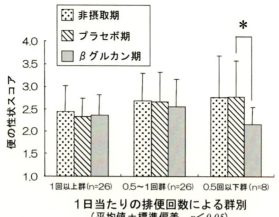

・便の性状は4段階に数値化。
1：泥状または水状，2：半練り状またはバナナ状，3：棒状，
4：コロコロ状またはカチカチ状

図6　ヒト整腸効果：便の性状への影響

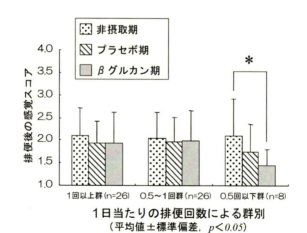

・排便後の感覚は4段階に数値化。
1：スッキリ感がある，2：普通，3：残便感が少しある，
4：残便感がある

図7　ヒト整腸効果：排便後の感覚への影響

3　今後の展開

　現在，BBGはその免疫に関与する作用から花粉症対策などのサプリメントを中心に利用されている。ところが今回示したように，ダニやハウスダストなどを原因とする通年性アレルギーにも効果が期待できるし，整腸作用にも魅力がある。今後は健康食品や一般食品への利用が進めら

第 13 章　パン酵母 β-1, 3/1, 6-グルカンのヒトでの機能性評価

れるであろう。

文　　　献

1)　Biotec Pharmacon ASA 社, *Monograph* (*Modulation of immune reactions by beta-1, 3/1, 6-glucan*)
2)　Biotec Pharmacon ASA 社, 特許第 2828799 (1998)
3)　鳥居新平ほか, Food Style 21, **9** (4), 28 (2005)
4)　増田佳史ほか, 日本臨床栄養学会雑誌, **27** (2), 243 (2005)
5)　古見義之ほか, 日本薬学会第 129 年会要旨集, 27 P, No. 254 (2009)
6)　大野尚仁, パトス, **31**, 36 (2005)
7)　Hanai *et al.*, *19 th International Congress of Nutrition; Abstract Book*, No. 1425 (2009)

第14章 黒酵母菌 ADK-34 株の生産する β グルカンの特徴とその応用について

久下高生[*1]，谷岡明日香[*2]，畑島久美[*3]，椿 和文[*4]

1 はじめに

　微生物の中には自身の細胞を保護する目的で菌体外に多糖類を分泌生産し，菌体を被覆することで過酷な自然環境から身を守り，種（遺伝子）の保存を図っているものが存在している。これら菌体外に産生される多糖類はエキソポリサッカライド（EPS）といい，微生物学上の興味にとどまらず天然高分子（バイオポリマー）として，食品工業・化学工業・医療への利用の観点から注目されている材料である。

　一般的に微生物からみると菌体外多糖とは，菌体の保護物質と位置づけられ，その保水性による菌体の脱水（乾燥）防止，栄養成分を吸着し菌体周辺に栄養成分を長く保持する作用，植物など栄養成分を供与してくれる生物体への付着（寄生）のため，バクテリオファージや抗生物質など菌体にとって有害な物質を吸着し菌体内への侵入を阻止する作用など，その微生物が生存するために必要な物質として合目的に生産されると考えられている[1]。菌体外に多糖を分泌する微生物の内，アウレオバシジウム属（*Aureobasidium sp.*）の微生物（黒酵母菌とも呼ばれる）は，β-1, 3-1, 6-D-グルカンを菌体外に分泌生産することで注目される微生物である。β-1, 3-1, 6-D-グルカンは，主に担子菌の子実体に含まれる成分として知られ，シイタケ，スエヒロタケ，カワラタケから抽出されたβグルカンは医薬品（抗腫瘍剤）として認可されており（それぞれ，レンチナン，シゾフィラン，クレスチンという），この他，マイタケ，メシマコブ，ハナビラタケ，アガリクスなどの抽出βグルカンも免疫賦活作用に優れるとしてサプリメント材料として多用されている[2]。酵母やキノコは菌体の細胞壁にβ-1, 3-1, 6-D-グルカン分子を蓄積するのに対してアウレオバシジウム属の菌株は菌体外に同分子を分泌する特徴を有していることから，化学処理による抽出操作を必要としなくても均一なβグルカン分子の連続生産が可能である。

　本稿ではアウレオバシジウム属の微生物（黒酵母菌 ADK-34 株）が生産するβグルカンの特性と機能性を中心に紹介する。

---

* 1　Takao Kuge　㈱ADEKA　ライフサイエンス材料研究所　ライフサイエンス開発室
* 2　Asuka Tanioka　㈱ADEKA　環境保安・品質保証部　品質保証室
* 3　Kumi Hatashima　㈱ADEKA　ライフサイエンス材料研究所　ライフサイエンス開発室
* 4　Kazufumi Tsubaki　㈱ADEKA　研究企画部

第 14 章　黒酵母菌 ADK-34 株の生産する β グルカンの特徴とその応用について

2　β グルカン生産菌としてのアウレオバシジウム属菌株の利用

　アウレオバシジウム属の微生物は，無性的な出芽型の分生子により増殖し，担子菌（キノコ）のような有性生殖（胞子形成）が見出されないことから，分類学的には酵母や担子菌（キノコ）と異なる不完全菌類とされる[3]。しかしながら，メラニン色素を作り酵母に類似の生育が認められることから「黒酵母菌」と呼ばれる。

　アウレオバシジウム属の菌株が β-1, 3-1, 6-D-グルカンを含む多糖類を菌体外に生産することは，おおよそ 60 年前に報告された[4]。その後，濱田らは *Aureobasidium sp.* k-1 株を用いて β グルカンの構造を詳細に解析し，生産される β グルカンは高分岐な β-1, 3-1, 6-D-グルカンであること，スルホ酢酸を結合した多糖であること，発酵促進にアスコルビン酸の添加が有効であるなど，黒酵母菌が生産する β グルカンの発酵生産技術や構造解析の基礎となるデータを報告した[5]。また，年代を同じくして 1980 年代の初頭に黒酵母菌の生産する β グルカンの工業的な有効性に着目し，篠原らは免疫増強や腸内ビフィズス菌の増殖，家畜の整腸作用に役立つとして飲食品への応用を特許出願している[6]。これに引き続き，黒酵母菌が生産する β グルカンの化粧品への応用も特許出願された[7]。その後，1996 年にはアウレオバシジウム培養液が天然添加物リストに収載され，国立医薬品食品研究所にて詳細な安全確認が行われるなど[8,9]，食品あるいは食品添加物としての利用が一般化する基盤作りがなされてきた。今から 40 年前にすでに黒酵母菌の有用性をいち早く見抜き，その食品としての利用や発酵法などを開拓してきた方々の先見性に対して紙面を借りて敬意を表したい。このような黒酵母菌の知見をベースとして，筆者らは，β-1, 3-1, 6-D-グルカンの生産性，食品としての利用のし易さを指標に微生物のスクリーニングを行い，黒酵母菌 ADK-34 株の分離に成功した[10]。

3　β グルカン高生産菌 ADK-34 株の特徴

3.1　β グルカン生産菌株のスクリーニング

　果実や野菜，およびこれらの保存食を中心に食品の表面に付着・生育している微生物を YM 培地（ディフコ社）に，クロラムフェニコールを 100 µg/mL 含有した寒天プレートで培養して，コロニー全体に光沢を生じ湿潤し中心部や輪郭が白色，黄色，褐色，緑黒色となり毛羽立った特徴を有するコロニーを釣菌した。さらに顕微鏡観察によって出芽型分生子が観察される菌株を選び，YM 培地（シュークロースを 5 ％添加）にて 26℃，4 日間，液体培養した。培養液から菌体を除去した培養上清にエタノールを加えて，沈殿物（多糖）を回収し，フェノール硫酸法にて全糖量を測定した。また培養液には多糖類として α グルカンであるプルランの生産が考えられたため，培養上清にプルラナーゼ（和光純薬）を加えて酵素処理し，上記と同様にして得られたエタノール沈殿物の全糖量をフェノール硫酸法にて測定した。分析の結果，プルランをなるべく含まない，酵素処理後の全糖量の低下が 30 ％未満の菌株を 8 株選別した。このうちの 1 株，ADK-

βグルカンの基礎研究と応用・利用の動向

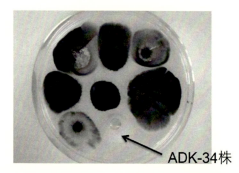

図1　スクリーニングで得られた黒酵母菌

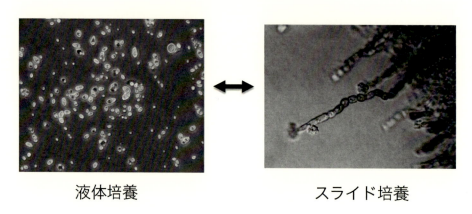

図2　ADK-34株の顕微鏡観察結果

34株は，酵素処理による全糖量の変化がなく（後述するように全てβグルカンを産生），またメラニン色素（黒色色素）を作らない白色コロニーを形成する特徴を持っていた（図1）。

3.2　ADK-34株の特徴

　ADK-34株を液体培養およびスライド培養した結果を図2に示した。スライド培養では，細胞の大きさは短径2〜2.5 μm，長径5〜10 μm，形状は卵形，表面は平滑で無色，運動性はなく，菌糸はごくわずかで，幅は2.5 μmであった。酵母様の出芽分生子の形成が観察された。液体培養では，菌糸を全く認めず酵母様の出芽分裂が観察され，生育最適温度は26℃，最適pHは5〜7であった。ヘキソース，スクロース，マルトース，デンプンを分解し，いずれの炭素源でも培養液は粘稠で特有の芳香を有した。形態学的にADK-34株はAureobasidium属の菌株と同定された。

3.3　ADK-34株の遺伝子鑑定

　ADK-34株がAureobasidium pullulansであることを確認するために18S rRNA遺伝子およ

第14章 黒酵母菌 ADK-34 株の生産する β グルカンの特徴とその応用について

び ITS-5.8 S rRNA 遺伝子解析を行った。18 S rRNA 解析のプライマーとして NS1（5'->3'）GTAGTCATATGCTTGTCTC, と NS8（5'->3'）TCCGCAGGTTCACCTACGGA を 用い，PCR 法にて 18 S rRNA 遺伝子の 1732 bp の塩基配列を決定した。DNA データベース（DDBJ）を検索した結果，ADK-34 株は登録されている *A. pullulans* AY030332 株との相同性が 100 % と完全一致した。ITS-5.8 S rRNA 解析のプライマーとして ITS4（5'->3'）TCCTCCGCTTATTGATATGC, と ITS5（5'->3'）GGAAGTAAAAGTCGTAACAAGG を用い PCR 法にて ITS-5.8 rRNA 遺伝子の 563 bp の塩基配列を決定した。その結果，塩基対が完全一致する菌株は報告がなく，*A. pullulans* AJ276062 株と 98 % の一致率であった。以上から，ADK-34 株は，*A. pullulans* の新菌株であると判定された[10]。

3.4 ADK-34 株を用いた黒酵母 β グルカンの生産とその性質
3.4.1 黒酵母 β グルカンの生産方法

ADK-34 株はシュークロースを炭素源に用いて効率よく β グルカンを産生することを指標にスクリーニングした菌株である。そこで，シュークロースから産生される β グルカン量を 100 % として各種糖類からの β グルカン産生量を比較した。その結果，グルコース，フラクトース，マンノースはシュークロースの 70 % 程度の産生量，マルトース，アラビノース，キシロースがこれに次ぎ 50～60 % 程度の産生量であった（図3）。シュークロースより高い生産性を示す糖類はなかった。各種糖により産生される β グルカンに構造的，機能的な差があるか否かは今後の興味深い課題である。

　黒酵母 β グルカン培養液は，シュークロース，酵母エキス，ミネラルからなる比較的単純な食品培地で ADK-34 株を培養して得ることができ，菌体分離して得られた培養上清を無菌充填し

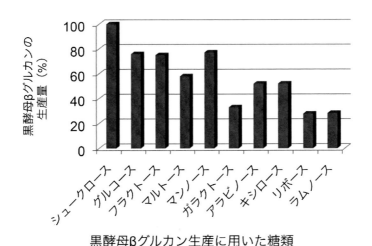

図3　黒酵母 β グルカン生産への各種糖の影響

たものを食品として利用できるほか，培養上清をそのまま乾燥，あるいはエタノール沈殿などによる精製でβグルカンを単離，乾燥させて粉末品を得ることも可能である。

3.4.2 ADK-34株が産生する黒酵母βグルカンの特性

ADK-34株の培養液から得られる黒酵母βグルカンがβ-1,3-1,6-D-グルカンであることはNMR解析[11]とメチル化分析[12]にて確認された。培養液に含まれる主たるβ-1,3-1,6-D-グルカンの構造を図4に示す。1,3主鎖に対して分岐の1,6結合が高分岐に存在することが特徴であり，培養液には図に示した主鎖2残基に1分岐のβグルカンの他，主鎖3残基に1分岐のβグルカンが生成することも明らかにしている[11]。分子量はHPLC分析にて30万と算出された。黒酵母βグルカン培養液は1％のβグルカンを含有し，黒酵母発酵液から化学処理をせずに取り出したことから，得られた培養液はβグルカンの天然のままの性質である高粘性を有する特性がある。この培養液を60℃～90℃に加熱し粘度を測定したところ，図5に示したように，加熱に対しては高い安定性を示した。また，粘度測定値は負荷力（回転数）の増加に依存して測定粘度の低下が認められ，チクソ性を示す溶液である（培養液を放置するとゲル化が進む性質）。

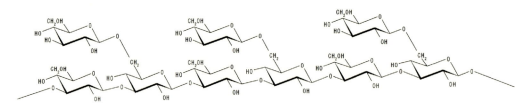

図4　黒酵母βグルカンの構造

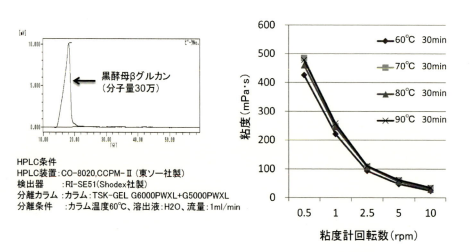

図5　黒酵母βグルカンのHPLC検出と加熱安定性（粘度測定）

第14章　黒酵母菌 ADK-34 株の生産する β グルカンの特徴とその応用について

3.4.3　黒酵母 β グルカンの分析方法

　ADK-34 株はシュークロースを原料として β-1, 3-1, 6-D-グルカンのみを生産することを 3.4.2 にて説明した。ここでは黒酵母 β グルカンの分析法を述べる。培養サンプルが β グルカンであることは簡易的に赤外吸収スペクトルによって確認する。β 結合は FT-IR による測定で 890～896 cm^{-1} に吸収ピークが得られ，α 結合は 910 cm^{-1} に吸収ピークが得られる。両者が混合されている場合，検出ピークは不明瞭となり，純度 90 ％ 以上の場合にいずれかのピークが検出される。また，HPLC にて分子量 30 万の単一ピークの存在から β グルカン分子を確認することができる。一方，黒酵母 β グルカン培養液中の β グルカンの定量は，全糖量をフェノール硫酸法で測定しシュークロース，フラクトース，グルコース量を定量して全糖量からこれを差し引き β グルカン含有量とする。

3.5　黒酵母 β グルカンの食品としての安全性評価

　黒酵母 β グルカン培養液をそのまま凍結乾燥したサンプルを調製し，急性毒性試験（2,000 mg/kg），90 日間の反復投与試験（1,000 mg/kg），Ames 試験を医薬品 GLP にて実施して異常を認めない結果を得ている。この他，黒酵母 β グルカンのエタノール精製粉末品を用いた小核試験でも 2,000 mg/kg の投与で染色体異常誘発作用は示さないことが確認された。社内で実施したマウス長期飼育試験では黒酵母 β グルカン培養液の凍結乾燥物を 2.5 ％ 混合した飼料を用いて 6 ヶ月間飼育後，特に異常を認めない結果を得ている。以上から，黒酵母 β グルカン培養液およびその精製粉末品は安全性が高い材料と考えている。当社以外に，国立医薬品食品研究所[8, 9]，その他[13] が独自に安全性試験を実施しており，問題となる結果はこれまでに報告がない。アウレオバシジウム属の微生物が β グルカンを生産することが発見されて 60 年，食品応用から 40 年であり，黒酵母菌由来の培養液および β グルカンは食品として認知度は高まっている。

3.6　黒酵母 β グルカンの機能性

3.6.1　腹腔内投与による腹腔内滲出細胞（PEC）の反応

　黒酵母 β グルカンの精製粉末（AP-FBG：*A. pullulans* Fermented Beta-Glucan）を腹腔内へ投与し PEC 数（Peritoneal Exudate Cells）の変化を解析して BRM 活性を評価した（図 6）。投与 5 時間後には好中球の集積が認められ全細胞数の 60 ％ を占め，48 時間では通常認められる 5～3 ％ 程度まで低下した。一方，マクロファージは 72 時間後に 80 ％ まで上昇した。T リンパ球は投与後 72 時間まで割合は変化を認めなかった。投与 72 時間後に得た細胞群を 24 時間培養した上清のサイトカイン産生量を測定した結果，腫瘍壊死因子 α（TNF-α），インターロイキン 12（IL-12）の有意な産生増強が認められ（表 1），このことは黒酵母 β グルカンのマクロファージおよびリンパ球の活性化能を裏付ける結果と考えられる[11]。なお，好中球集積を各種糖と比較したところ，シイタケ抽出 β グルカン（和光純薬），プルラン，可溶性デンプン，グアガム加水分解物，難消化デキストリン，ラミナリン，ラミナリオリゴ糖，セロオリゴ糖を投与した場合

βグルカンの基礎研究と応用・利用の動向

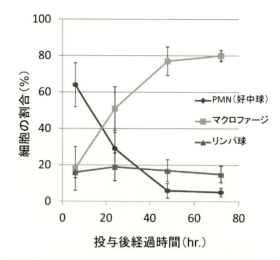

図6　黒酵母βグルカン腹腔投与後のPEC細胞数の変化

表1　黒酵母βグルカンを腹腔投与して得られたPECからのサイトカイン産生

| 投与量 | サイトカイン産生量 (pg/mL) | | |
(mg/mouse)	TNF-α	IL-12	IFN-γ
0	142±76	893±66	428±185
0.5	1286±490*	2783±235*	380±31
1	2158±117*	4298±422*	1350±319

*生理食塩水のみ投与したマウスのPECからの得た細胞のサイトカイン産生に対してp<0.05で有意差あり

の好中球集積は30％程度であり黒酵母βグルカンにより誘導される好中球集積は特異的で強い反応であることを見出している[11]。

3.6.2　黒酵母βグルカン投与によるカンジダ感染防御効果（図7）

Crj：CD1（ICR）系SPFマウス（日本チャールスリバー，5週齢，雌性，1群8匹）に4日間連続してAP-FBG（1 mg/マウス）を腹腔投与し，コントロール群は生理食塩水を投与した。次日に C. albicans TIMM1768（帝京大学医真菌研究センター保存株）を滅菌生理食塩水（生食水）で希釈し，感染日（0日）としマウス尾静脈内に0.2 mL接種した（$6×10^4$ cells/匹）。生食投与群は5日後には半数以上，14日後には全例が死亡した。それに対し，AP-FBG投与群は，13日後まで全て生存した。13日後以降は徐々に死亡例を認め，23日後に生存は半数となった。生食投与群の体重減少は，感染1日後に平均2.2 g，3日後には5.2 gであった。それに対し，AP-FBG投与群は1日後に1.3 g，3日後には2.1 gの減少であり，C. albicans 感染後の体重減少はAP-FBG投与によって抑制された。AP-FBGの腹腔内投与は強い感染防御効果を示した。

第14章 黒酵母菌 ADK-34 株の生産する β グルカンの特徴とその応用について

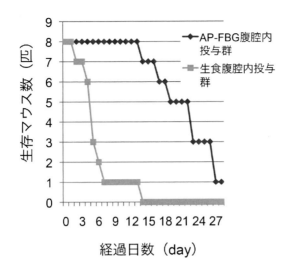

図7　黒酵母 β グルカン（AP-FBG）腹腔投与による Candida 感染防御評価の結果

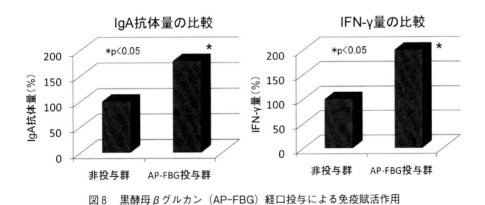

図8　黒酵母 β グルカン（AP-FBG）経口投与による免疫賦活作用

3.6.3　黒酵母 β グルカンのマウスへの経口投与による免疫賦活作用

　黒酵母 β グルカンを 2.5％添加した飼料を調製し，Balb/c マウス（6週齢）に2週間自由摂取させてから，腸管イムノグロブリン A 抗体（IgA 抗体）の産生量，脾臓細胞からの TNF-α, IL-12, インターフェロンガンマー(IFN-γ) を評価した。その結果，黒酵母 β グルカン摂取群にて腸管内の IgA 抗体量が有意に増強される結果を得た。また脾臓細胞から INF-γ の産生増強が認められた（図8）。経口投与した黒酵母 β グルカンは腸管細胞および腸管免疫細胞を活性化し，脾臓中の免疫細胞に作用すると考えられる[12]。

3.6.4　抗ガン剤で引き起こされる免疫抑制に対する黒酵母 β グルカンの回復効果

　BALB/c マウスに抗ガン剤であるシクロホスファミド（CY）を腹腔投与することで腸管内の IgA 抗体の減少が認められる。筆者らはこの系を利用して黒酵母 β グルカンの経口投与が IgA 抗体の産生を増強し，同抗体量を回復させる効果があることを見出している。CY を投与後，8

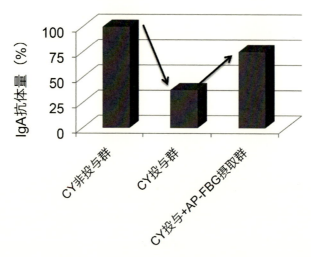

図9 黒酵母βグルカン（AP-FBG）の経口投与による抗ガン剤で誘導される免疫抑制からの回復効果

日目に小腸を採取し，ホモジナイズした上清中のIgA抗体をELISA法で測定した。AP-FBG投与群は，2.5％添加飼料をCY投与1週間前から投与後8日間摂食させた（図9）。

その結果，CY非投与群のマウスから得たIgA抗体量を100％とすると，CYを投与することで37％に減少した。一方，黒酵母βグルカンを投与した群ではIgA抗体量が75％と高く維持されていた。以上から，抗ガン剤により誘導される腸管免疫の低下を黒酵母βグルカンの摂取が低下を軽減，あるいは低下後に回復させる効果があると考えられた[14]。

3.7 化粧品素材としての有用性

黒酵母βグルカンは菌体外多糖として微生物が自身の細胞を保護するため生産するものであり，細胞保護あるいは保水性に優れている。また，免疫賦活効果を有し皮膚再生やUVによるダメージから皮膚を修復する機能に優れる可能性が示唆されている。天然物であり動物由来の材料を使用せず生産することができる黒酵母βグルカンに対して化粧品の添加剤として有用性が高まっている。

3.7.1 保湿効果

黒酵母βグルカンの保水力を濾紙法にて評価した結果を図10に示す。市販の低分子ヒアルロン酸ナトリウム（分子量30万），高分子ヒアルロン酸ナトリウム（分子量70万～110万）を対照に用いた。各サンプルを蒸留水に2％となるよう溶解させ水溶液の粘度を測定した後，水溶液を濾紙に添加し温度22℃，湿度50％の環境下に2時間放置後，水分量を測定した。保水率（％）＝（初期水分量−2時間後の蒸散水分量）/初期水分量×100で表した。その結果，黒酵母βグルカンの保水性は，ヒアルロン酸の約5倍，粘度はヒアルロン酸の約1/4となり，さらさら感を示しながら保水性が高く維持される結果であった。

第 14 章　黒酵母菌 ADK-34 株の生産する β グルカンの特徴とその応用について

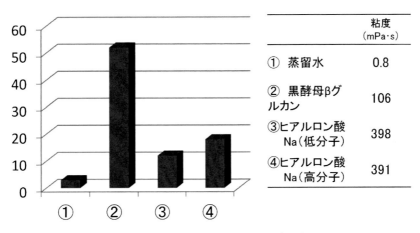

図10　黒酵母 β グルカンの保水力試験の結果

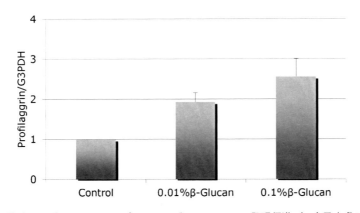

図11　黒酵母 β グルカンによるプロフィラグリンの mRNA 発現促進（3 次元皮膚モデル）

3.7.2　フィラグリン発現および天然保湿因子の増加

　黒酵母 β グルカンは高分子量であるため，角層を透過しないと考えられ，表皮への作用については明らかにされていない。そこで，黒酵母 β グルカンの表皮に対する作用について，ヒト三次元培養表皮モデルを用いて調べた。ヒト三次元培養表皮モデルに β グルカン濃度 0.1 % の黒酵母 β グルカン水溶液を塗布または培地中に添加し，培養後のプロフィラグリンの mRNA 発現を Real-time PCR を用いて調べた。サンプルを塗布した場合および培地中に添加した場合のいずれにおいても，プロフィラグリンの mRNA 発現が増加することがわかった（図11）。フィラグリンはプロテアーゼの作用により分解されてアミノ酸などの天然保湿因子になり角層の保湿機能に関与することから，同様に三次元培養皮膚モデルを用いてアミノ酸量についても調べたところ，遊離アミノ酸量が増加していることがわかった（図12）。黒酵母 β グルカンの外用は角層を保湿するだけではなく，表皮角化細胞に働いて保湿力を高める効果が期待でき，保湿機能が低下

βグルカンの基礎研究と応用・利用の動向

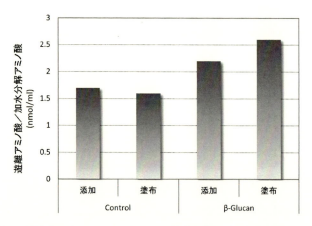

図12 黒酵母βグルカンによるアミノ酸量の増加（3次元皮膚モデル）

した肌に対して有効性を示すと考えられた[15]。

3.7.3 黒酵母βグルカンの紫外線（UV）ダメージ保護作用

細胞に対する紫外線照射と同時に黒酵母βグルカンを存在させることによって細胞へのUVダメージが軽減する。ここでは角膜上皮細胞を用いた実験結果を紹介する。ヒト角膜上皮細胞（理化学研究所バイオリソースセンターより入手）をD-MEM/F-12（1：1）培地（ギブコ社）に牛胎児血清を10％添加し調製した標準培地にて37℃，5％CO_2下，培養した。細胞数は100個／ウェルとし，6日間培養後，培地を除去し，黒酵母βグルカン溶液（培地に0.1％で溶解）あるいは培地を添加した後，直ちに1,000 $\mu W/cm^2$のUV（UV-B，302 nm）を60秒間照射した。細胞を洗浄後，新たな標準培地にて24時間培養した。ギムザ染色液（MERCK社）を加え，細胞数を計測した。UV照射せず培養して得た生細胞数を100％とすると，黒酵母βグルカンを添加してUV照射した群は生存率76％，UV照射のみの群では22％と生存率は低く黒酵母βグルカンは紫外線曝露に対する抵抗性（保護効果）を示した（図13）[16]。皮膚細胞を使用した評価ではないが，UVが直接照射された場合に引き起こされるヒト細胞のダメージに対して黒酵母βグルカンが保護あるいは修復に直接的に働くことを示したデータであり，皮膚細胞における同様の作用が類推される。

3.7.4 透明性

黒酵母βグルカン培養液および粉末品の水溶液は，皮膚に塗布した場合，肌になめらかにのびるとろりとしたテクスチャーと，しっとりさらさらの使用感を与える特性が認められ，化粧品への使用例が増えつつある。黒酵母βグルカン粉末品を蒸留水に溶解した場合，0.5％〜2％水溶液は水に近い透明性を示し（図14(A)），培養液は高粘性の透明に近い液体である（図14(B)）。

培養液の表示名称は，「アウレオバシジウムプルランス培養物」，INCI名は「AUREOBASIDIUM PULLULANS FERMENT」である。黒酵母βグルカンの粉末品の場合は，その製法により異な

第14章 黒酵母菌 ADK-34 株の生産するβグルカンの特徴とその応用について

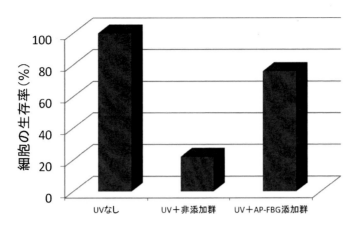

図13 UV 照射による細胞ダメージの黒酵母βグルカンによる保護作用

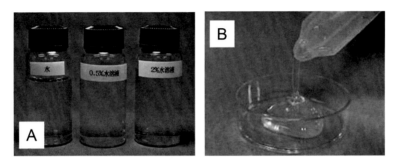

図14 黒酵母βグルカン（粉末品）の水溶液(A)および黒酵母βグルカン培養液(B)

り，表示名称が「アウレオバシジウムプルランス培養物」または「βグルカン」，INCI 名は「AUREOBASIDIUM PULLULANS FERMENT」または「BETA-GLUCAN」である。

3.8 おわりに

　黒酵母菌の工業利用は 40 年ほど前に開始され，その産物である黒酵母βグルカンは比較的新しい材料といえる。現在では黒酵母菌由来のβ-1, 3-1, 6-D-グルカンは免疫賦活や保湿性に優れる機能性素材であることが多方面で評価され，健康食品分野[17]，化粧品分野[18]での使用実績が増えてきた。当社以外にも黒酵母菌を用いたβグルカンの開発例が存在し機能性素材として注目する企業や研究者が増えていることは，本材料の有用性あるいは将来性を明示するものである。いずれの産物も高分岐なβ-1, 3-1, 6-D-グルカンであること，腹腔投与で強い免疫賦活作用が認められること[19]，経口投与で腸管免疫を賦活し全身免疫をも賦活することが報告されている。また，抗アレルギー作用や抗ストレス作用[20]，ペットに対する有効性も確認されるなど応用分野は幅広い。今後，実際の製品開発が進み，黒酵母βグルカンは多くの消費者の健康増進に貢献すると期待される。

文　　　献

1) 飯塚勝，微生物利用の大展開，p.1012，エヌティーエス（2002）
2) 大野尚仁，機能性食品の安全性ガイドブック，p.88，サイエンスフォーラム（2007）
3) 高鳥浩介，最新細菌・カビ・酵母図鑑，技術情報協会（2007）
4) H. O. Bouveng *et al., Acta Chem. Seand,* **16**, 615（1962）
5) N. Hamada *et al., Agric. Biol. Chem.,* **47**(6), 1167（1983）
6) 公開特許公報，特開昭 61-146192（1986）
7) 公開特許公報，特開昭 62-205008（1987）
8) 既存天然添加物等の変異源性を中心とした安全性研究，国立医薬品食品研究所（2002）
9) 既存添加物の安全性の見直しに関する調査研究，国立医薬品食品研究所（2004）
10) 公開特許公報，特開 2004-049013（2004）
11) R. Tada *et al., Glycoconjugate J.,* **25**, 851（2008）
12) K. Tsubaki *et al.,* Bromacology : Pharmacology of Foods and Their Components, **147**, Research Signpost（2008）
13) 永田信治ほか，食品工業，**2007-6**，61-67（2007）
14) 谷岡明日香ほか，第 4 回食品免疫学会学術集会（2008）
15) 望月慶太ほか，第 84 回日本生化学会大会（2011）
16) 公開特許公報，特開 2007-133001
17) βグルカン製品，https://www.adeka.co.jp/lifecreate.online/business/bl-supoort/src/index.html
18) 馬奈木裕美ほか，フレグランスジャーナル，**2007-7**，53（2007）
19) 池脇信直ほか，臨床免疫，**43**(4)，467（2005）
20) 鈴木利雄，微生物によるものづくり，p.43，シーエムシー出版（2008）

第15章 水熱処理黒酵母βグルカン「KBG」について

近藤修啓*

1 はじめに

　黒酵母（*Aureobasidium pullulans*）の培養によって得られるβ-1, 3-1, 6グルカンは抗腫瘍[1]，免疫賦活[2~4]，食品アレルギー抑止[5]やその他医薬的な効用[6~11]が以前より報告されており，食品素材やサプリメントとして利用されている。この菌は菌体外に多糖を生産することから[12]，食用キノコや酵母細胞壁由来のβグルカンと比べ化学処理による抽出操作を必要としないため工業利用の上で大きな利点がある。しかしながら，培養液に含まれるβ-1, 3-1, 6グルカン濃度は1％未満にもかかわらず，非常に粘性が高い特徴があり濃縮，精製などの2次加工が困難である。また培養液中の固形分濃度が低く，濃縮が困難であることから粉末化におけるコストが高くなってしまうため，流通形態も液状品が主なものとなっている。このような加工特性上のデメリットを克服するために，近年では黒酵母βグルカンに対し水熱処理を施すことで粘度を下げ，素材としてのハンドリングを向上させる試みが行われている[13]。当社は商業ベースで水熱処理を行った黒酵母βグルカン「KBG」を販売しており，本稿においてはKBGの諸性質，機能，応用について報告したい。

2 KBGの製造方法

2.1 水熱処理について

　通常，水は圧力22.1 MPa，温度374℃において臨界点となるが，臨界点よりも圧力・温度が低い領域のことを亜臨界領域と定義されている。水熱処理とは亜臨界水の持つ，常温・常圧の水とは異なる性質を利用した反応である。亜臨界水の特徴に低い誘電性を持つことが示されており，この低い誘電性は常圧におけるメタノールやアセトンなどの誘電性に匹敵する。この特性を利用し，これまでにローズマリーの香気成分[14]，土壌中の環境物質[15]，シェールオイルからの炭化水素[16]などの疎水性物質の抽出に用いた応用例が報告がされている。亜臨界水のもう一つの特徴として高いイオン積（$Kw = [H^+] [OH^-]$）を持つため，有機化合物の加水分解に対する触媒能が高いことが知られている。そのため難分解性・難溶解物の分解などに用いられている。当社はこの水熱処理（亜臨界水）が，黒酵母βグルカンの粘性を下げることに着目し，この技術を応用した商品化を行っている。

　＊　Nobuhiro Kondo　伊藤忠製糖㈱　研究開発室　兼　品質保証室

2.2 βグルカンへの応用

当社における KBG の製造フローを以下に示す（図1）。水熱処理は中間加工として行われるが，図2の概略図に示すような連続式のチューブリアクターにて処理が行われる。培養液から多糖を回収し，その後スラリー状に調整したβグルカンを含むプロセス液を供給ポンプから装置へ送り込む。供給されたプロセス液はまず昇温部にて目的温度まで昇温される。その後反応部に

図1　KBG 製造フローと KBG 製品写真

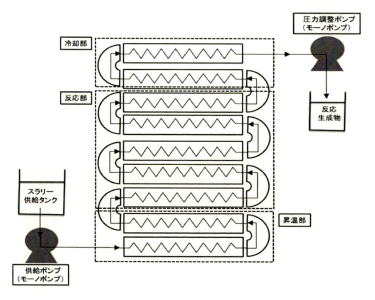

図2　連続式チューブリアクター装置概略図

第15章 水熱処理黒酵母βグルカン「KBG」について

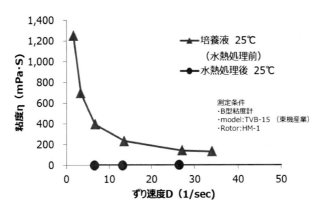

図3 水熱処理前後の粘度比較

て，粘性低下に必要な反応時間の間滞留する。その後，冷却後に回収されて次工程に進む。

この水熱処理により，図3に示すように効果的に粘性を低下させることを可能にしている。そのためその後の濾過，活性炭処理，限外濾過濃縮などの精製処理を可能にしており，最終的に高品質の粉末製品を実現している。

3 KBGの諸性質について

3.1 分子量[17]

水熱処理が分子量に与える影響について，評価を行った。水熱処理前つまり黒酵母培養液中に含まれる多糖の分子量については過去に報告があり，浸透圧法による分子量測定で50万[18]，またHPLC分析にて30万[19]などと報告されている。これに対して水熱処理を加えた後のKBGの分子量は約12.8万と推定され，水熱処理によって分子量が1/3～1/4程度減少していることが分かった（図4）。

3.2 溶解度[17]

KBGの水への溶解度を日本薬局方第16改訂を参考に測定した。サンプルを蒸留水に1.2 g/10 mLに調整した溶解液を，各温度に30分間静置する。その後溶解させた時と同じ温度で，遠心分離を行う。（2,220×g，30分）遠心上清を105℃で一晩乾燥させ乾燥重量を測定，溶解度を%（w/w）で算出した。図5のグラフより，KBGの水への溶解度は10%程度であることが示された。また溶解度の温度に対する依存性は見られなかった。

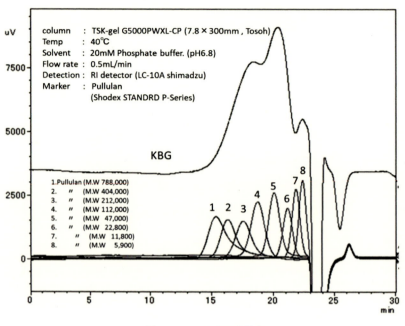

図4　KBGの分子量推定

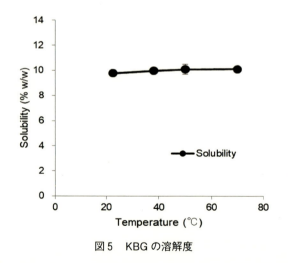

図5　KBGの溶解度

3.3 酵素分解率 [17]

　培養液由来βグルカン（水熱未処理）のβグルカナーゼ（Kitalase）に対する加水分解率は，多糖を含む基質液の溶解性が乏しく懸濁状態であるため33％と低い分解率であることが過去に報告されている [12]。これと比較しKBGのβグルカナーゼに対する加水分解率は，市販のLysing Enzyme（シグマアルドリッチ），Usukizyme（和光純薬）を用いた場合，ほぼ100％であるこ

第15章 水熱処理黒酵母βグルカン「KBG」について

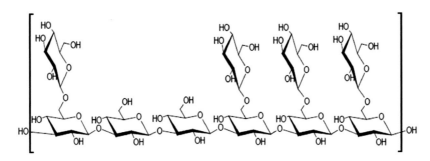

図6 KBGの一次構造

とが示されている。また Kitalase に対する分解率も 80％以上は有していることも確認している。水熱処理により，溶解性が増したことが酵素分解率の上昇に起因していると考えられる。

3.4 一次構造[20]

KBG の一次構造について，NMR を用い詳細に解析を行った。その結果，図6に示すようなβ1.3 主鎖6残基あたり，分岐したβ1.6 側鎖を4残基有する構造を基本ユニットとし，このユニット構造が繰り返された分子構造をしていることが分かった。他のキノコ子実体，パン酵母細胞壁などのβグルカンと比較しても KBG の分岐頻度が高いことが分かる[19]。

4 KBG の機能性について

4.1 インフルエンザウイルス感染重症化抑制

KBG のウイルス感染予防効果について，下記方法にてマウス試験を実施した。
- ウイルス株：A/NWS/33（H1 N1 亜型）
- 投与量：陰性対照（水）0.4 mL/day，陽性対照（タミフル）0.2 mg/0.4 mL/day，βグルカン投与群（KBG，他社製品）5 mg/0.4 mL/day
- BALB/c マウス（6週齢，♀，n=5）に，ウイルス接種7日前から上記サンプルを，1日2回経口投与。
- ウイルス感染後の体重変化（図7），感染3日目の各組織におけるウイルス量（図8）を測定した。

結果として，KBG 投与群はウイルス感染症状（体重減少）を軽減し，体内でのウイルス増殖を優位に抑制した。また今回用いた他社製品は同じ黒酵母由来のβグルカンではあるが水熱処理を行っていないものであり，結果の比較から水熱処理によりウイルス感染後の重症化を抑制する効果が高くなったと示唆された。

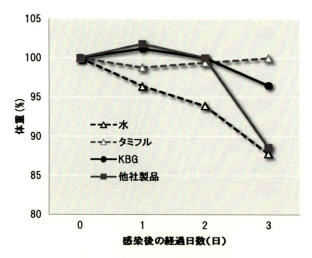

図7　ウイルス感染後の体重変化

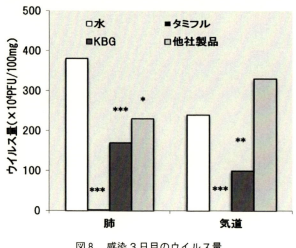

図8　感染3日目のウイルス量

4.2　アレルギーモデルマウスによる試験

アレルギーモデルマウス（Th2型の免疫応答が強いマウス）を用いて，KBGによるアレルギー抑制効果を検証した。

- BALB/cマウス（♀，n=5）に，KBGを1日1回で5日間鼻腔投与する。
- 投与量：対照群（PBS）50 μL/day，KBG50 μg/kg/day or 500 μg/kg/day
- 投与期間終了後，6日目に腹腔にチオグリコレート投与により感作させる。
- 感作から3日後，腹腔マクロファージ，脾臓リンパ球を採取し，各種サイトカインのmRNA発現量をRT-PCRにて測定した（図9）。

以上の結果より，Th2型に分類されるIL-4，IL-10についてはcontrol群と比較してKBG投

第15章 水熱処理黒酵母βグルカン「KBG」について

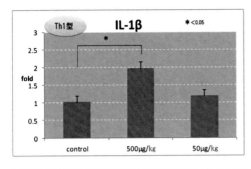
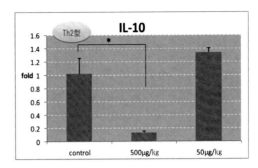
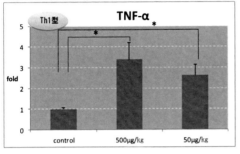
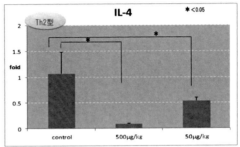

図9　KBG 投与による各種サイトカイン発現量のグラフ

与により発現量の低下がみられる。一方で Th1 型に分類される TNF-α，IL-1β については，KBG 投与により発現量の亢進が見られた。結果としてアレルギーモデルマウスの過多となっていた Th2 型の免疫応答を，KBG 投与が緩和させることを確認した。すなわち KBG 摂取によるアレルギー症状の軽減が示唆された。

5　KBG の応用例

　KBG は物性上の優位性，機能を活かし，様々な商品設計を可能にする食品素材である。また一方で多糖素材としての二次的な応用も可能であり，その一例を以下に紹介する。

5.1　ゲンチオビオースの生産[21]

　ゲンチオビオースはグルコースが β1.6 結合した二糖であり，苦味を呈するユニークな糖である。また植物の越冬時における芽の休眠の調節や[22]，トマトの熟成開始に関わっているという報告もある[23]。ゲンチオビオースは，*Aspergillus oryzae*[24]，*Penicillium multicolor*[25]，Rhizomucor miehei[26] 由来の β グルコシダーゼの転移反応によって合成される。

　KBG の構造について 3.4 項でも触れたように，繰り返しユニット構造の中に多くの β1.6 分岐を有しており，ゲンチオビオースの構成単位が多く存在していることがよく分かる。また KBG は酵素による分解を受けやすい特徴を持つことから，酵素分解法によるゲンチオビオース製造の

良い基質になりうる。そこで KBG からゲンチオビオースを最も効率よく生産する条件を検討した。用いた酵素は市販のβグルコシダーゼ（Kitalase：from *Rizoctonia solani* 和光純薬工業）とした。図10, 11 より，酵素の至適 pH 領域（pH5～6）では基質濃度に対し 40 ％以上のゲンチオビオースが生産されていることが分かった。ゲンチオビオースに対する遊離グルコースのモル比の比較からも，pH6 付近で生産効率が最大化することを確認した。

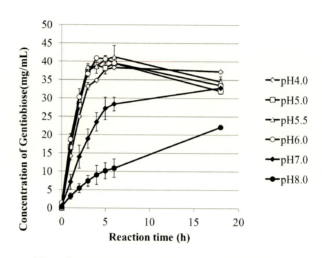

図10　各 pH におけるゲンチオビオース生産の経時変化
・基質濃度：KBG　100 mg/mL
・酵素濃度：0.1 U/mg-substrate

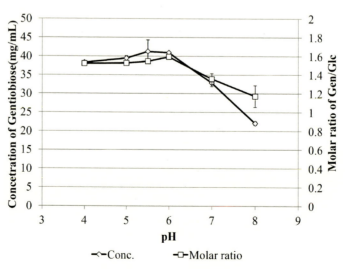

図11　各 pH におけるゲンチオビオース最大濃度と遊離 Glc とのモル比
・基質濃度：KBG　100 mg/mL
・酵素濃度：0.1 U/mg-substrate

第15章 水熱処理黒酵母βグルカン「KBG」について

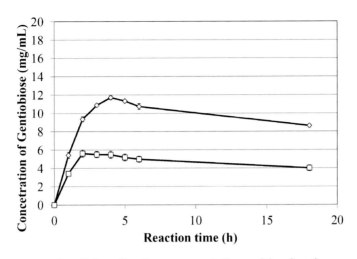

図12 ゲンチオビオース生産における基質の違い
・基質濃度：KBG, パン酵母細胞壁βグルカン 30 mg/mL
・酵素濃度：0.1 U/mg-substrate

　また基質の違いがゲンチオビオースの生産に及ぼす影響を確認するために，KBGとパン酵母細胞壁βグルカンとの比較を行った。図12の結果より，KBGから生産されたゲンチオビオースの最大濃度は，パン酵母細胞壁βグルカンの約2倍となった。これはパン酵母細胞壁のβグルカンのβ1.6分岐の割合は平均22％であることが以前報告されているが[27]，それと比較しKBGの分岐割合が66％と高いことが要因として考えられる。以上の結果より，KBGを基質とし酵素分解法によってゲンチオビオースを効率的に生産できることを確認した。

6 おわりに

　以上，KBGの製造工程，諸性質，機能性，素材としての応用例について紹介してきた。KBGは黒酵母菌を由来とするβグルカンではあるが，従来のβグルカンとは大きく異なる物性を持つユニークな素材である。今後は食品分野における機能性素材としてはもちろん，様々な分野での応用が期待される。

文　　献

1) Kimura Y. *et al.*, *Anticancer Res.*, **26**, 4131-4142（2006）

2) Tada R. *et al.*, *Glycoconj. J.*, **25**, 851-861 （2008）

3) Le TH. *et al.*, *Tropical Med. Health*, **38**, 23-27

4) Tanioka A. *et al.*, *Scand. J. Immunol.*, **78**, 61-68 （2013）

5) Kimura Y. *et al.*, *Int. Immunopharmocol.*, **7**, 963-972 （2007）

6) Kubala L. *et al.*, *Carbohydr. Res.*, **338**, 2835-2840 （2003）

7) Kimura. Y. *et al.*, *J. Pharm. Pharmacol.*, **59**, 1137-1144 （2007）

8) Shin HD. *et al.*, *Nutrition*, **23**, 853-860 （2007）

9) Guzman-Villanueva LT. *et al.*, *Fish Physiol. Biochem.*, **40**, 827-837 （2014）

10) Joo-Wan K. *et al.*, *J. Microbiol. Biotechnol.*, **22**, 274-282 （2012）

11) Kim KH. *et al.*, *Basic Clinical Pharmacol. Toxicol.*, **116**, 73-86 （2015）

12) Hamada N. *et al.*, *Agric. Biol. Chem.*, **47**(6), 1167-1172 （1983）

13) 林信行，特開 2014-157504 （2014 年 8 月 28 日）

14) Basile A. *et al.*, *J. Agric. Food Chem.*, **46**, 5205-5209 （1998）

15) Hawthorne S. B. *et al.*, *Anal. Chem.*, **66**, 2919-2920 （1994）

16) Ogunsola O. M. *et al.*, *Fuel Process. Tecnol.*, **45**, 95-107 （1995）

17) Hirabayashi K. *et al.*, *World J. Microbiol. Biotechnol.*, **32**(12), 206 （2016）

18) 篠原智，特開 1982-149301 （1982 年 9 月 14 日）

19) 大野尚仁，βグルカンの基礎と応用，シーエムシー出版 （2010）

20) Kono H. *et al.*, *Carbohyd. Polym.*, **174**, 876-886 （2017）

21) Hirabayashi K. *et al.*, *J. Appl. Glycosci.*, **64**, 33-37 （2017）

22) Takahasi H. *et al.*, *Plant Cell*, **26**, 3949-3963 （2014）

23) Dumviller J. C. *et al.*, *Planta*, **216**, 484-495 （2013）

24) Qui Y. *et al.*, *Appl. Biochem. Biotechnol.*, **163**, 1012-1019 （2011）

25) Fujimoto T. *et al.*, *Carbohydr. Res.*, **344**, 972-978 （2009）

26) Guo Y. *et al.* *Food Chem.*, **175**, 431-438 （2015）

27) Stier H. *et al.*, *Nutr. J.*, **13**, 38-47 （2014）

βグルカンの基礎研究と応用・利用の動向

2018 年 7 月 9 日　第 1 刷発行

監　　修　大野尚仁　　　　　　　　　　　　　　　　　　（T1085）
発 行 者　辻　賢司
発 行 所　株式会社シーエムシー出版
　　　　　東京都千代田区神田錦町 1-17-1
　　　　　電話 03（3293）7066
　　　　　大阪市中央区内平野町 1-3-12
　　　　　電話 06（4794）8234
　　　　　http://www.cmcbooks.co.jp/
編集担当　福井悠也／為田直子

〔印刷　あさひ高速印刷㈱〕　　　　　　　　　　　　　© N. Ohno, 2018

落丁・乱丁本はお取替えいたします。

本書の内容の一部あるいは全部を無断で複写（コピー）することは，
法律で認められた場合を除き，著作権および出版社の権利の侵害に
なります。

ISBN978-4-7813-1340-5 C3047 ¥78000E